U1060673

第九艺术学院——游戏开发系列

游戏高级模型设计

刘若海 谌宝业 编 著

清华大学出版社

北 京

内 容 简 介

本书全面讲述不同游戏类型中角色的相关制作方法和技巧，比如普通的网络游戏的低精度模型和次世代游戏高精度模型的制作。概括性介绍游戏制作过程中，游戏角色模型和场景模型制作的基本流程和规范，着重分析了游戏场景、道具、角色的制作规律，特别是对目前比较流行的次世代游戏的制作技术，包括3ds Max结合ZBrush的雕刻高模，以及法线贴图的制作过程，均作了比较详细的讲解。本书还介绍了三维扫描技术及其与3ds Max软件的结合使用。本书通过列举实例，引导读者加强对游戏模型设计和制作的理解。学习完本书的内容，读者将了解和掌握许多游戏模型制作的理论，提高实践能力，从而能够胜任游戏角色设计和制作的相关岗位。

本书可作为大中专院校艺术类专业和相关专业培训班学员的教材，也可作为游戏美术工作者的入门参考书。

特别说明：本书中使用的图片素材仅供教学之用。

本书封面贴有清华大学出版社防伪标签，无标签者不得销售。

版权所有，侵权必究。侵权举报电话：010-62782989 13701121933

图书在版编目(CIP)数据

游戏高级模型设计/刘若海，谌宝业编著. ——北京：清华大学出版社，2012.3

(第九艺术学院——游戏开发系列)

ISBN 978-7-302-27399-8

Ⅰ.①游… Ⅱ.①刘… ②谌… Ⅲ.①游戏—软件设计—高等学校—教材 Ⅳ.①TP311.5

中国版本图书馆CIP数据核字(2011)第239379号

责任编辑：张彦青 杨作梅
装帧设计：杨玉兰
责任校对：周剑云
责任印制：杨 艳

出版发行：清华大学出版社
网 址：http://www.tup.com.cn，http://www.wqbook.com
地 址：北京清华大学学研大厦 A 座 **邮 编**：100084
社 总 机：010-62770175 **邮 购**：010-62786544
投稿与读者服务：010-62776969，c-service@tup.tsinghua.edu.cn
质 量 反 馈：010-62772015，zhiliang@tup.tsinghua.edu.cn
印 装 者：北京嘉实印刷有限公司
经 销：全国新华书店
开 本：185mm×230mm **印 张**：16.25 **字 数**：346 千字
附光盘 1 张
版 次：2012 年 3 月第 1 版 **印 次**：2012 年 3 月第 1 次印刷
印 数：1～4000
定 价：58.00 元

产品编号：041512-01

丛书编委会

主编单位：北京递归开元教育科技有限公司
主　　编：陈　洪
副 主 编：许　影　史　青
编　　委：(排名不分先后)

北京理工大学软件学院	丁刚毅
北京工业大学软件学院	蔡建平
西南交通大学软件学院	景　红
上海第九城市信息技术有限公司	黄雪斌
巨人网络集团有限公司	邓　昆
目标软件(北京)有限公司	毛海滨
腾讯公司	姚晓光
文睿信息研究中心	王　涛
中国文化创意产业技术创新联盟	高东旭
北京递归开元教育科技有限公司	马国栋

前 言 Preface

游戏建模属于计算机辅助软件技术在游戏领域的应用，是伴随着电脑游戏不断发展而日益成熟的一种新兴艺术形式。与传统影视建模相比，游戏建模更加简捷、更加依赖于计算机软硬件技术、制作流程也更加规范和条理化，是用计算机算法来实现虚拟现实的技术表现。游戏建模技术从传统的影视建模技术进步和衍变而来，模型精度相对较低，因此更加依赖贴图和程序来实现绚丽多彩的游戏画面效果，随着法线贴图的出现，以及游戏引擎和终端硬件的不断升级，电影级品质的游戏精品不断出现，游戏制作技术日臻完善和强大，被广泛地应用于影视动漫的制作领域。

可以说，游戏新文化的产生，源自于新兴数字媒体的迅猛发展。这些新兴媒体的出现，为新兴流行艺术提供了新的工具和手段、材料和载体、形式和内容，带来了新的观念和思维。

进入21世纪，在不断创造经济增长点和广泛社会效益的同时，动漫游戏已经形成一种新的理念，它的核心价值是给人们带来了快乐，它的无穷魅力在于天马行空的想象力。动漫精神、动漫游戏产业、动漫游戏教育构成了富有中国特色的动漫创意文化。

然而与动漫游戏产业发达的欧美、日韩等地区和国家相比，我国的动漫游戏产业仍处于一个文化继承和不断尝试的过程。游戏动画作为动漫游戏产品的重要组成部分，其原创力是一切产品开发的基础。尽管中华民族深厚的文化底蕴为中国发展数字娱乐及动漫游戏等创意产业奠定了坚实的基础，并提供了丰富的艺术题材。但从整体看，中国动漫游戏及创意产业一直面临着诸如专业人才缺乏、原创开发能力欠缺等一系列问题。

一个产业从成型到成熟，人才是发展的根本。面对国家文化创意产业发展的需求，只有培养和选拔符合新时代的文化创意产业人才，才能不断提高在国际动漫游戏市场的影响力和占有率。针对这种情况，目前全国超过300所高等院校新开设了数字媒体、数字艺术设计、平面设计、工程环艺设计、影视动画、游戏程序开发、游戏美术设计、交互多媒体、新媒体艺术与设计和信息艺术设计等专业，本套教材就是针对动漫游戏产业人才需求和全国相关院校动漫游戏教学的课程设计基本要求，由清华大学出版社携手北京递归开元教育科技有限公司共同开发的一套动漫游戏技能教育的标准教材。

整套教材的特点如下。

(1) 本套教材邀请国内多所知名学校的骨干教师组成编审委员会，搜集整理全国近百家院校的课程设置，从中挑选动、漫、游范围内公共课和骨干课程作为参照，以适应教学要求。

(2) 教材中实际制作的部分选用了行业中比较成功的实例，由学校教师和业内高手共同完成，以提高学生在实际工作中的能力。

(3) 为授课老师设计并开发了内容丰富的教学配套资源，包括配套教材、视频课件、电子教案、考试题库以及相关素材资料。

目 录 Contents

Contents

Contents

第1章 游戏模型制作技术概述

章节描述

本章重点介绍次世代游戏模型制作技术，以及对游戏开发的影响。通过本章的学习，读者可以清晰而全面地了解游戏制作的基本技术以及游戏行业对人才的需求标准。

教学目标

- 了解游戏模型制作技术在传统游戏制作和次世代游戏制作中的内涵与区别。
- 了解次世代游戏的概念及相关技术的内涵。
- 掌握次世代游戏技术的制作软件。

教学重点

- 掌握次世代游戏技术对游戏开发的影响。

教学难点

- 掌握传统游戏制作技术的详细流程。

1.1 游戏模型制作技术应用

一款成功的游戏，需要庞大的游戏背景设定，包括角色设定、场景设定、故事剧情、战斗系统、任务系统等方面的内容，而从表现形式来说，整个游戏是由角色(包括怪物、NPC、主角)及其动作，场景元素、道具以及程序生成的物理、光影效果构成的。这其中，角色、场景和道具是游戏的整体视觉表现，也是游戏制作流程中美术部门的主要工作内容。

1.1.1 传统游戏模型制作技术

首先我们要了解什么是传统模型。在这里，我们从模型面数和贴图制作技术来定义传统游戏模型。相对于次世代游戏模型的制作技术来说，传统游戏模型由于受电脑硬件、游戏引擎等条件的制约，在模型的面数和贴图制作技术方面都有着比较严格的限制。从模型面数上来讲，传统游戏模型的制作面数通常较少，这与游戏引擎和早期电脑硬件的运算能力有很大关系，如图1-1所示。

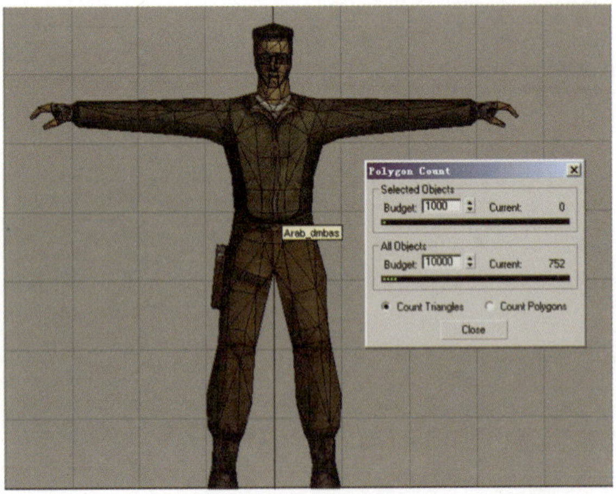

图1-1 传统游戏角色模型

通常设计师在制作传统游戏模型时，首先考虑的问题是如何精简面数和优化模型。通过采用删除看不见的面，以及使用面片+透明贴图制作小物件等方法来节省模型的面数。有些游戏的

NPC角色只需要100多个面。

传统游戏模型的贴图制作也比较考验设计师的美术功底，因为传统游戏贴图的像素空间比较小，要在一张128 × 128像素大小的区域内绘制出有精度的纹理，是需要良好的美术基本功的，如图1-2所示。这里的美术功底不同于传统意义上的概念，毕竟手绘贴图过程还称不上真正的美术创作，但需要设计师具备良好的色彩感觉，同时还要具备一定的素描基础，最关键的是在制作贴图工艺流程方面的经验积累(比如软件的使用技巧)，这可以大大提高贴图制作的速度，是项目进度能够顺利完成的有力保证。

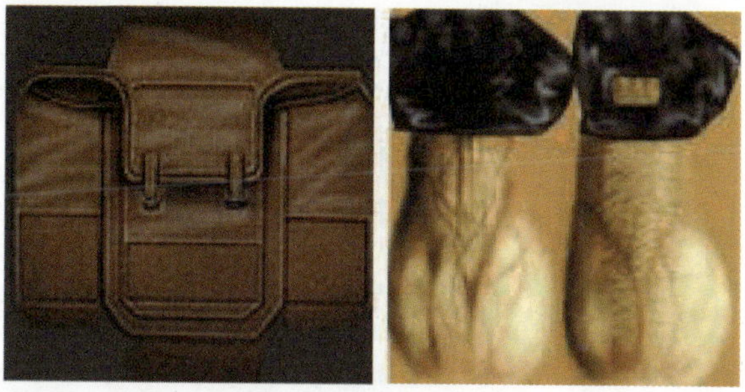

图1-2　传统模型贴图

传统游戏模型的制作流程为：分析原画→制作模型→展开UVW坐标→绘制贴图。本节通过介绍使用3ds Max 2008和Photoshop软件制作角色实例，让读者了解制作游戏模型的基本流程，为后面的学习做好铺垫。

1．原画分析

我们先来看一张游戏原画，如图1-3所示。这是一张写实风格的原画，画面表达的是一个14岁左右的女孩，身高在1.5米左右。那么我们可以根据实际人体的比例，确定女孩的身长有6个头高。同时，女孩的眼睛可以做得大一些，使她看起来更加可爱和活泼。鼻子则要小巧一些，小而翘的鼻子同样可以使角色看上去比较年轻，这样的角色更有亲和力。

2．模型和贴图的制作

(1) 制作角色的头部模型。运行3ds Max 2008，在顶视图中创建一个长方体，然后进入“修改”面板为长方体指定“网格平滑”修改器，设置“迭代次数”为2，再将其转换为可编辑多边形，如图1-4所示。利用FFD 4 × 4 × 4修改器修改多边形，使其接近人的头部的形状，如图1-5所示。

(2) 执行“塌陷”命令，将FFD 4 × 4 × 4修改器的调整效果保存，然后进入“修改”面板中“可编辑多边形”的子对象层级，利用鼠标右键快捷菜单中的剪切、快速切片、塌陷等编辑命令对头部模型进行布线编辑，刻画出头部的五官造型，如图1-6所示。

图1-3 角色原画

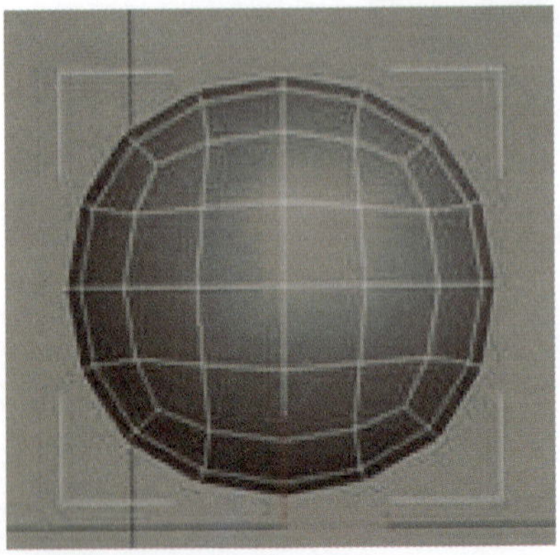

图1-4 塌陷“网格平滑”的效果

图1-5 修改头部大体轮廓

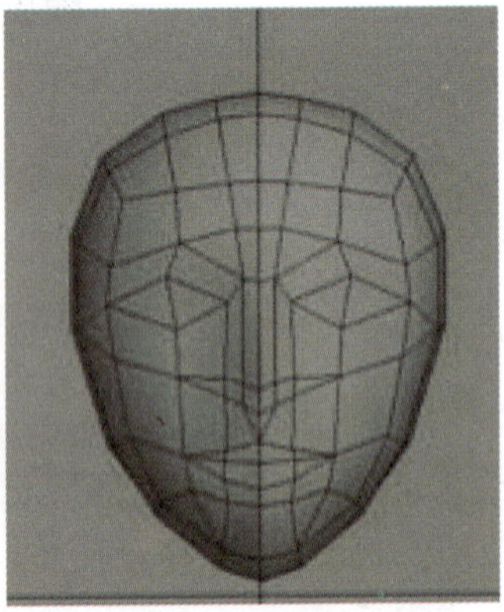

图1-6 深入编辑头部模型

(3) 编辑的同时，可以使用(选择并移动)工具在(顶点)、(边)、(多边形)等不同的子对象之间进行切换以方便操作，最终使头部成型，如图1-7所示。同理，制作出身体、四肢和女孩身上的饰物，如图1-8所示。

(4) 模型做好以后，要检查模型接缝线是否合理，以防出现多余的顶点、边、多边形而导致模型错误。查错的方法为：在线框显示模式下，进入(边界)层级，然后框选整个模型，此时模型的错误部分将出现红色报警线。根据报警线提示修改模型，直到确认模型准确无误，保存文件，如图1-9所示。

(5) 为模型指定UV坐标(UV坐标对于后面的绘制贴图很重要)。方法：在材质编辑器中，为模型指定一个默认材质，并为默认材质指定棋盘格贴图；然后进入“修改”面板，单击修改器中的“UVW贴图”按钮，为模型指定UVW贴图坐标，通过坐标轴向调节使坐标初步与模型基本匹配；接着单击“修改”面板中的“UVW展开”按钮，进入UVW编辑器，进行UV坐标的编辑，如图1-10所示，使棋盘格贴图能够较好地匹配模型(棋盘格图案为均匀的黑白方格形状)，如图1-11所示。

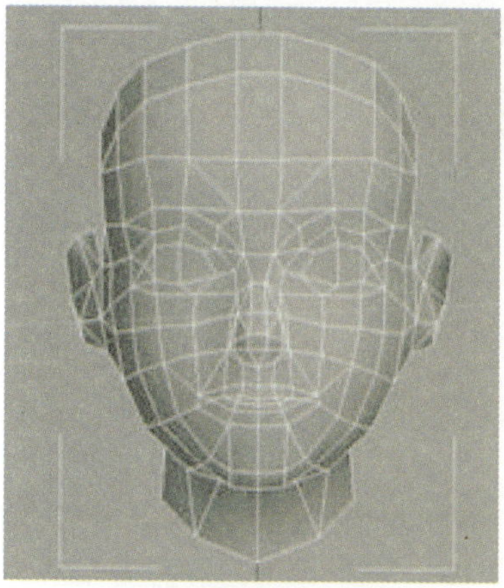

图1-7　制作出头部

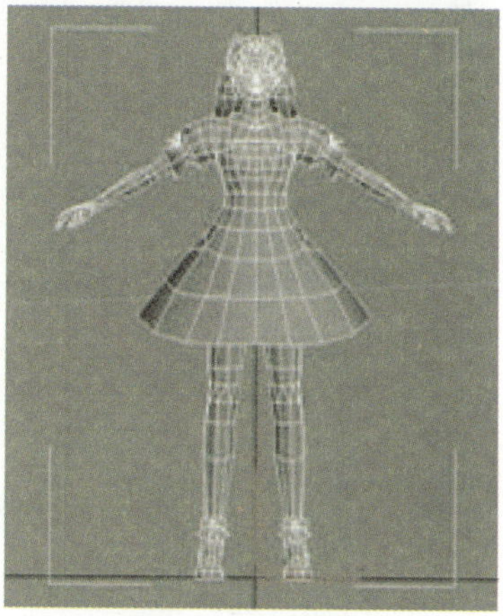

图1-8　制作出身体

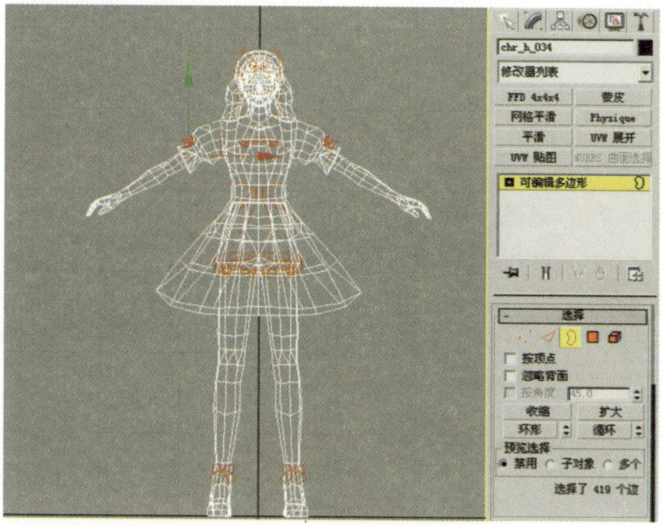

图1-9　检查模型错误

(6) 将女孩各部分的UV坐标整齐排列，如图1-12所示。再使用UVW编辑器中的“工具”菜单中的“渲染UVW模板”命令将整体线框图导出为.TGA文件，如图1-13所示。

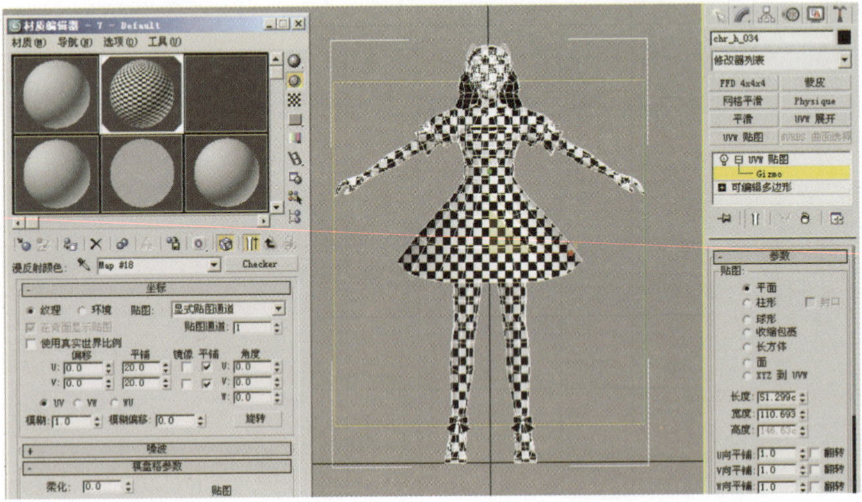

图1-10 初步匹配模型的贴图坐标

图1-11 调节贴图坐标与模型匹配

(7)绘制贴图。方法：在Photoshop中打开导出的UV线框图，接着参照原画中的设定细节，沿着UV坐标线绘制角色的纹理特征，即绘制角色贴图，如图1-14所示。最终效果如图1-15所示。

(8) 贴图绘制好以后，保存为girls.psd文件。然后在材质编辑器中，用该文件取代模型原有棋盘格贴图，观察效果，如图1-16所示。

至此，一个完整的角色模型就制作完成了，本节是介绍性内容，大家只要对游戏角色建模的流程和方法有一个基本认识即可。

图1-12 排列UV坐标

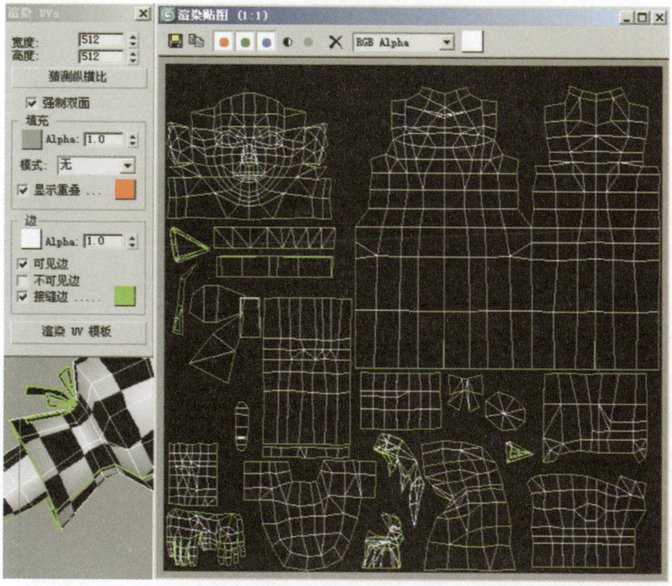

图1-13 输出UV线框

图1-14 根据UV线框绘制贴图

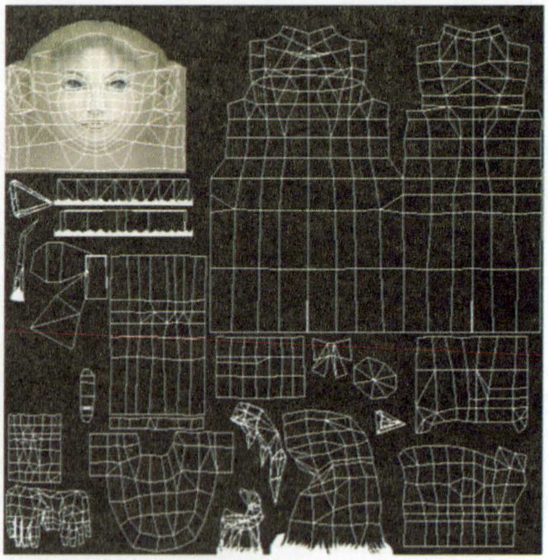

图1-15 贴图绘制完成

图1-16 最终完成的模型

1.1.2 次世代游戏模型制作技术

无论从画面品质还是游戏性能上来讲，次世代游戏的制作工艺都大大超过传统的游戏，如图1-17所示的《孤岛惊魂2》的游戏画面，场景画质的清晰度和真实度甚至超过了影视画面，从部分画面来看，你很难看出这是一款游戏。

图1-17 《孤岛惊魂2》引擎演示画面

尽管如今的次世代游戏的仿真程度超乎人们的想象，但游戏的制作仍然是使用电脑软件技术来完成的。与传统制作方法的区别在于，次世代游戏的制作具备了强大引擎和不断更新的软件技术，使得很多先进的制作理念和方法成为可能。

法线贴图在次世代游戏中的使用是游戏制作领域的重大突破，比起上一代游戏以大量手绘纹理为主的制作方式，现在次世代游戏模型更多使用真实照片素材来制作贴图纹理。再通过三维软件和游戏引擎把不同贴图进行合成来表现模型的纹理质感，这是次世代游戏画质远超传统游戏的主要技术手段，也使得次世代游戏的画面可以达到把现实世界逼真还原的程度。这一在三维影视作品中大量使用的技术，让游戏模型的纹理表现和光影变化更加真实和突出，在游戏场景中，我们可以清楚地看出有无法线贴图的模型在视觉上的巨大差异，如图1-18所示。

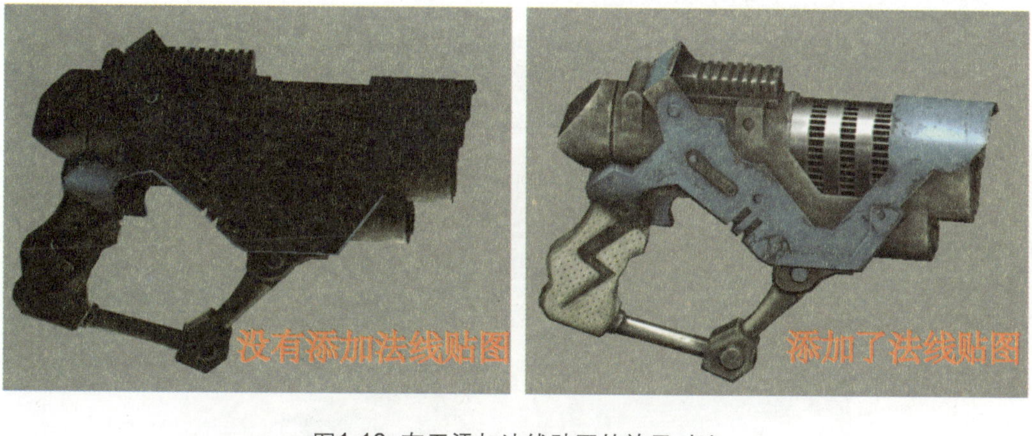

图1-18 有无添加法线贴图的效果对比

次世代游戏的制作使用了大量的新技术(比如ZBrush雕刻高模技术、Normal map的接缝处理、ZBrush 3.1拓扑工具高低模转换等)和新软件(比如ZBrush、Bodypaint、Crazybump等)，这使得设计师在制作游戏模型时可以更加自由和高效地完成任务。

1.2 次世代游戏及其相关技术概述

随着计算机硬件的不断升级，许多优秀的网游作品也步入“次世代”领域。那么，究竟什么才算是次世代游戏？它对游戏开发究竟有何影响。本节将为您进行详细讲解。

1.2.1 次世代游戏的概念

次世代源自日本语，即下一个时代，未来的时代。常说的次世代科技，即指还未广泛应用的先进技术。目前对次世代一词运用最多的领域是家用游戏机。常说的次世代主机指的是还未发售，或者发售不久，在性能上比现在主流的游戏机更卓越的主机。

次世代主机在不同时期所指也不同。比如说2000年时，PS2、XBOX和GAMECUBE就被称作“次世代主机”。如今，被称作次世代主机的是索尼PS3、微软XBOX360和任天堂Wii。而掌机方面，PSP和NDS则可以算作GBA时代的次世代。

下面介绍一些目前在PS3和XBOX360上运行的经典次世代游戏。

- 《现代战争2》是全端游戏代表，开启高画质后，不仅在PC上画面毫不逊色，而且在XBOX360上更是十分出彩，如图1-19所示。

图1-19 《现代战争2》游戏画面

- 《战地3：叛逆联队》是高物理特效次世代游戏王者，玩家可以破坏游戏中的任何东西。场景风格与《现代战争2》有些类似。
- 《孤岛危机2》是高光特效次世代游戏王者，支持动态半影，画面真实。
- 《歌星》在PS3平台搭载音乐类游戏，对人物模拟刻画得非常精细，如图1-20所示。
- 《虚幻竞技场3》是高画质第一人称射击游戏，人物细腻，如图1-21所示。

图1-20　《歌星》游戏画面

图1-21　《虚幻竞技场3》CG画面效果

- 《决战太平洋》是PS3主机主观视角射击游戏。烟雾、丛林效果出众。
- 《GT5：序章》是PC平台高画质竞速游戏，如图1-22所示。
- 《VR战士5》是格斗游戏，格斗动作流畅，如图1-23所示。

图1-22　《GT5：序章》游戏画面

图1-23　《VR战士5》游戏画面

1.2.2　次世代游戏中主要应用的技术

在游戏制作过程中，随着制作软件的不断更新换代，新技术也是层出不穷，次世代游戏就在这样的趋势中应运而生。可以说，次世代游戏的制作技术整合了当今最新与过去先进的制作技术。因此在制作中，设计人员可以根据自己的经验来完成作品，其手段方法比较丰富。目前，次世代游戏的主流制作方法可以总结为：首先在ZBrush中制作出高模，然后Topology(拓扑)

出低模，再用高模烘焙出法线贴图。

次世代游戏设计师总是在不断尝试新的方法和技巧，包括各类软件的搭配使用，使次世代游戏的制作技术得以快速地发展和成熟，下面就介绍次世代游戏制作中的主要应用技术。

1．3ds Max

3ds Max是强大的三维动画软件，几乎可以用来处理游戏建模工作中的一切问题，甚至包括动画和特效在内。与ZBrush搭配使用，可以使制作法线贴图变得更加快速和方便，特别是3ds Max 2010已经有了模型拓扑工具，操作界面也比ZBrush更加人性化。能根据高模特征拓扑出合适的低精度模型。

2．Maya

Maya是与3ds Max同样强大的三维动画制作软件，软件兼容性也比较好。

3．ZBrush

ZBrush是制作次世代游戏模型的重要工具，在对法线贴图所需的高模进行建模时很有价值。设计师通常使用ZBrush雕刻出细节丰富的高精度模型，同时还可以在高精度模型的基础上拓扑出低精度模型以及烘焙法线贴图。

4．Unfold3D

Unfold3D是一个简单的UV编辑软件，其界面如图1-24所示。

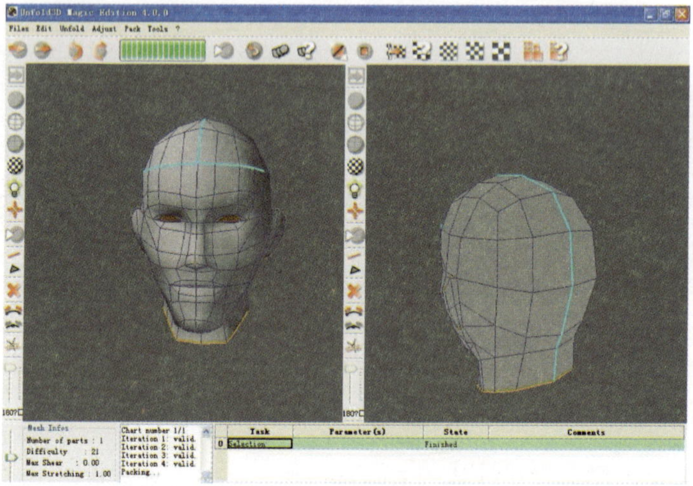

图1-24 Unfold3D界面

5．xNormal

xNormal是法线烘焙工具，有插件可压法线。使用xNormal的渲染速度很快，是普通3ds

Max、Maya等软件渲染速度的好几倍，是目前次世代游戏制作的必备工具。xNormal的渲染选项可以用来控制光线的明暗，能够快速烘焙高模的法线、置换、环境光等纹理信息，界面如图1-25所示。

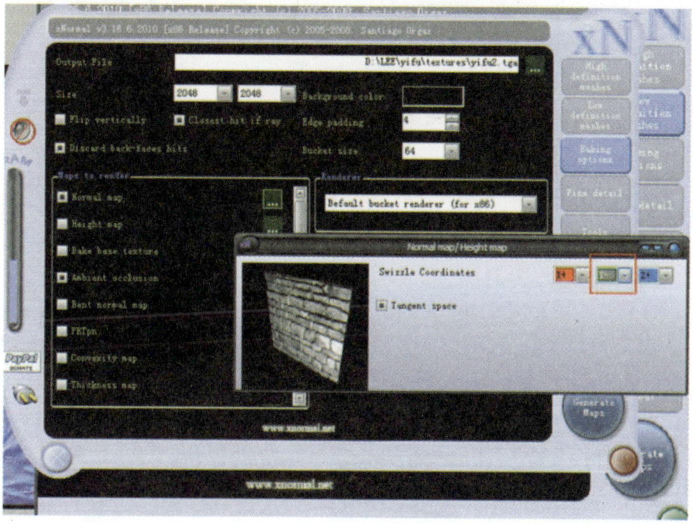

图1-25 xNormal界面

6．Photoshop nvidia滤镜

Photoshop nvidia滤镜是最快捷的法线制作工具，安装时只需要把文件安装到Photoshop的滤镜(Plugin)文件夹内即可使用。

7．Bodypaint

在Photoshop中绘制贴图经常会出现接缝问题，要解决这个问题，可以在Photoshop中完成贴图绘制后，再到Bodypaint中对贴图接缝进行修改。

8．Mudbox

Mudbox从开发时就意在替换ZBrush，这种笔刷式高精度建模软件的特点是用户界面高度直观，操作习惯与Maya非常相似，容易掌握，为设计人员提供了全面的创作自由性，如图1-26所示。而ZBrush独特的界面由于与传统3D界面差异过大导致软件操作掌握困难。因此Mudbox与ZBrush的对比可以看作是Photoshop与MS paint的对比。

9．Polygon Cruncher

Polygon Cruncher是减面工具。在制作次世代游戏时，避免不了要制作高精度模型，因此经常出现模型面数过高而导致系统反应变慢的问题，从而给开发工作带来不便。

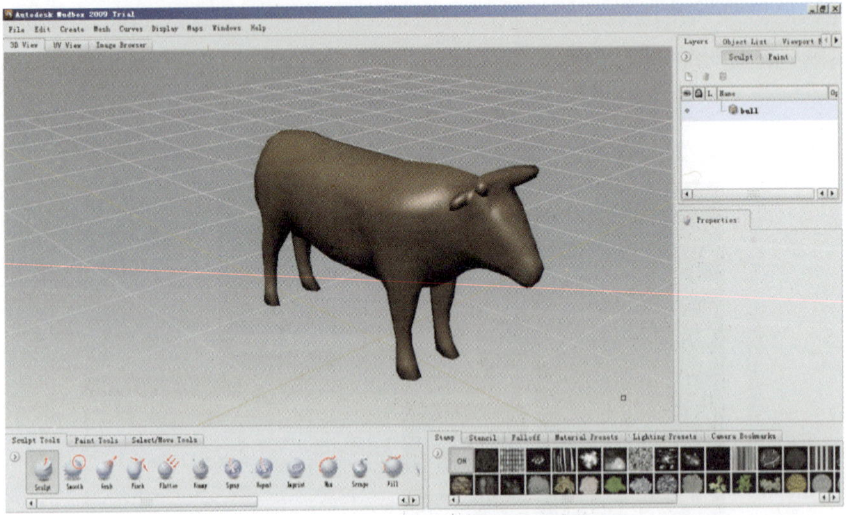

图1-26 Mudbox操作界面

Polygon Cruncher的最佳化选项(Optimization Options)提供了三个选项，即Crunch Borders、Protect Borders以及Exclude Borders。选择Crunch Borders选项时，在减面的运算过程中，由于Polygon Cruncher不考虑模型的造型问题，因此当减面的程度很高时，可能会导致模型的造型发生改变。

Protect Borders是Polygon Cruncher默认的减面模式，会考虑到模型的轮廓造型，因此减面之后会尽量维持跟原对象的造型一致。

Exclude Borders模式考虑轮廓造型的问题。不过因为它永远不会对轮廓造型的多边形面做减面的动作，因此只能减少到一个程度的面数。好处是造型绝对不会跟原模型不一样。

1.3 次世代游戏制作技术对游戏开发的影响

次世代游戏的到来，使游戏行业向前迈进了一大步。特别是它的游戏主机的强大运算能力带来了游戏程序和游戏美术的技术革新，同时对开发团队也提出了更高的要求。

1.3.1 对游戏的视觉效果的影响

商家为次世代游戏配置了更为尖端的硬件设施，玩家可以通过头盔或手柄来感受拳击时的真实震动，也可以通过电视屏幕感受游戏中真实的恐怖氛围。绝对能让玩家融入其中的 Xbox 360视频游戏主机上的《生化危机5》带有场景破坏，能打下一片墙，还拥有超真实的第一人称射击，如图1-27所示。而如今，次世代游戏的制作技术也被运用到网络游戏中。

图1-27　《生化危机5》游戏画面

次世代游戏在物体细节表现上具有非常高的提升，由于追求极致的画面效果，一张贴图已经无法满足要求，一般需要用法线贴图来描绘物体表面细节的凹凸变化，用颜色贴图来表现物体的颜色和纹理，用高光贴图来表现物体在光线照射条件下体现出的质感。可以说，次世代游戏的硬件能力带来了游戏程序和游戏美术的技术革新。美术上增添的法线、高光、自发光和节点式材质等高端技术促使这个行业真正地实现了由2D到3D的跨越。在次世代游戏引擎的强大支撑下，游戏模型更加富有细节，角色的动作更加符合运动规律，贴图的质感无限接近真实，还可以用强大的引擎来制作光效，如图1-28所示。

图1-28 次世代游戏真实的纹理质感

1.3.2 对游戏制作团队能力的要求

次世代游戏的开发是一个复杂的系统工程，从市场调研，项目提出，前期规划，中期的执行，后期的测试整合，直到最后的推广运营，版本更新等内容，涉及面广泛，系统复杂多样，制作周期漫长，费用高昂；整个项目涉及各方面的高端开发人才，涵盖了策划、美术、程序和运营部门，一款在市场上成功的游戏，同时也是一个开发团队配合默契、精诚合作成熟的表现。

- 美术团队需要知道如何在不同文化背景的团队之间建立有效沟通，能够高效、优质地完成项目制作；同时为各类开发项目添加适合的制作人员，并保证整体制作的质量和风格上的统一。
- 程序团队主要负责3D游戏引擎的开发和测试。为美术人员提供完整而强大的游戏编辑开发工具和插件，让美术制作人员可以根据需要查看各种角色模型以及动画、场景及关系的设计，编辑各种技能特效、刀光特效。最后按照策划人员的需求，将美术资源整合成为具有完整故事情节，角色能够战斗、完成任务等功能的游戏软件。
- 策划团队。游戏策划要衔接美术和程序，工作中所包含的内容极其庞杂。由于游戏开发对策划的综合素质要求最高，所需要的知识涉及到天文地理、人文宗教等各方面的知识，对各方面的知识需要丰富的沉淀和积累，因此是一个入门易、精通难的行业。

1.3.3 对设计人员的美术设计能力的要求

比起上一代游戏以大量手绘纹理为主的制作方式，次世代更讲究使用真实照片素材来进行绘制，从而使得游戏的画面效果更好地达到还原真实世界场景的目的。对于一些较难制作的物体，如发光物体、半透明物体、流动性的物体，就需要更多特殊的贴图来描绘。所有这些贴图都是美术人员在软件的辅助下制作完成的。

游戏美术制作是整个游戏开发中人员比例最多、工作量最大、制作内容最繁杂的部门，因为整个游戏的开发都要涉及大量的角色、场景、道具、动画、界面设计、粒子等的制作。如果说游戏开发是一个哑铃，那个这个哑铃的一头就是美术制作。如今，玩家对游戏画面的要求也越来越高，这就要求游戏公司的整个美术部门要有清晰的工作流程、制作分工和高超的制作技术。

1. 艺术修养

在制作次世代游戏作品之前，我们需要学习一些美术的基本知识，这些基本知识对于我们更好地完成作品具有重要的意义。当然，有针对性地学习可以事半功倍，我们没有必要学习全部的美术基础，只要将相关的部分予以了解即可。

速写是一种要求在较短时间内概括且生动地表现人物的形象和动态的绘画，是捕捉人物生动姿态的重要手段。要画好速写，就需要了解人体的结构和比例，把握人物动态规律，掌握正确的观察方法，熟练地运用造型技法，同时还要具备形象的记忆和默写能力。

线造型的素描图可以通过线结构的运用，直接体现和暗示物体的体积、远近、方位和对比等特性，表现出物体内外部组合关系及前后左右的空间状态。

线造型素描剔除或减弱了明暗色调层次，强调物体本质的、实在的形体结构，所以表现物体的效果明确、肯定、清晰和刚劲有力。线造型素描是以线造型的方式研究自然的造化和物象的结构，线的造型功能可以概括为以下几点。

- 表现物体的外形轮廓。
- 勾画形体的边界。
- 表现物体的内外结构、空间位置、透视变化及物与物之间的组合关系。
- 表现物体的虚实关系、明暗关系及体积感。
- 表现物体的势、力、节奏、韵律感。
- 抒写人的情趣。
- 气质。

2．学习和沟通能力

在中国，CG游戏、CG影视都是处于刚刚起步阶段的行业，但技术上的革新和软件上的更新却是紧随发达国家的脚步，这需要整个CG行业包括游戏设计人员在内，投入更多的时间和热情不断地去提高自己，去学习更多、更新的技术。

在提高自身技能的同时，还要不断地关注整个行业的动态和发展趋势，也可以到各大专业论坛与业内同仁交流和学习，时刻吸收新的知识和经验。

3．职业素养

一款游戏的产生，离不开各个部门之间的紧密合作，在整个生产过程中，为了保证项目的整体开发进度，通常会制定比较严格的工作流程。不同的设计师会负责不同的美术设计工作，也可能身兼多职。无论什么岗位或工作，都属于流程中的组成部分，任何部分出现问题，都会影响整个流程的正常运作，甚至影响项目的进度。这就要求每个设计人员都要做好自己的本职工作，忠实于自己的职业，与同事之间保持良好的沟通和协调。

1.4 本章习题

一、填空题

1．在制作次世代游戏作品之前，我们需要学习一些美术的基本知识，主要包括

________和________两个方面。

2．制作角色的头部模型时，可以利用________修改器修改多边形造型，使其接近头部的形状。

3．比起上一代游戏以大量手绘纹理为主的制作方式，________在次世代游戏开发中的使用是游戏制作领域的重大突破。

二、简答题

1．简述传统游戏模型的制作流程。

2．简述次世代游戏的主流制作方法。

3．简述次世代游戏技术对游戏开发的影响。

三、操作题

对本章介绍的次世代游戏的主要制作软件，逐一进行简单操作，熟悉操作界面。

第2章

游戏高级模型设计及制作基础

章节描述

本章主要讲述制作游戏模型的基础知识，以及与此相关的技巧和规范，包括游戏场景和角色的制作规范、各类建模方法在游戏模型制作中的优劣以及各类角色模型制作的规律。通过本章的学习，读者能够深刻认识游戏建模的规律，以及在未来游戏制作中需要掌握的模型制作技术。

教学目标

- 掌握制作游戏模型的基础知识。
- 了解3D游戏模型不同建模方法的利与弊。
- 掌握设计制作各类角色模型的规律。

教学重点

- 掌握设计制作各类角色模型的方法。
- 掌握制作游戏模型的基础知识。

教学难点

- 掌握设计制作各类角色模型的技术。

2.1 游戏模型的制作基础

本节主要介绍游戏开发环节中，制作游戏场景模型和游戏角色模型的具体规范和技巧，游戏的类型和制作规范的不同会导致在模型制作技术上存在部分差异，但是整体的原则是相似的，所以通过本节内容的学习可以比较全面地了解和掌握目前游戏建模方面的基础知识。

2.1.1 游戏场景的概念

游戏场景是指游戏活动的基本载体和游戏特定的空间环境。场景是游戏中重要的造型元素，可以是现实空间环境，也可以是非现实空间环境。而游戏场景设计师的作用就是搭建游戏中的自然景观和角色的生活环境。

随着游戏制作技术和要求的不断提高，游戏中的场景构成画面越来越精美，场景的数量越来越丰富，这样，有利于游戏的任务情节发展，有利于游戏中的角色塑造，有利于游戏的风格表达。因此，游戏场景的制作技术值得我们进行细化和分析。

2.1.2 2D和2.5D游戏场景的制作规范

2D场景模型制作是指游戏场景制作人员将场景原画设计稿制作成完整的3D模型和渲染成2D图片的过程，包括建模、贴图、渲染。

为了规范技术要求，统一2D场景模型效果，保证游戏制作项目的进度顺利完成，美术部场景组通常会制作指导场景建模、贴图和整合的各个阶段的技术规范，从而使整个场景的制作过程清晰化、流程化、规范化。

1. 模型制作

2D游戏与3D游戏的制作方法有很大差异，制作场景模型初期应先建立一个低面数模型，如图2-1所示，等整体效果把握好后再逐步处理细节。针对不同的物体应运用不同的建模技巧，下面分几大类讲解。

1) 屋顶制作

(1) 屋顶规则瓦片的制作。

制作屋顶时，可以以一排瓦片(纵向)为单位制作，屋顶瓦片较为规则，通常为等级较高的建筑，如图2-2所示。具体过程如下。

图2-1 制作低面模型

① 首先建立圆柱，高度的分段为1，边数为12，如图2-3所示，然后制作整排瓦片的贴图，并赋予模型，这样做是因为当前模型排列规整，方便贴图，如图2-4所示，接着制作贴图时应注意瓦片的数目，当然这应在建模前，分析原画时就已确定，这里确定为18，如图2-5所示。

图2-2 场景屋顶效果

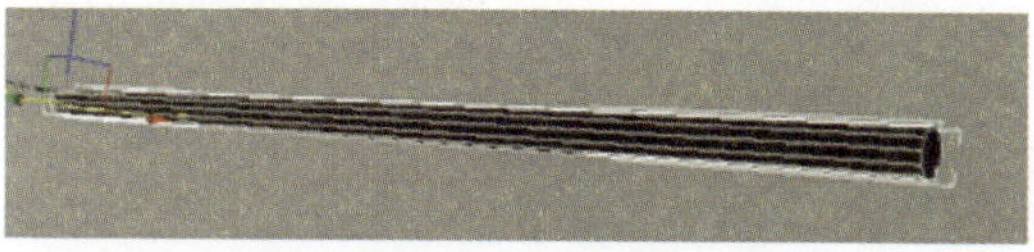

图2-3 制作一根圆柱

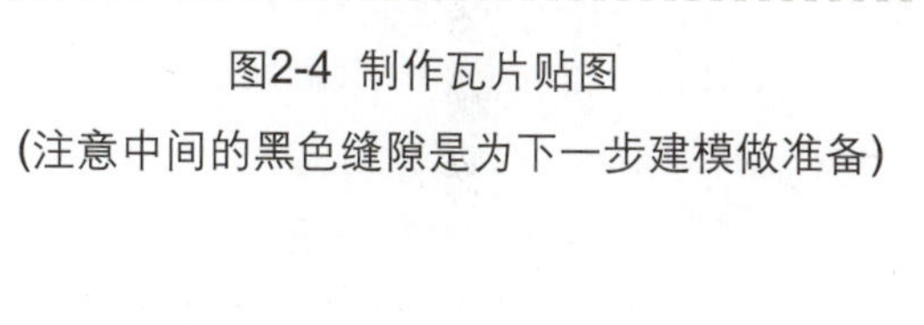

图2-4 制作瓦片贴图
(注意中间的黑色缝隙是为下一步建模做准备)

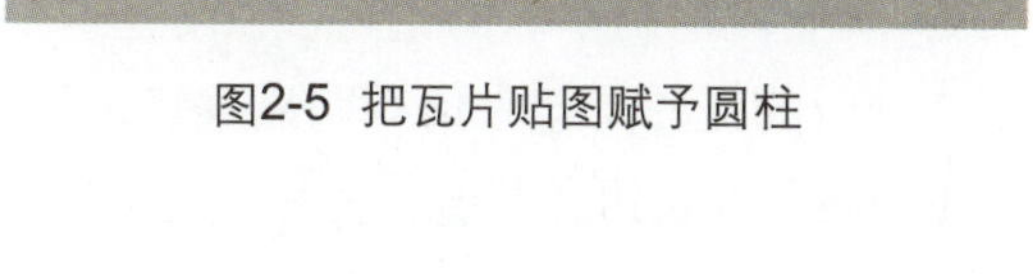

图2-5 把瓦片贴图赋予圆柱

② 把圆柱转换为可编辑多边形，再进入“边”子对象层级，选中圆柱侧面的边，然后单击“修改”面板中“边编辑”参数栏下的“连接”按钮右侧方框，把模型的边分成等距离的18段，如图2-6所示，再单击“确定”按钮。

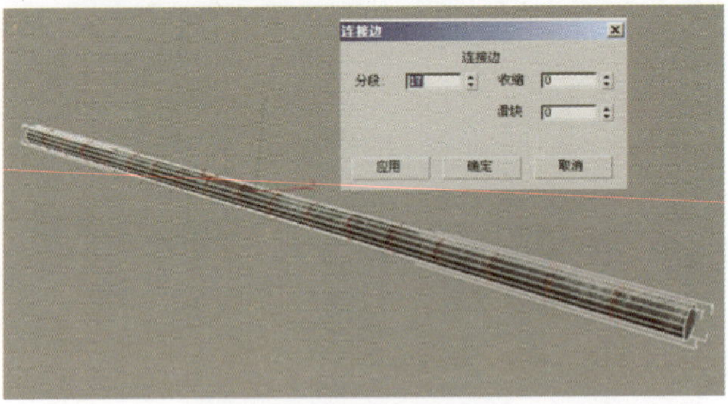

图2-6 把圆柱的边分段

③ 单击“修改”面板中“边编辑”参数栏下的“切角”按钮右侧方框，设置“切角边”参数，然后进入“面”子对象层级，选取中间面，如图2-7所示。再单击“边编辑”参数栏下的“挤出”按钮右侧方框，设置“挤出多边形”参数，如图2-8所示。

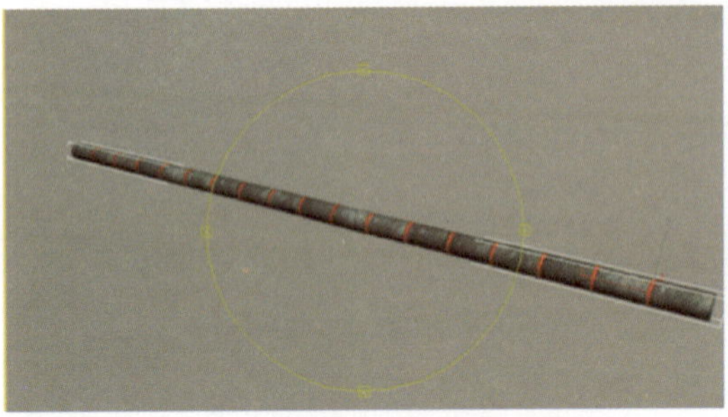

图2-7 选择圆柱切角出来的面

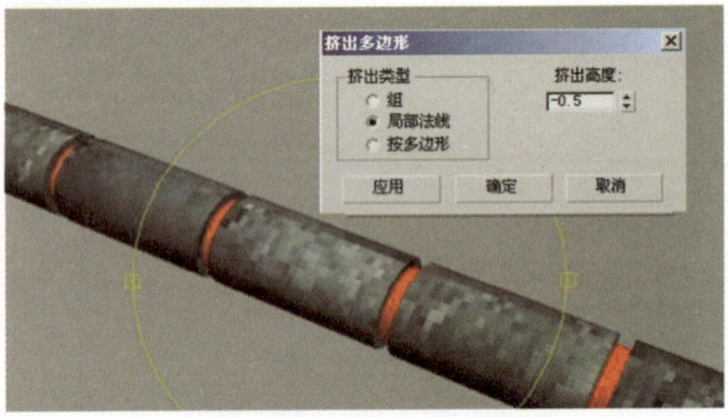

图2-8 向内挤出面

④ 完成上述操作后，进入“边”子对象层级，这时瓦片的边缘处于选中状态，再次单击“边编辑”参数栏下的“切角”按钮右侧方框，设置“切角边”参数，效果如图2-9所示。

⑤ 为多边形圆柱(瓦)添加FFD修改器，调整出弯曲幅度，然后把制作好的瓦横向复制6个，接着在第一张瓦片贴图的空白处制作不同效果的瓦片，把贴图放在一张图上是方便最后调整色彩、明暗等操作。最后调整复制出来的模型UV，使几个模型看起来不重复，如图2-10所示。

⑥ 同上，把制作好的瓦片(组)模型再横向复制，数目以屋顶长度为准，效果如图2-11所示。若此时的瓦片看起来仍有明显重复，可以退出子对象层级，然后单击“编辑几何体”卷展栏下的“附加”按钮合并所有瓦片，再使用UV编辑器让瓦片UV的分布更加随机。

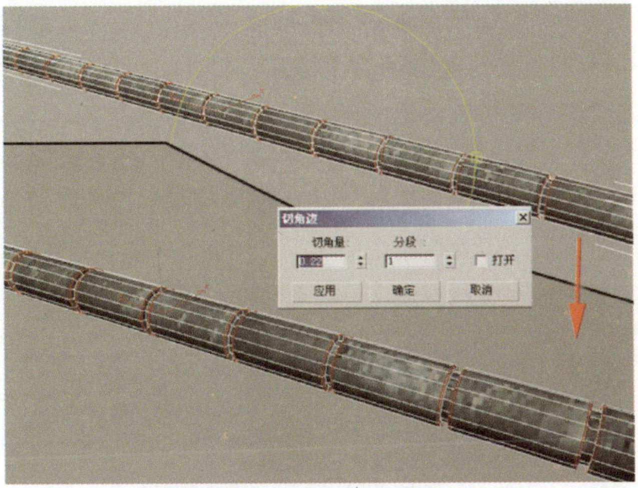

图2-9 再次使用切角为圆柱添加细节

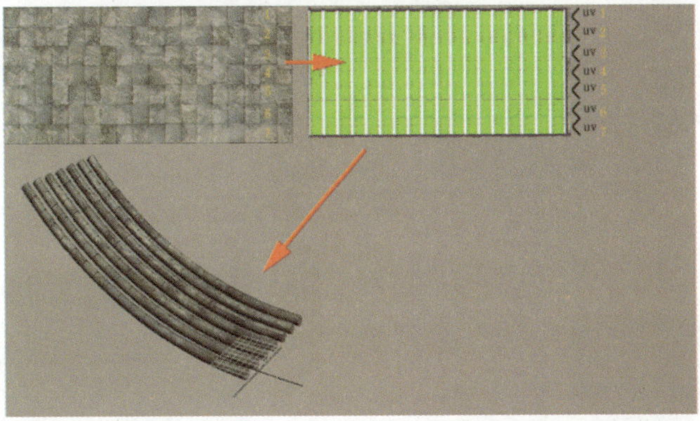

图2-10 复制出瓦片并制作不同效果贴图

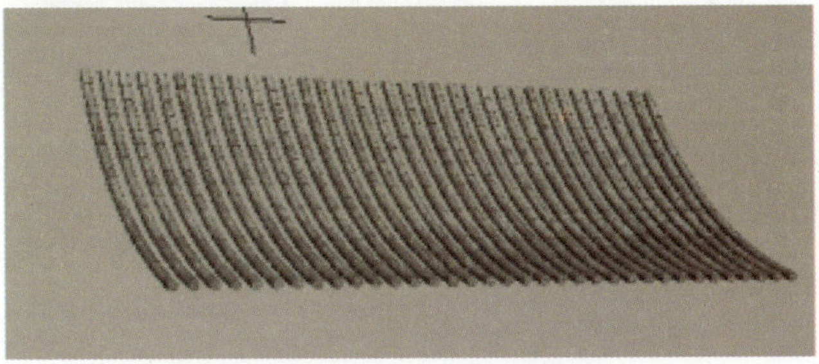

图2-11 复制出屋顶的瓦片

⑦ 给瓦片指定一个UVW贴图修改器，选择“平面”映射方式，注意这时的贴图通道ID

号设置为2，如图2-12所示。然后单击(材质编辑器)按钮进入材质编辑器，把瓦片的材质类型Standard改为Blend，保留原先瓦片贴图为子材质，在Mask通道中加入程序贴图Noise，或者Gradient Ramp，或者自己制作的黑白通道，再把ID号设置为2，如图2-13所示。

⑧ 返回上级材质菜单，进入Blend材质的材质2，选择一张适合制作脏化效果的贴图赋予Diffuse通道，同上，设置贴图通道ID号为2。脏化程度跟黑白通道的白色设置有关，适当调节后，制作出瓦片顶部污渍效果，如图2-14所示。

图2-12 为屋顶瓦片指定UVW贴图修改器

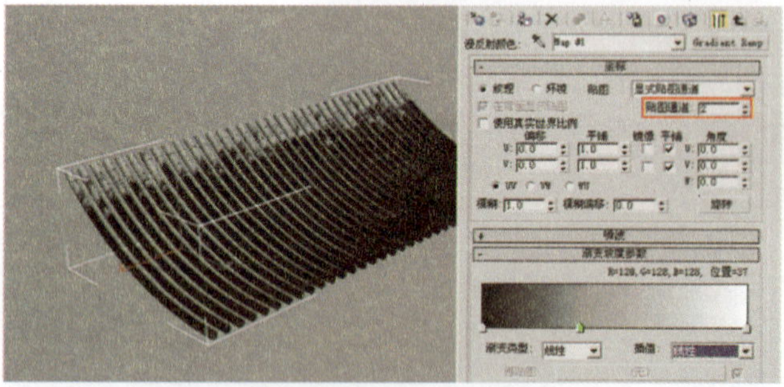

图2-13 在Blend材质的通道中加入“渐变坡度”程序贴图

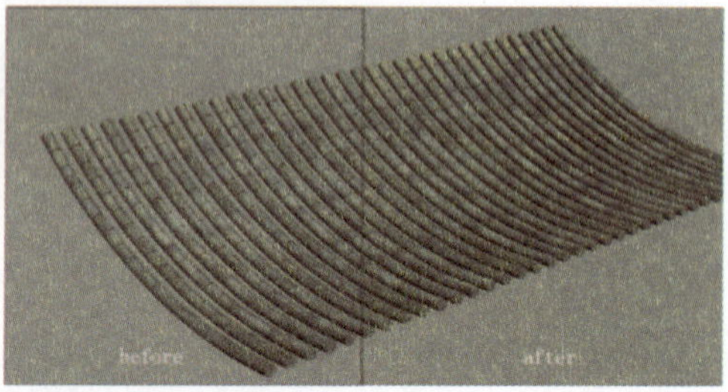

图2-14 为瓦片贴图添加污渍效果

(2) 不规则瓦片的制作。

民居建筑通常比较散乱，屋顶瓦片不规则，大多为低级的瓦，如图2-15所示。因此在制作时仍以一排为单位来制作较为方便快捷，不同的是一排瓦片是由单个模型组成的，如图2-16所示，这样方便调整瓦片位置以表现散乱无规则的效果，如图2-17所示。瓦片三个颜色的面分别为三个不同ID的光滑组，考虑到最后整个屋顶的瓦片面数较多，所以看不到的面全部删除，以节省资源。

把瓦片铺满屋顶的操作方法与规则瓦片类似，这里不再赘述。

总体来说，屋顶是建筑制作中难度比较大的物体，面数多，制作时间长，游戏中占据的画面比例大，所以必须认真对待。制作时，要多参考照片，观察细节，除了瓦片自身的材质外，还要多考虑其他因素，比如瓦片上的青苔、落叶等，如图2-18所示。

图2-15 民居瓦片

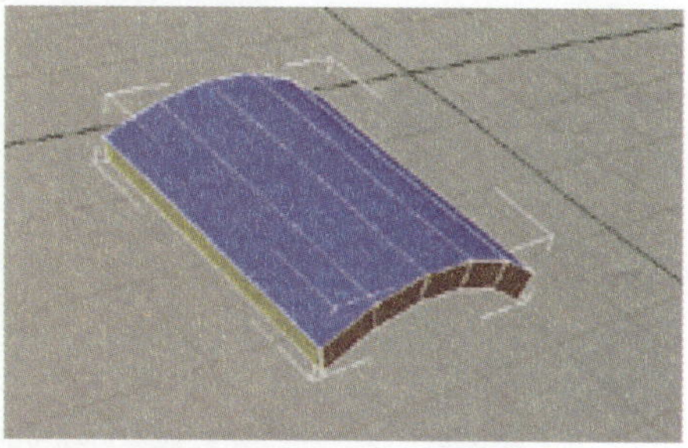

图2-16 制作的瓦片模型

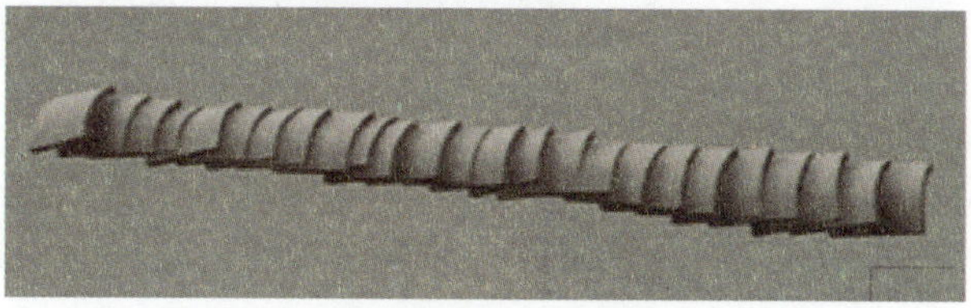

图2-17 瓦片的大致效果

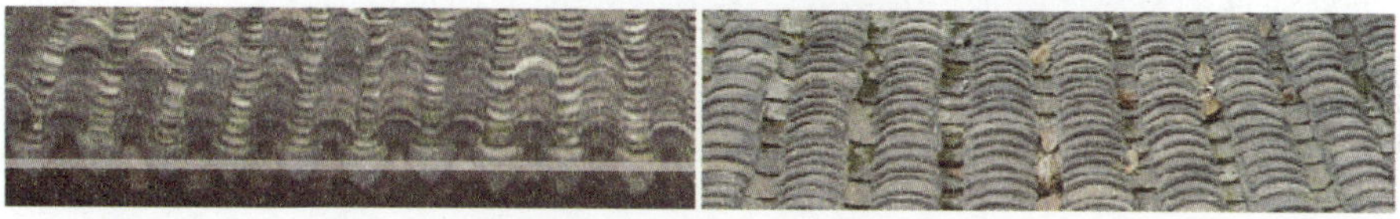

图2-18 瓦片污渍

另外，民居的建造不太考究，所以经过一段时期后整体房屋的结构(特别是屋顶)就会产生变形，如图2-19所示。

图2-19 屋顶变形效果

2) 墙面、路面等大面积物体的制作

(1) 墙面的制作。

游戏制作中常见的几种墙面有粉墙、砖墙或者斑驳破损的墙面，如图2-20所示。

图2-20 墙面破损效果

制作墙面的方法比较简单，如果最后渲染的图片比较大，那就需要考虑一些细节的制作，比方一些细小的凹凸，这个需要Bump贴图来配合。制作方法：在Photoshop中把贴图除去颜色，然后调整对比度，再使用“反转”命令反转像素颜色，如图2-21所示。当墙面和斑驳的明暗对比不强烈时，很难通过调整对比完成，需要动手绘制出污渍、凹痕等效果，如图2-22所示。

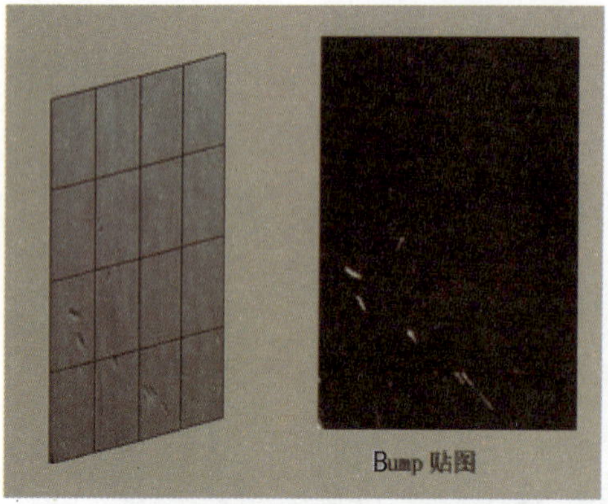

图2-21 制作Bump贴图

图2-22 使用Bump贴图的凹痕效果

制作砖墙的方法：制作一张比较明确的Bump贴图，如图2-23所示，再添加到贴图通道中实现凹凸感。这种方法依靠我们平时素材库的积累，特别是照片品质的素材，次世代游戏的贴图多数都是采用这种原理来制作。叠加了Bump贴图的纹理效果如图2-24所示。

图2-23 制作Bump贴图

图2-24 叠加了Bump贴图的材质效果

另外，墙体的底部受人为活动影响大，因此常有污渍、剥落等痕迹，墙体有些地方还有雨水造成的污痕，如图2-25所示。

图2-25 墙体的污渍

(2) 地面的制作。

有些地面的制作方法可以参考墙体制作，例如小石块、小碎砖铺成的路面，这些贴图纹理组成比较细碎，凹凸也不够强烈，不要通过建模来实现。

由大石块或方砖铺成的路面以一排为单位来制作比较简便，如图2-26所示，制作方法参考前面瓦片的制作。

图2-26 方砖间隔平铺的地面制作

石块大小错落、破损等效果都是在整体模型基础上进行调整，当模型被赋予贴图和分好UV坐标后，再把细节部分分段，然后进入“顶点”子对象层级，局部调整顶点，如图2-27所示。调整时可以选中“软选择”卷展栏下的“使用软选择”复选框，以提高效率。对于大面积的规则地面，也可以运用Bevel功能整体变形。

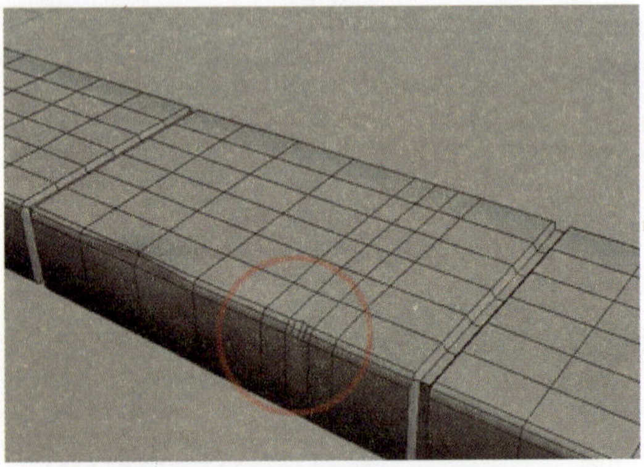

图2-27 在模型上调整破损效果

(3) 其他结构的处理。

场景中转折边缘的处理如图2-28所示，右侧木条的边缘经过处理，产生一条亮边，模型结构清晰可辨，相比较之下，左侧木条显得比较普通，贴图较平，缺乏立体感。

处理边缘的方法如图2-29所示，可以总结出处理思路为边缘发白或发黑；表面由于日晒和灰尘，通常发白；这些细节可以使用Photoshop中的“加深/减淡”工具、“画笔”工具进行处理。

图2-28 处理转折效果

图2-29 边缘颜色的处理

对于边缘破损的处理，可以考虑制作黑白通道来实现贴图表现，如图2-30所示。

图2-30 边缘破损的处理

3) 道具的制作

游戏中的道具种类繁多，不可能一一列举，这里主要介绍几类常见的道具制作方法。

(1) 布料。

游戏中常见的布料主要用来表现旗帜、布帘、台布、地毯、雨伞等对象的材质。布料形态多变，材料越软，褶皱越多，制作难度越大。下面介绍表现布料的几种方法。

① 制作实体模型，如果布料物体的形态比较完整，可以考虑这种方法。首先用复合建模方法“放样”做出大型，如图2-31所示，然后塌陷为可编辑多边形，再通过指定FFD 4×4×4、“噪波”修改调整形态，如图2-32所示。

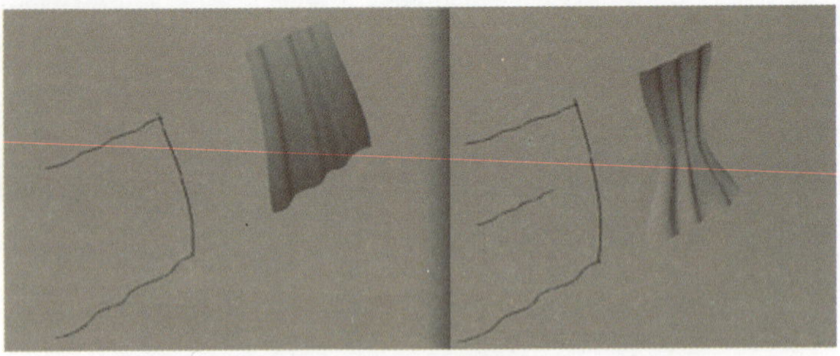

图2-31 放样布料物体

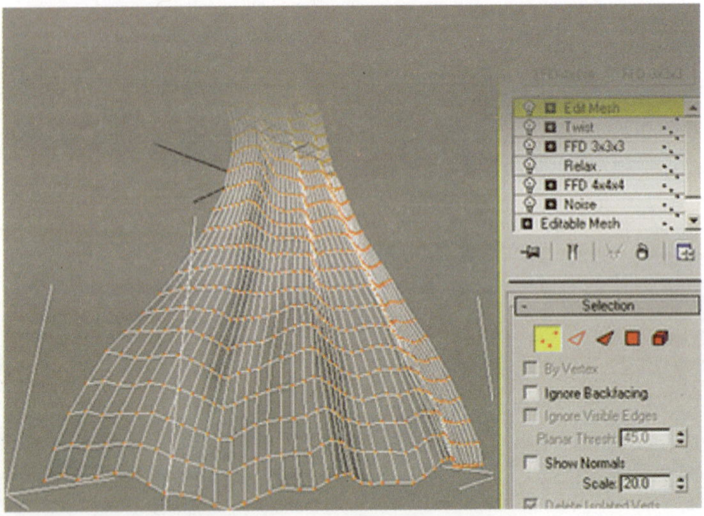

图2-32 指定修改器调整布料造型

② 接上面操作，为布料模型指定SimCloth修改器进行运算，运算后得到的是布料的动画，然后以Cache(缓存)的方式储存(没有关键帧)，拖拉时间滑块，在布料形态比较好的地方塌陷模型，得到最终的布料形态，如图2-33所示。

③ 使用贴图制作布料效果。这种方法比较简单，布料褶皱通过叠加Bump贴图来表现，效果如图2-34所示。

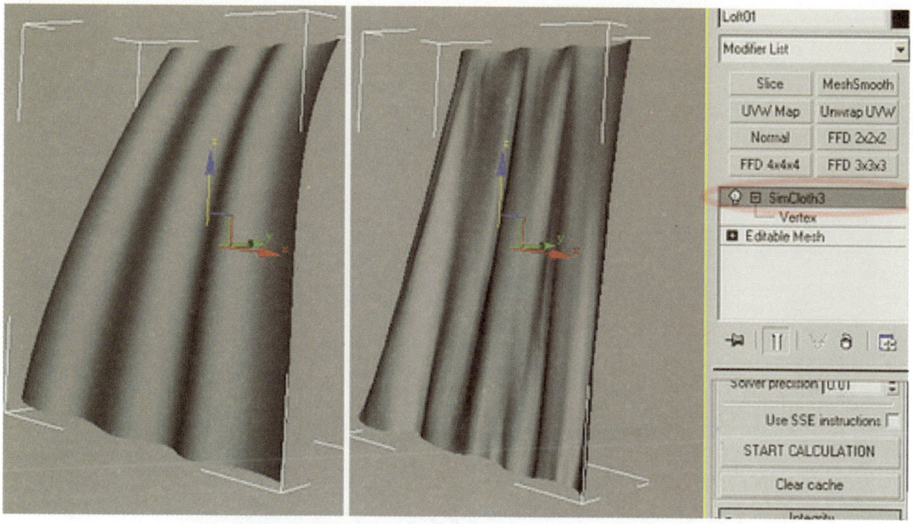

图2-33　对布料模型使用SimCloth修改器

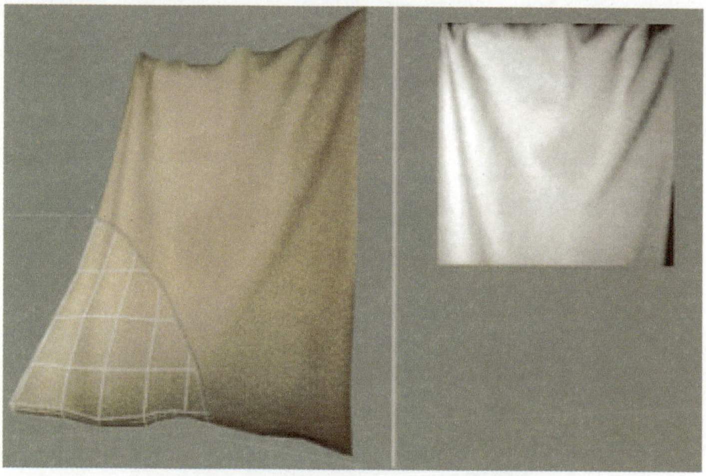

图2-34　用贴图表现布料的褶皱

(2) 植物的制作。

枝干的制作。用“置换”修改器可以方便快捷地制作出树干等类似物体，但有个很大的缺点，就是面数比较多，所以要慎用。方法：首先使用放样物体制作枝干的大型，如图2-35所示。因为它能方便制作扭曲的形态，而且带有UV信息。为了置换出好的效果，可以增加放样路径的分段数，但要注意确保面大致为正方形，如图2-36所示。

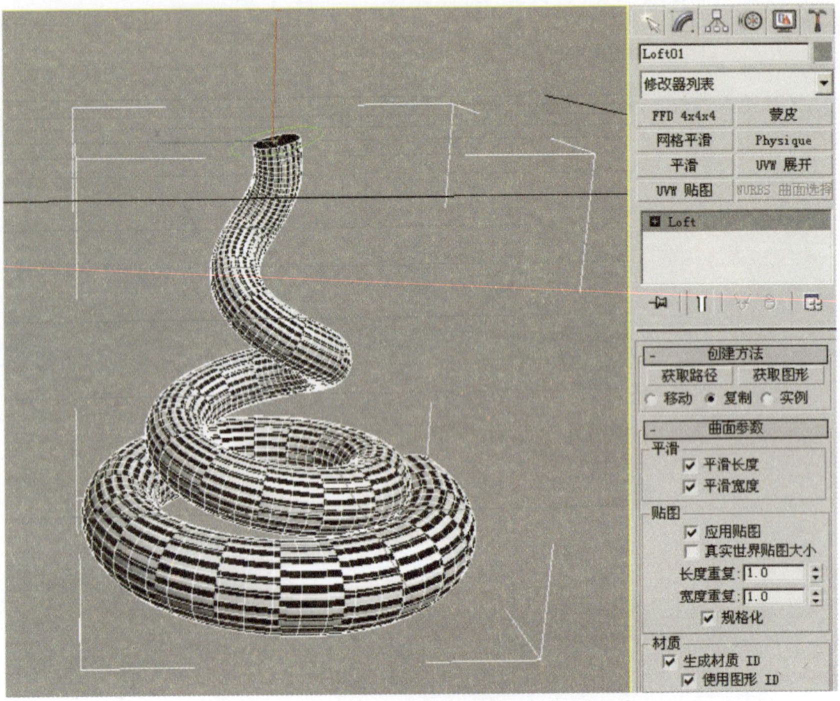

图2-35 制作放样物体

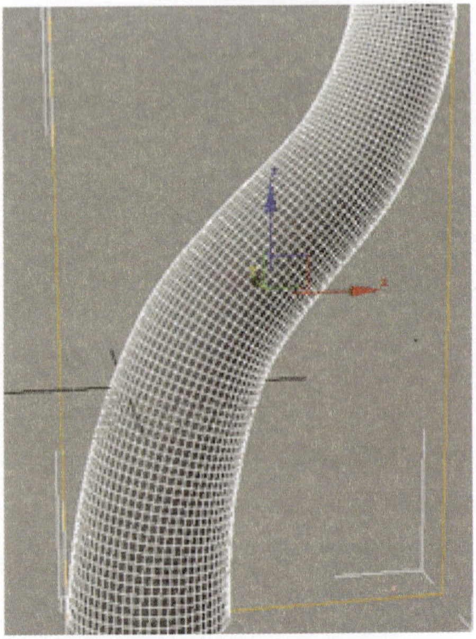

图2-36 调整放样物体的造型

为放样物体添加“置换”修改器，然后载入制作好的黑白图作为置换贴图，如图2-37所示。同时选中“参数”卷展栏下的“使用现有贴图”复选框，如图2-38所示。再调整“模糊”值以消除物体上出现的细小凹凸，最终渲染效果如图2-39所示。

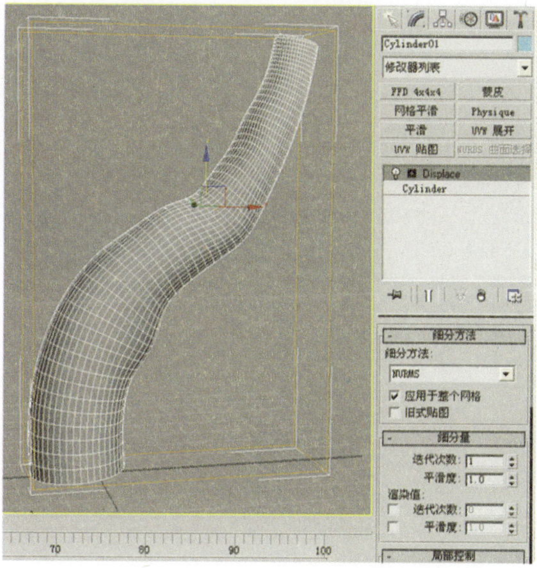

图2-37 为放样物体添加Displace(置换)修改器

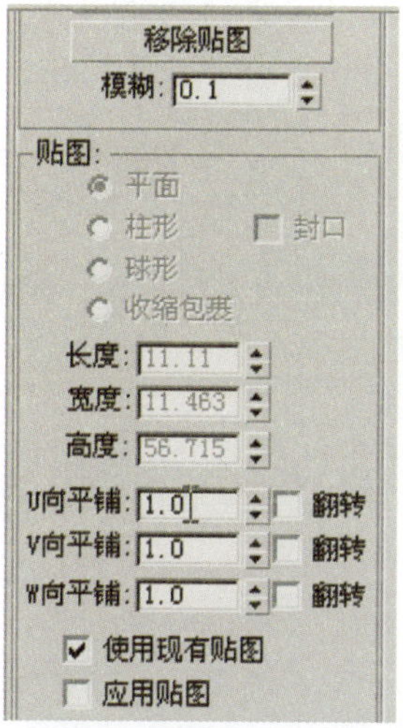

图2-38 调整参数值

图2-39 渲染效果

树叶的制作。制作树叶可以考虑选用AEC扩展下的Foliage(安装3ds Max时会提示安装AEC扩展模型)，创建时只选择“树叶”选项，然后转换为可编辑多边形，如图2-40所示。可以看到每片叶子都带有UV信息。以一丛为单位制作的叶子效果如图2-41所示。

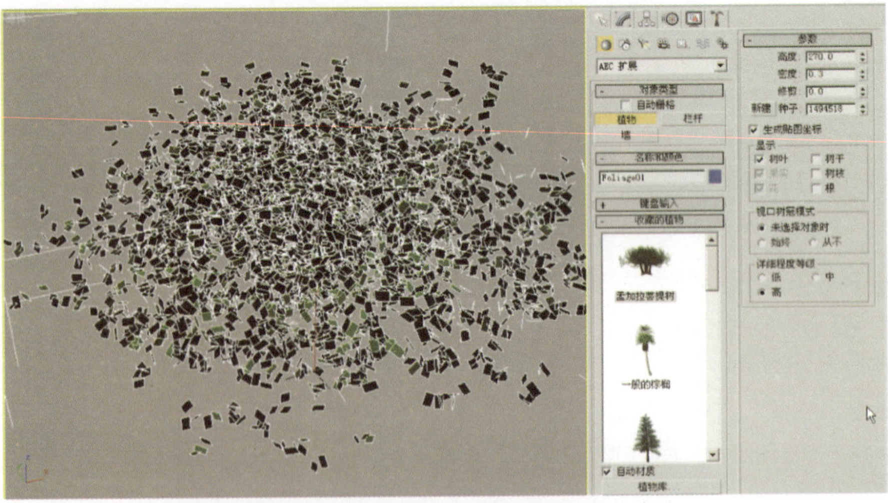

图2-40 制作树叶

图2-41 制作好的一丛树叶的效果

4) 其他对象的制作

下面制作场景中不太常见的物体，包括浮雕、钟乳石等。

(1) 浮雕石柱的制作。

方法可以参考枝干的制作，贴图效果如图2-42所示，上为颜色贴图，下为置换贴图，为了更好地置换出效果，黑白图需仔细绘制，明度大小根据凸出程度而定，白色为凸出程度最大。完成效果如图2-43所示。

图2-42 浮雕贴图的制作

图2-43 置换出的浮雕效果

(2) 钟乳石的制作。

可以使用程序贴图和“置换”修改器制作钟乳石效果，程序贴图(渐变坡度)的设置如图2-44所示。完成效果如图2-45所示。

2．制作模型的注意事项

1) 结构与摄像机的关系(变形，位移)

因为透视原理的关系，在“透视图”下观察模型结构与在“摄像机视图”下观察的效果相差甚远，因此在制作场景过程中常常需要创建摄像机来察看模型结构，以确保最终效果令人满意。有时需要调整模型的结构以使其在摄影机视角下的形象更完美，如图2-46所示。

2) 面的数量和光滑组处理

制作高模无需吝啬面数，但也不可滥用，除了一些特殊需要(比如应用置换)，其他情况基本上考虑两个方面：结构和光滑组。

(1) 光滑组。

如图2-47所示，同样的物体，左为物体在“面”子对象层级下，分别指定两个光滑组，右为在“元素”子对象层级下，整体指定一个光滑组，这时，右边的模型会较暗。

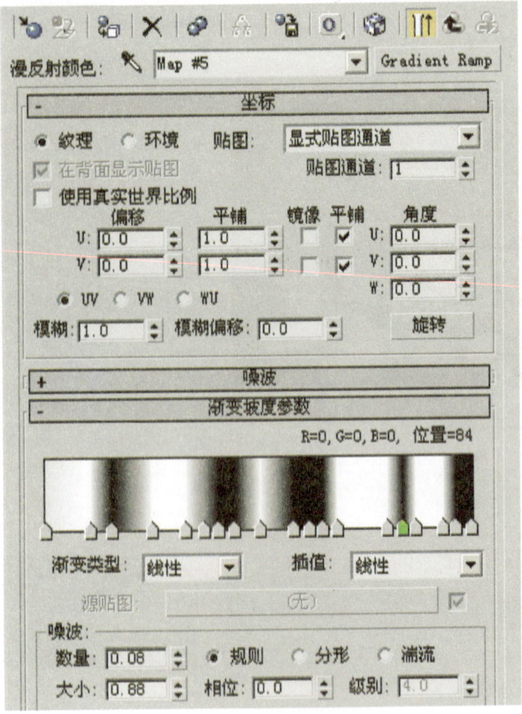

图2-44 设置程序贴图

图2-45 钟乳石效果

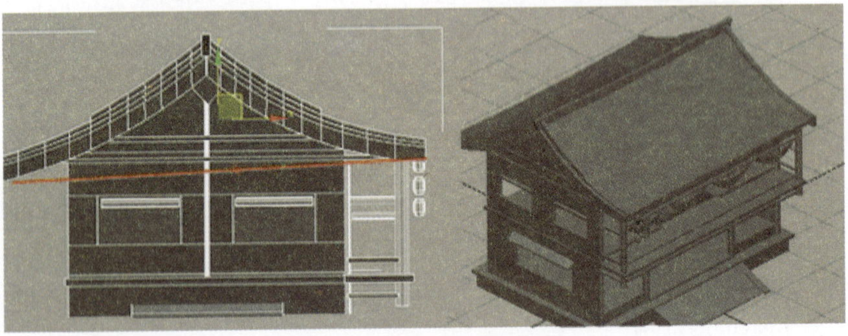

图2-46 调整模型的结构

(2) 模型细节等级。

制作模型前应先考虑最后输出图片大小，然后再来决定模型应表达的细节、模型的面数和贴图的大小。一般小道具的模型无需太多的面数，贴图也不用太大，过大的贴图渲染后反而不清晰。而结构比较复杂的模型可以用小结构贴图+实体凹凸结构来表现细节，如图2-48所示。

在贴图对应的模型结构处处理一下细节，可以使最后渲染的效果更明显，如图2-49所示。

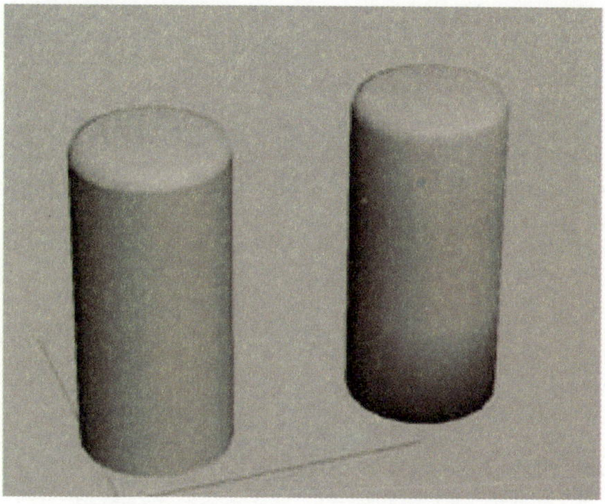

图2-47 指定不同的光滑组的模型效果

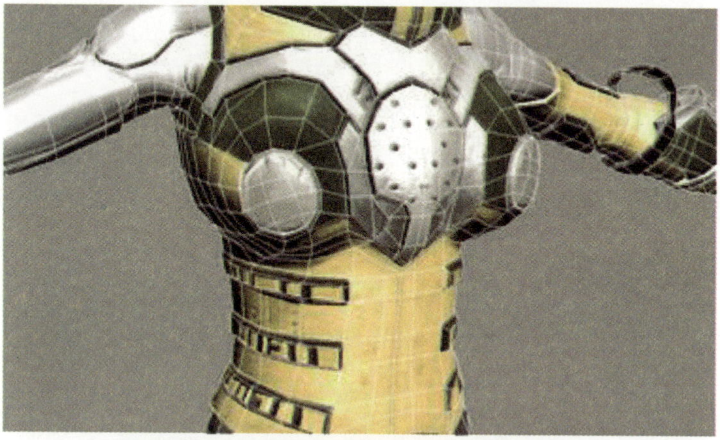

图2-48 利用小结构贴图和实体凹凸来表现细节

图2-49 制作台阶上的凹痕

因为2D场景是不能移动的，因此可以尽量把摄像机角度看不到的面删除，特别是瓦片等大面数模型，下面是看不到的，可以考虑删除。

3．贴图与材质的制作

1）传统做法

与3D游戏类似，把要表现的细节全处理在一张贴图上，如图2-50所示。

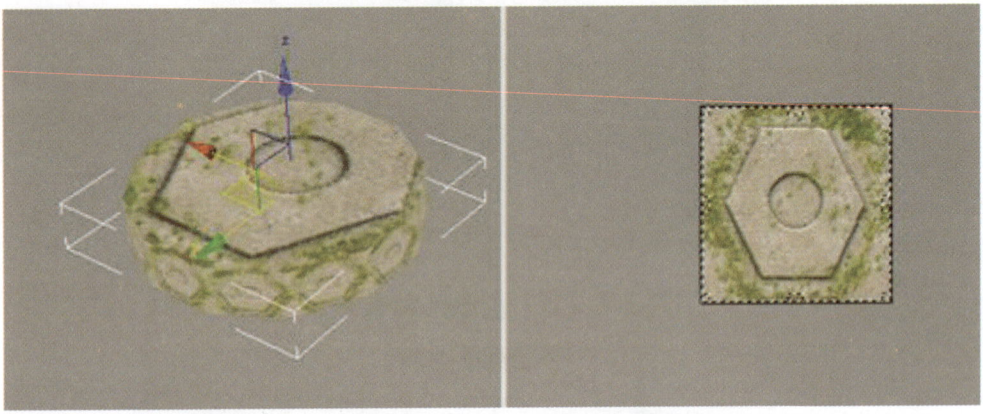

图2-50 贴图与材质的传统做法

2）运用程序贴图

运用混合等程序贴图完成细节的制作，这种方法非常灵活，程序贴图可以无限次嵌套，非常方便贴图制作，熟练运用可以制作出千变万化的效果，如图2-51所示。

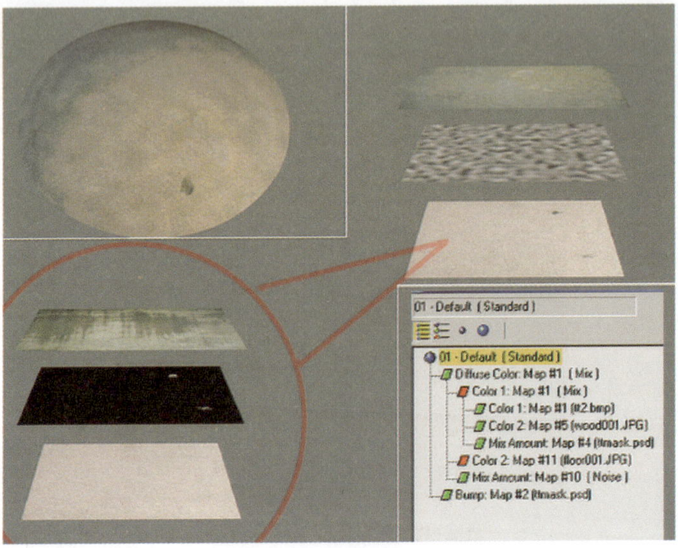

图2-51 程序贴图的嵌套

黑白通道的原理与Photoshop的蒙版类似，使用它可以制作物体表面的凹痕效果，如图2-52所示。

图2-52 使用黑白纹理制作凹痕

3）不同通道的设置

场景制作中经常用到的几个通道为Diffuse(色彩)、Bump(凹凸)、Self-illumination(自发光)和Specular(高光)。除了Diffuse和Self-illumination通道之外，其他通道基本上使用贴图的灰度值，所以使用时，一般只用黑白图，如图2-53所示。

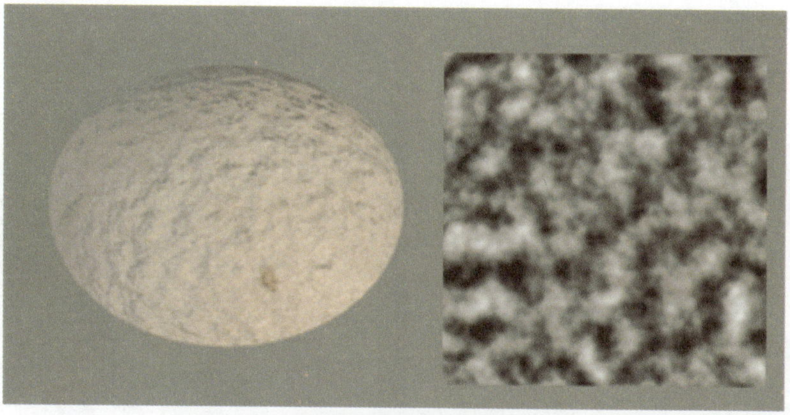

图2-53 Bump通道使用了Noise贴图

4）其他应用

贴图和材质可用于制作金属、水晶、冰雪等效果，下面以冰的效果为例进行介绍。运用Raytrace(光线跟踪)材质球制作冰的效果，如图2-54所示。

图2-54 使用程序贴图制作冰的效果

制作方法：

(1) 首先创建冰的模型，为模型指定光线跟踪材质，然后将“明暗处理”类型设为“Blinn”，再为“反射”通道指定falloff(衰减)贴图，为“环境”通道和“凹凸”通道分别指定同一个Noise(噪波)贴图，如图2-55所示。

(2) 把“凹凸”通道下Noise(噪波)贴图的颜色调整为黑白，“环境”通道下Noise(噪波)贴图的颜色调整为冰的颜色。然后创建一个平面作为水面并赋予一张水的材质，再调整材质球“透明度”颜色的灰度值为220，其他参数设置情况如图2-56所示。

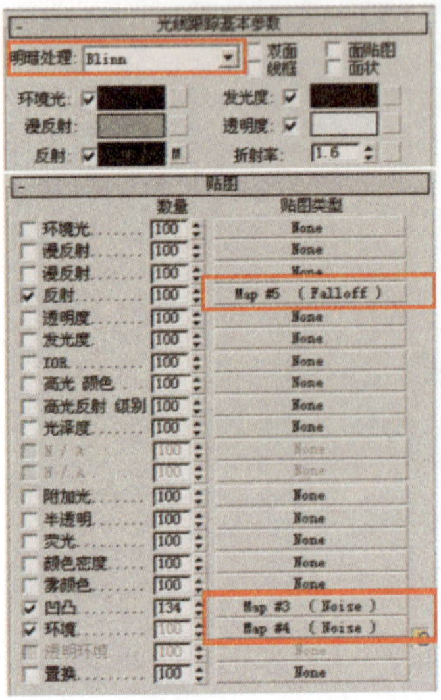

图2-55 在贴图通道中指定程序贴图

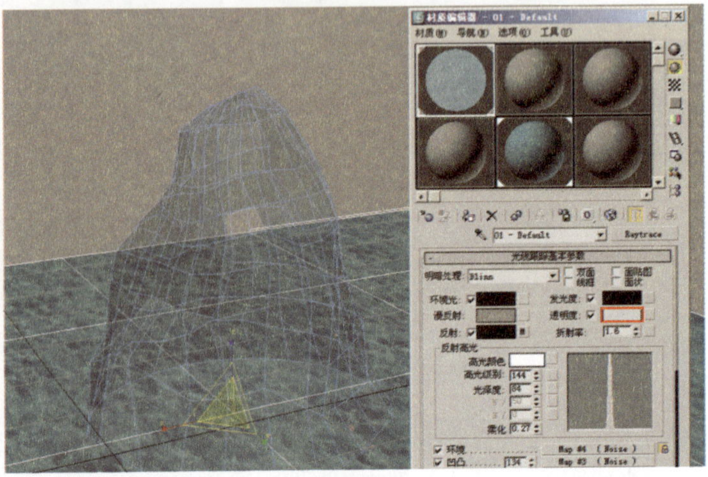

图2-56 设置其他材质参数值

4．灯光

自然界的光线传播非常复杂，以往在3D软件中模拟真实光线，都需要复杂的灯光设置来实现。随着CG技术日新月异，模拟光线传播的渲染器技术已达到很高的水准。但想运用好这些渲染器，必须对灯光有很深的理解。目前游戏制作中，渲染部分多以3ds Max默认配置的渲染方式Scanline为主。接下来我们简单了解三点光源的原理。

三点光源包含主光、辅光和背光，是从摄影中延伸过来的。下面场景中只打了三盏灯，如图2-57所示，然而三盏灯不能满足光线的要求，因此茶壶缺少来自下方的光照，如图2-58所示。自下向上打了补光后，茶壶的显示接近真实，如图2-59所示。

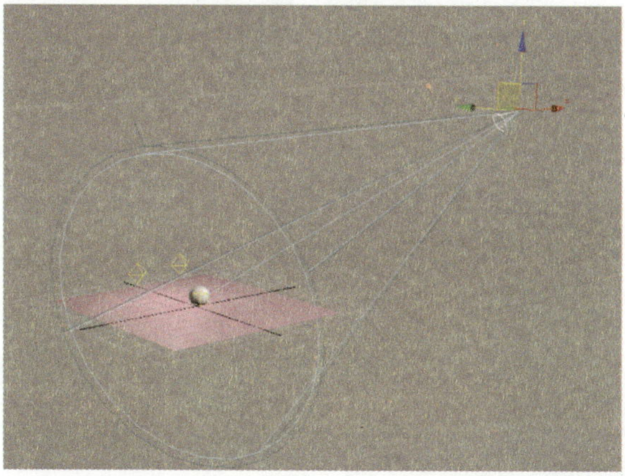

图2-57 三点光源

图2-58 缺少下方的光线

图2-59 从下往上补光后的茶壶显示效果

投影方式有多种，目前用得最多的是Shadow Map(阴影贴图)这种最简单的方式，如图2-60所示是目标平行灯光开启阴影贴图时的效果，由于使用了默认值，阴影非常粗糙。改变灯光的“阴影贴图”参数后，阴影质量提高了，如图2-61所示。

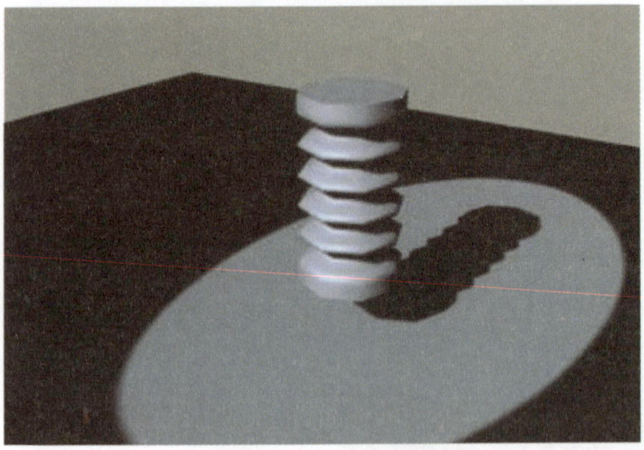

图2-60 阴影贴图效果

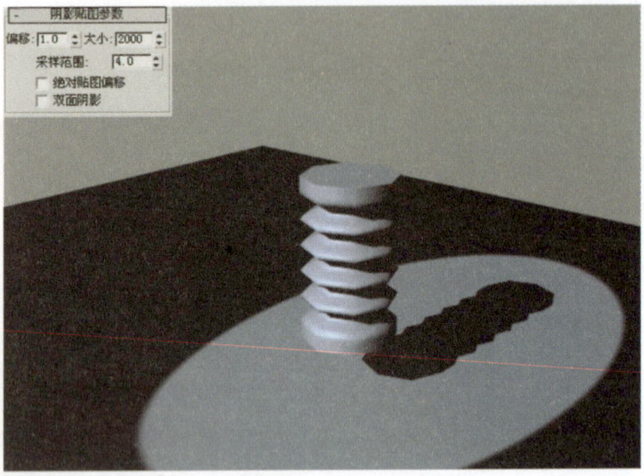

图2-61 修改阴影贴图的参数

使用“常规参数”卷展栏下的Area Shadow(区域阴影)可以得到高质量的阴影效果，如图2-62所示。

使用“高级效果”卷展栏下的Projector Map(投影贴图)，可以创造出光透过树、窗等物体投下阴影的效果，效果如图2-63所示。

图2-62 区域阴影的投影效果

图2-63 使用投影贴图的效果

按下F10键，可以弹出“渲染场景”设置面板，在Render Elements(渲染元素)选项卡中，单击“渲染元素”卷展栏下的“添加”按钮，可以找到各种与图片相关的通道，如图2-64所示。

“渲染元素”在视觉特效方面应用广泛，举个例子进行说明：把场景中的造型物体复制3个，然后添加“Z深度”元素，再单击“渲染”按钮，效果如图2-65所示。接着可以通过将两张图片在Photoshop中合成来快速制作出景深效果，如图2-66所示。

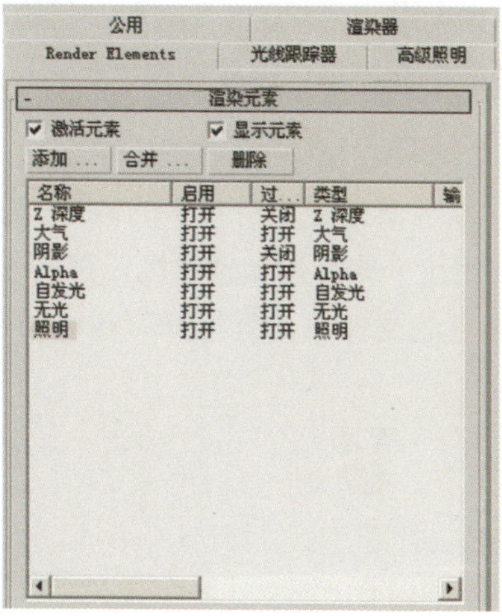

图2-64　“渲染元素”卷展栏

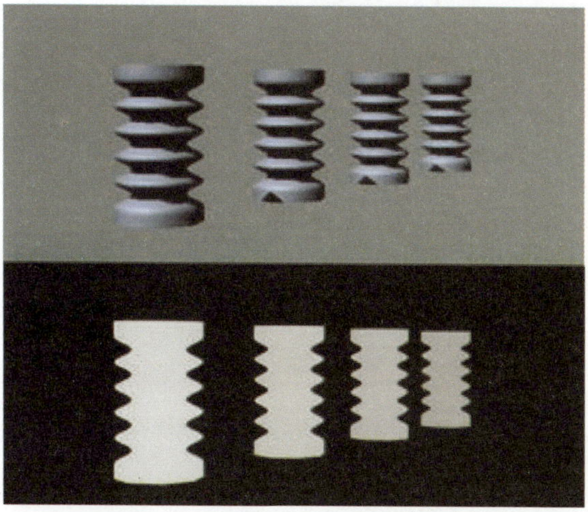

图2-65　添加Z深度之后的渲染效果

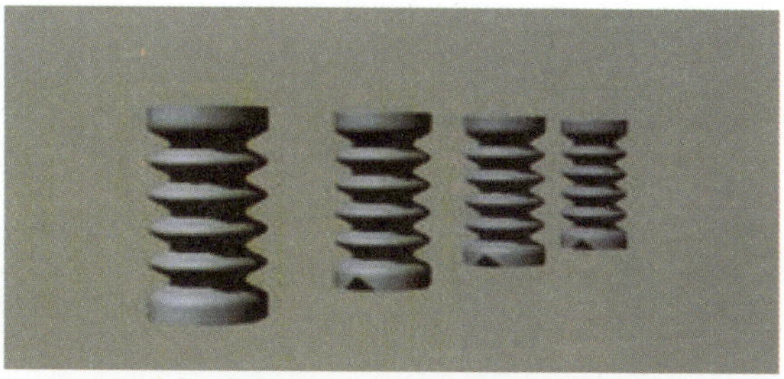

图2-66　运用Z深度可以快速制作出景深效果

渲染时切换到“渲染器”选项卡，选用“过滤器”中的Catmull-Rom抗锯齿模式，可以使渲染画面更清晰。如果选中“全局超级采样”复选框，则不用逐一在各个材质球中修改。

2.1.3　2D和2.5D游戏角色的制作规范

1．分析原画

角色说明：原画文档里会有一段关于这个角色的设计说明，主要针对形体、身高、年龄、身世、习性、行动方式、攻击方式等进行说明。服饰、色调、材质、武器、道具在原画上也都有标明，如图2-67所示。另外原画会附一张JPG格式的图一起给制作人员，方便建模过程中随时观察对比。如有角色参考资料最好也能提供，这样制作人员可以更好地还原设计意图。

2. 灯光摄像机设置

建模过程中会经常渲染图片以观察角色在游戏中的效果，所以灯光摄像机和渲染的设置都要在建模前做好。制作游戏时使用统一的灯光和摄像机，打开一个新的3ds Max视图，把灯光摄像机组件融合到当前准备制作角色的文件中，再打开“环境和效果”对话框，设置背景色与环境光，如图2-68所示。

图2-67 角色原画

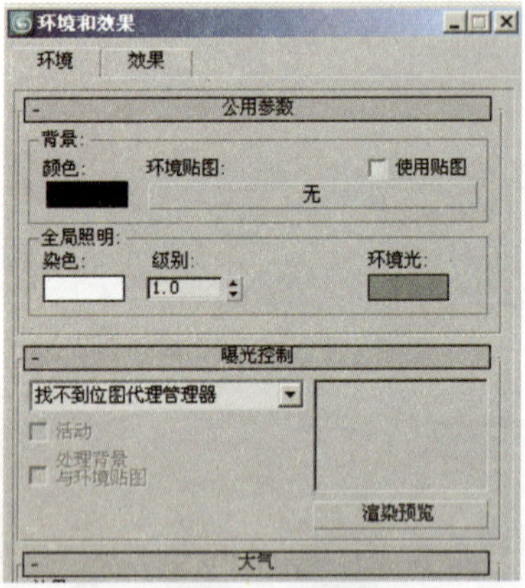

图2-68 设置背景色与环境光

3. 渲染设置

为了渲染的图片可以更加清晰，需要更改“渲染”面板中的几个设置，如图2-69所示。

4. 创建模型

1) 角色形体要求

因为最终的渲染效果图非常小，所以比起3D游戏，2D游戏的角色需要更加强调形体结构的准确和生动。可以适当夸大结构上的层次，比如项链、戒指、贴身饰物等层次要表达清楚，如图2-70所示。

2) 面数控制

为了方便实现UV调整和蒙皮动画，要考虑适当控制面数。动作弧度大的地方需要的面也不能节省，裙子、飘带、头发发梢等模型的段数要尽量多，按照物体的走势布线，可以尽量分布均匀，不要让做完的动画看起来有锋利的转折边。裙子、飘带、头发发梢等模型还是尽量建成直的，但个别小到不用做动画或只需轻微晃动的物体可以直接作为附属物件绑定给各自的主体物件，如图2-71所示。

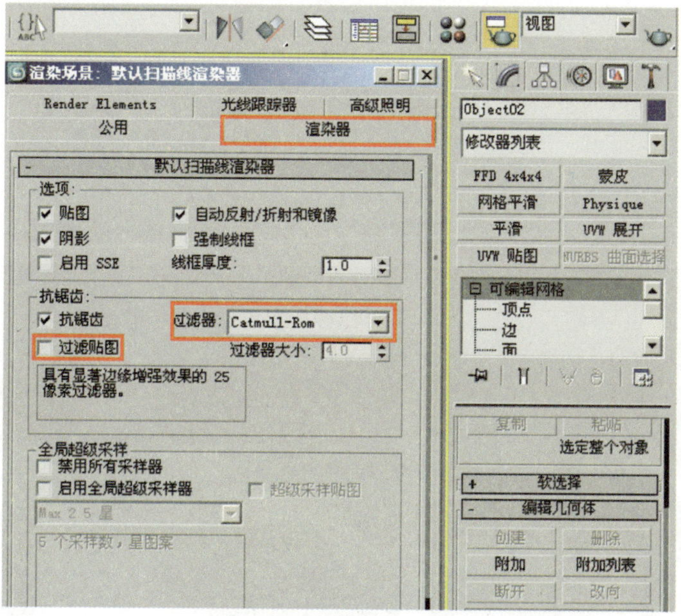

图2-69 设置渲染参数

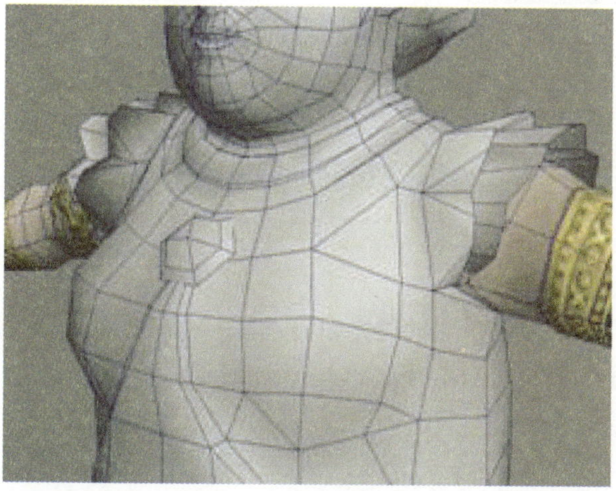
图2-70 角色的形体结构

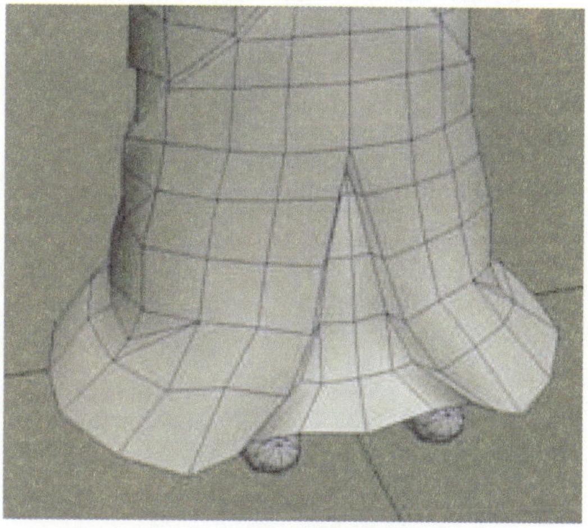
图2-71 模型的结构布线

3) 身材比例

角色定为6头身比例，脸渲染成图片后至少要有十个像素点的高度。一些特殊比例的NPC可以适当夸张。正常大小比例角色的渲染大小为320×320像素。角色完成后渲染成TGA图片，和前面设定好的角色画进行对比，按照游戏中角色在透视图中四个角度位置进行渲染，模型中的大小和图片中的形体还是会有些出入，再相应调整，以最终图片效果为准，如图2-72所示。

4) 模型精度

正常比例的角色脸部可以不用做五官，手部不需要做所有手指。怪物的脸部和四肢具体制作时要根据原画和动作需求。形体越大的角色模型要建得越精细，如图2-73所示。

5) 模型命名

模型用“角色编号+角色类别编号+模型编号”(如：chr_h_065)来命名。

图2-72 模型在游戏中的身材比例

图2-73 模型的精度

建模的一些其他建议：

建模期间要经常渲染游戏需要的四个角度图片来观看，有的时候这个角度好看，其他角度不一定没问题。渲染的效果和MAX视窗的效果还是有一定的区别的。

注意一些角色之间的联系，父子、母女等关系在模型上也要尽量表现出来。

6) 拆分UV贴图

贴图尺寸有时受到引擎限制，但总体原则是尽量小，这样可以节省出更多的时间把贴图画细致一些，通常把贴图控制在256×256比较合适，当然512×512也是可以的，如图2-74所示。UV位置摆放和精度都要尽量精确，再进行贴图的绘制。

7) UV分布

高面的模型，拆分UV要比低模麻烦一些，复制相同物体最好先把贴图坐标和UV的步骤做好，后面的模型就算不是关联复制，UV也可以共用。为了使贴图更好地表现色彩的变化，模型中比较大块的物件，UV也要分开摆放，如图2-75所示。

图2-74 拆分UV贴图

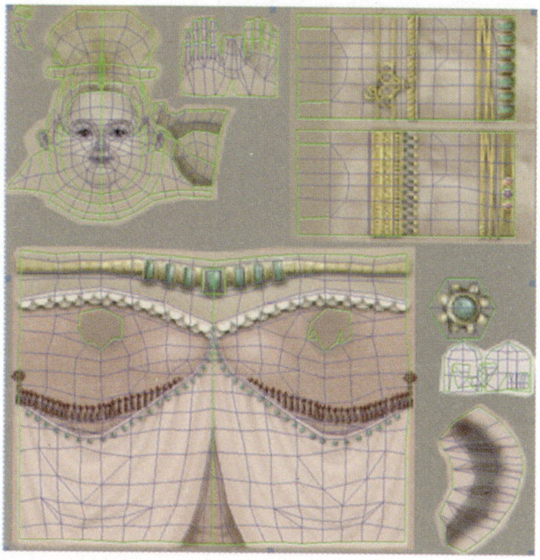

图2-75 UV贴图的分布

8) 贴图格式

为了减少服务器的资源调用量，贴图最终还是需要由PSD格式改成TGA或PNG格式。透明材质使用TGA(32位)，这样可以使图片的容量更小。同时，大多数模型都是两边对称的，贴图完成以后要记得把相同模块的中间点缝合。如果是双面模型或者双面材质要进行恰当的设置，以免渲染图片时某个面会看着不完整。

2.1.4 3D游戏角色的制作规范

3D游戏角色的制作规范与制作2D和2.5D角色大体一致，下面通过一个实例来具体说明。

原画分析——原画分析的重点在于各个角色的主要特征属性，然后考虑哪些模型需要用贴图表现，哪些用材质球表现，最后确定面数。特征属性根据角色说明大致分解，如年代、年龄、职业、个性等。

模型关系——比如毛发、球形、披风、衣袖(古代)、飘带、宽松的部分之间的关系。球体是最费面的物体，可以考虑贴图跟模型的混合，考虑好需要透明贴图表现的部分有哪些；宽松裤管的褶皱部分，可以适当切些面来表现(避免正面看是一大堆褶皱，侧面看是平板)；飘带部分，由于是动画，至少需要3个分段，而且相对集中到尾部，因为柔体运动其实是尾部运动。

面数控制——为了节省游戏资源，创建模型有一定的要求，总体原则就是用最少的面表现出最生动的形体，各游戏的不同情况对面数要求也不同。

以上介绍的是整体制作原则，下面进行详细讲解。先来看网游《剑仙》的一张原画，如图2-76所示，第一感觉有点复杂，其实只要把整体分为几大块，衣、裙、头巾、彩带，就会发现模型制作其实很容易。贴图上，裙子的颜色属于大色块的暖色，饱和度不要太高，外面衣服的颜色应该比较淡而且大块，上身衣服的纹理要重点刻画一下，就可以出层次，因为我们要表现的重点是模型！从原画中可以看出此角色的年龄大概在17～20岁之间，因此，只要照着少女的身材比例表现即可。

图2-76 3D角色原画设定

(1) 从躯干开始，建一个长方体，分段数为1，如图2-77所示；然后指定网格平滑，设置迭代次数为2，再塌陷模型，接着删除一半模型，镜像(实例)出另外一半，如图2-78所示。这样我们只要调整一侧的模型，另外一边也会自动调整。

(2) 使用(选择并移动)、(选择并旋转)工具，在“顶点、边、多边形”层级中调整模型的身体造型，如图2-79和图2-80所示。

(3) 制作模型的装饰物，如图2-81所示。注意，布线跟着结构走，模型看起来会生动很多。

(4) 制作头部模型。方法同上，创建长方体再指定网格平滑，再塌陷。然后镜像复制一半模型，再调整头部大体造型，效果如图2-82所示。

(5) 刻画头部细节，如图2-83所示，最终效果如图2-84所示。

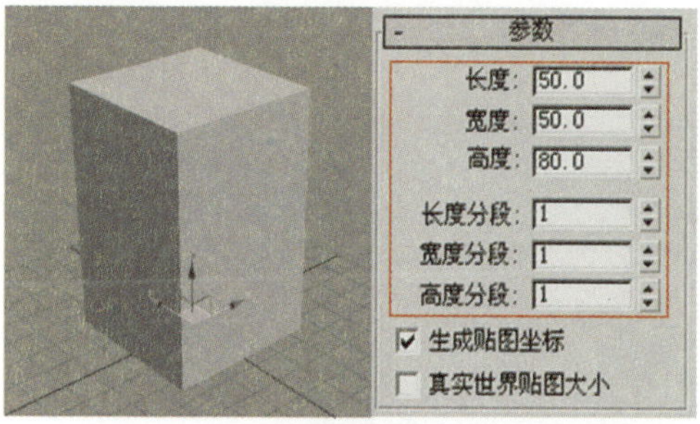

图2-77 创建长方体

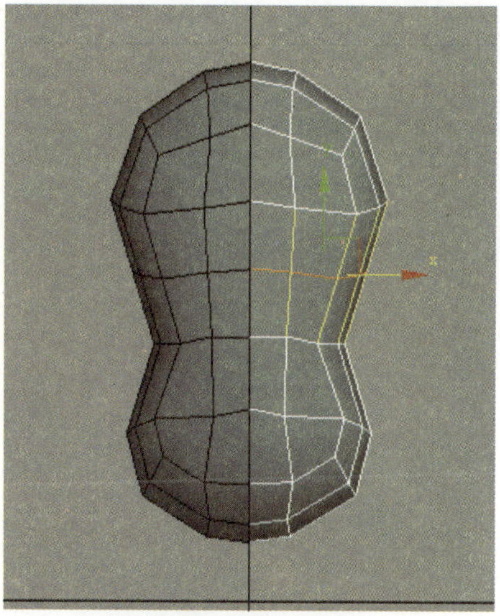

图2-78 镜像一半模型

图2-79 调整角色的上半身造型

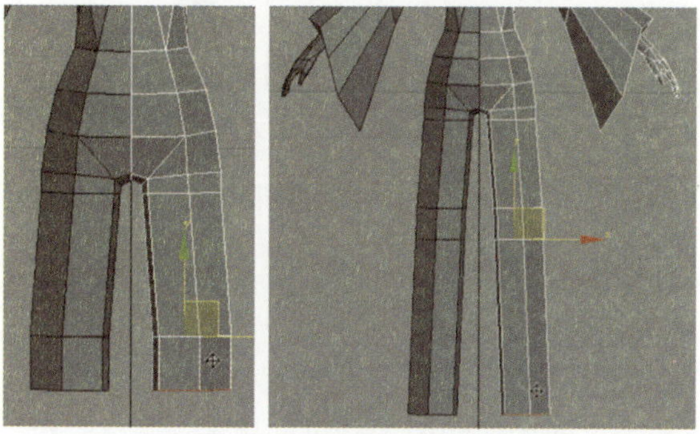

图2-80 调整角色的下半身造型

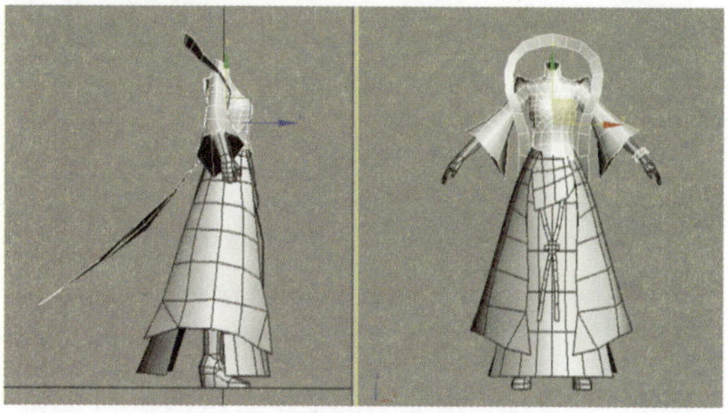

图2-81 完成模型身体的制作

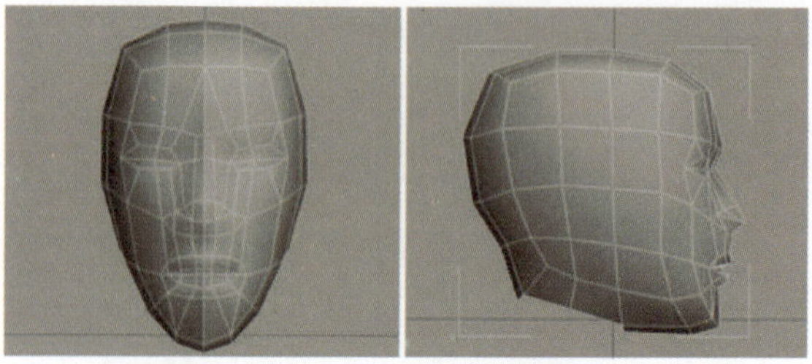

图2-82 调整头部大体造型

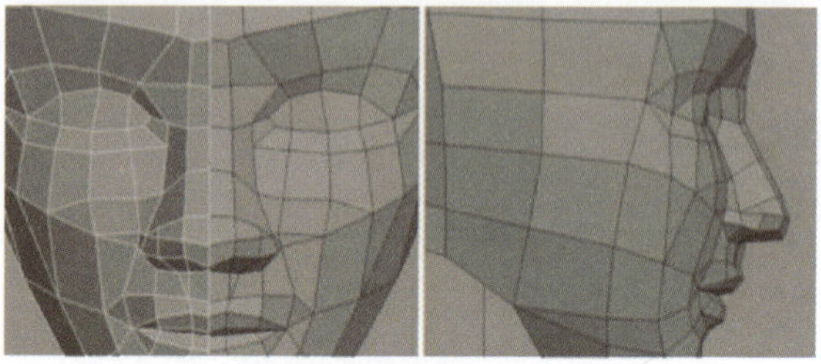

图2-83 刻画头部细节

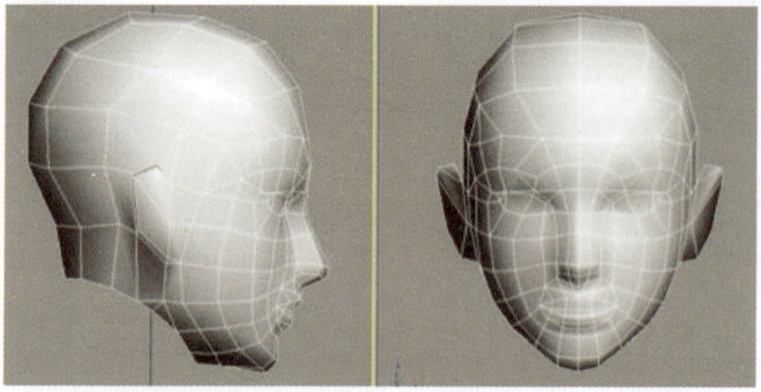

图2-84 头部模型的最终效果

(6) 制作头发和头饰，效果如图2-85和图2-86所示。

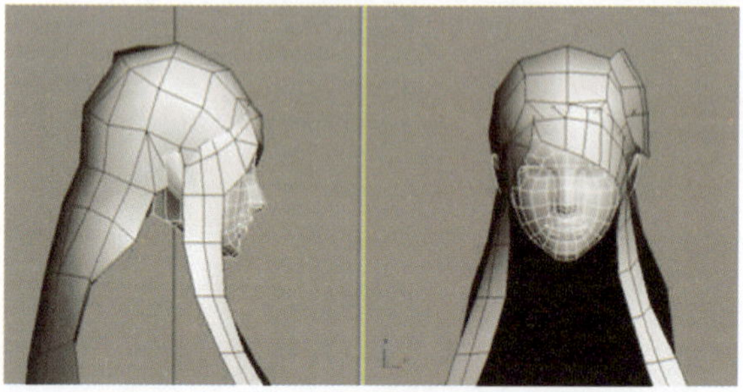

图2-85 制作头发和头饰(1)

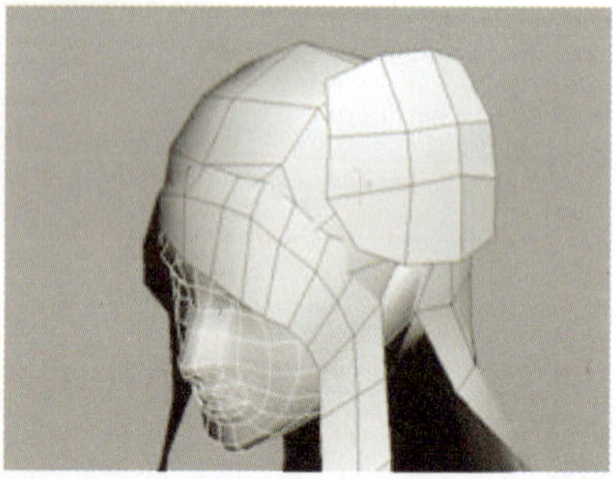

图2-86 制作头发和头饰(2)

(7) 调整完成后，把头部跟身体合并(融合)，接着再进行调整，如图2-87所示，使结构接近原画。

(8) 接下来制作UV。首先把模型按头部、身体、手、脚、腿部和头发6部分进行拆分，然后使用“UVW贴图”修改器把各部分模型的UV坐标展开，再分别为各部分模型指定“展开UVW”修改器，并进入UVW编辑器进行调整，做到尽可能不让贴图出现拉伸现象，全身UV展平的效果如图2-88所示。最后使用“塌陷”命令将UV编辑效果保存。

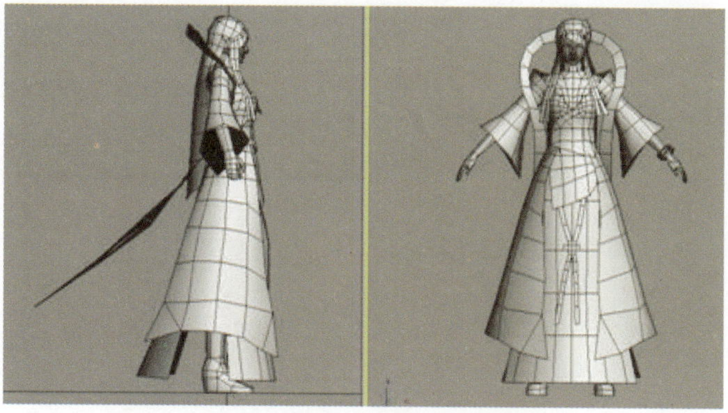

图2-87 合并模型并调整结构

(9) 参考2.5D游戏角色的规范，确定UV精度，然后把各部分UV线框渲染为图片，再导入Photoshop绘制贴图，完成效果如图2-89所示。

(10) 把绘制好的贴图分别赋予模型，在视图中观察效果，如图2-90所示。

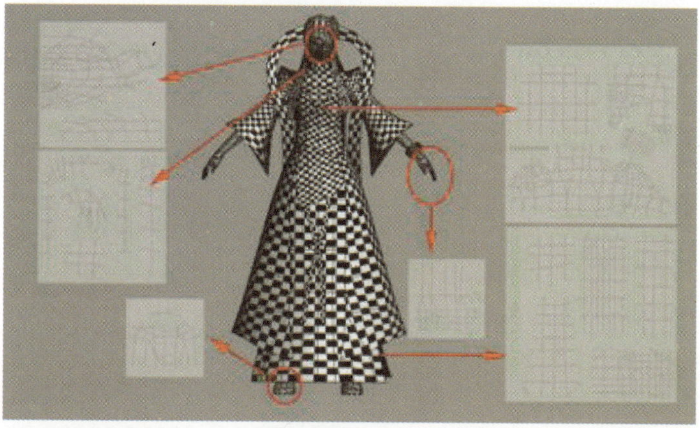

图2-88 展平UV

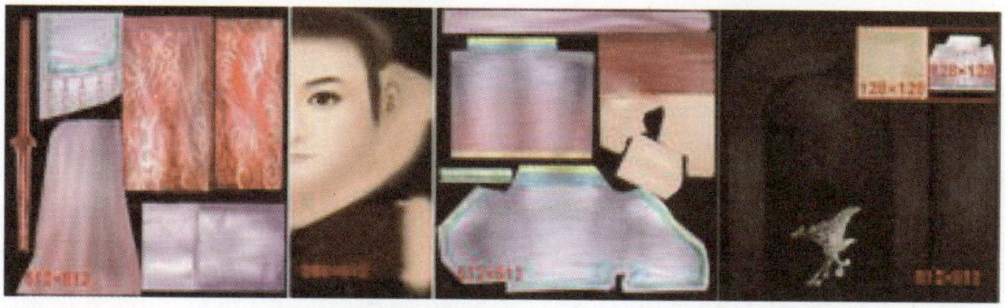

图2-89 根据UV分配完成贴图绘制

图2-90 观察模型的贴图效果

角色建模从技术规范来讲要注意以下三点：

(1) 是否符合贴图的绘制要求(模型的受光情况，UV精度，贴图张数及划分)。

(2) 是否符合动作设计的要求(主要关节部分，以及要做运动的分段数)。

(3) 是否符合引擎技术要求(各角色的面数控制，封口问题)。

2.2 3D游戏建模方法的实际应用

多边形建模是创建游戏模型的主要手段，但是其他一些建模方法也有其自身的优势，特别是在制作2D游戏模型时，因为不用考虑模型的面数，常常会用到一些不常用的建模方法。本节就来介绍一些常见的建模方法，以及在游戏开发中的不同运用。

2.2.1 复合建模

复合建模是将两个以上的对象通过特定的合成方式结合为一个对象。不仅可以对合并的过程进行反复调节，还可以表现为动画的方式，从而能够制作一些高难度的造型和动画，比如头发、毛皮、无缝造型、点面差异对象的变形动画。

下面介绍几种常用的复合建模方法。

1. 布尔运算

布尔运算是指对两个以上的对象进行并集、差集、交集的运算，得到新的对象形态。

在布尔运算中，两个原始对象被称为操作对象，一个称为操作对象A，另一个称为操作对象B。创建布尔运算前，首先要在视图中选择一个原始对象，这时布尔按钮才可以使用。对象进行布尔运算后可以随时对两个操作对象进行修改操作，也可以对布尔的方式、效果进行编辑修改，布尔运算修改的过程可以记录为动画，表现神奇的切割效果，如图2-91所示。

图2-91 布尔运算效果

2. 放样运算

放样造型起源于古代的造船技术，以龙骨为路径，在不同界面处放入木板，从而产生船体模型。这种技术被应用于三维建模领域，即放样操作。在建模工具层出不穷的今天，放样仍然有着鲜明的优点。

在3ds Max中，一个放样对象至少由两个2D图形组成。其中一个图形被称作“路径”，主要用于定义对象的深度；另一个图形则通常被称为“截面图形”，放置在路径的不同位置用于影响放样对象的外形。

路径本身可以是开放的线段，也可以是封闭的图形，但必须是唯一的一条曲线，而作为截面图形，它所受的限制相对要少很多。它不限于单一的曲线，可以在路径的任意位置插入若干的截面图形，数目、形态没有限制，但路径只能有一条。

如果放样对象的路径中放置了一个以上的横截面图形，3ds Max会在各横截面间以自动插补的方式创造出完整的3D对象。其中路径作为放样对象的核心，其他截面图形用来定义对象外围的形状。利用放样变形卷展栏中的各功能制作的图像如图2-92所示。

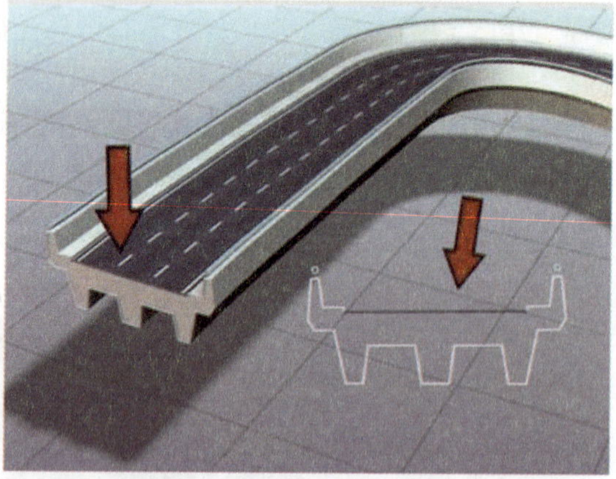

图2-92 放样建模效果

3．图形合并

将一个二维图形投影到一个三维对象表面，从而产生相交或相减的效果。这种工具常常用于使三维物体表面镂空的文字或花纹产生穿透的效果，或者从复杂的曲面对象上截取部分表面。例如一个造型独特的酒瓶，可以利用此方法将商标图形从其表面捕获，然后进行商标的贴图制作，更可以发展为动画商标在酒瓶表面游走的效果。

对完成图形合并的对象，加入一个面挤出修改器命令，可以将投影的图形在原对象表面凸起或凹进，从而产生立体的浮雕效果，如图2-93所示。

图2-93 图形合并效果

4. 水滴网格

它是通过一些具有粘性的球相互堆积融合生成模型的一种特殊的方法，可以表现粘稠的液体或者胶质的物体等。不过，目前水滴网格在功能上还比较简单，也不太完善，但毕竟为3ds Max增加了一种新的建模方法和思路。而且3ds Max中的水滴网格可以和PF Source粒子流系统配合使用，表现真实、复杂的流体动画效果，如图2-94所示。

5. 地形

根据一组等高线的分布创建地形对象。地形工具将依据等高线的分布情况，利用由三角面组成的网格曲面创建地形对象，建成的地形对象可以依据自身海拔高度按不同颜色区分。需要注意的是，等高线应具备密集的顶点才能获得精细的地形模型，不能只靠几个简单的贝兹点围成的平滑曲线来生成地形模型，而且必须是可见的顶点才能用于生成地形对象的网格，地形效果如图2-95所示。

图2-94 水滴网格的建模效果

图2-95 地形效果

6. 散布

使用散布功能时，通常使用结构简单的对象作为一个散布分子，通过散布控制，将它以各种方式覆盖到目标对象的表面，产生大量复制品。这是一个非常有用的造型工具，通过它可以制作头发、胡须、草地、长满羽毛的鸟或者全身是刺的刺猬。

散布系统中提供了大量的控制参数，它们大多数都可以记录成动画形式，另外散布分子和目标对象又可以进行各种变动的动画设置，可以产生的动画效果无法枚举，如图2-96所示。

图2-96 散布式的模型效果

7. 网格化

利用网格化可以将程序对象转换成网格对象，从而可以对其应用扭曲、生成贴图坐标等修改命令。网格化主要是针对粒子系统设计的，也可以应用于其他各类对象，对粒子系统是个有力的补充，可以自由地修改每一个粒子，网格化应用效果如图2-97所示。

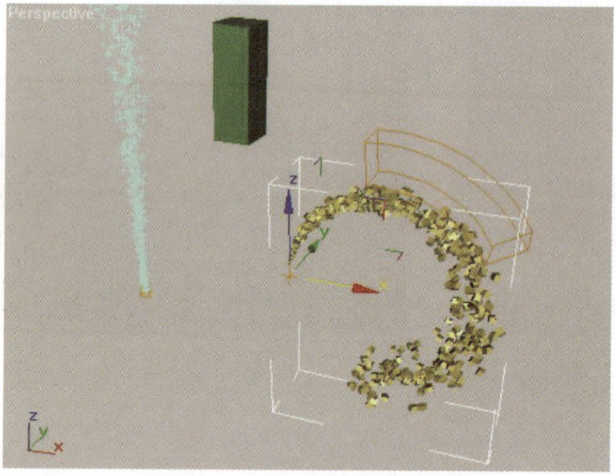

图2-97 使用网格化制作的模型

2.2.2 Surface建模

下面通过一个实例——制作恐龙的头部来简单介绍Surface建模的基本流程和制作方法。

(1) 应用Surface修改器制作模型之前，首先要设计好角色的形象，可以用手绘的方法在稿纸上绘制好角色的前视图和侧视图，然后将初稿扫描到电脑中。也可直接用Photoshop在电脑中绘制简单的前视图和侧视图，效果如图2-98所示。

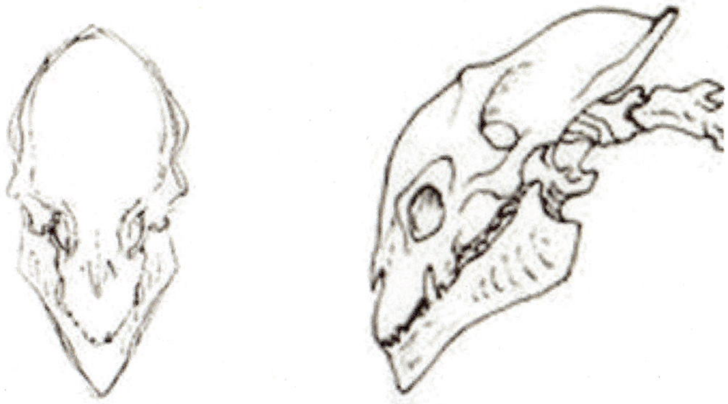

图2-98 绘制恐龙的头部

(2) 分别在“前视图”和“侧视图”创建宽和高均等的平面，然后进入材质编辑器将两张图分别赋予平面，如图2-99所示。

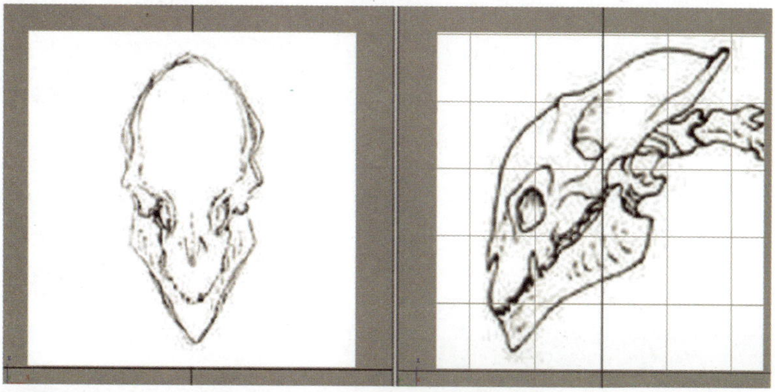

图2-99 把参考图指定给平面

(3) 进入“左视图”，单击“线”按钮，沿着参考图勾画恐龙头部的外形，勾画一部分外形之后，在“修改”面板进入线的“点”子对象层级，简单调整结构，然后单击“几何体”卷展栏中的“创建线”按钮，回到视图中继续勾画出恐龙的眼睛和嘴巴的结构，如图2-100所示。

在勾画轮廓过程中用Create Line命令创建模型的轮廓，一般创建出来的是“角线”，为了更好地调节曲线的弯曲趋势，需要更改节点的属性，在选取一个或一组节点的基础上单击鼠标右键，在弹出的快捷菜单中选择“Beizer转角”或Beizer命令。因为Beizer的节点能更好地平滑曲线，所以在光滑的面上将节点属性更改为Beizer。

创建角色的轮廓线必定是蜘蛛网式的交错，在不同的相交线中可以利用“插入”按钮来增加节点，用“熔合”按钮来重合节点。

(4) 利用“创建线”工具将恐龙的头部轮廓勾画出来，并进行调整，然后用“镜像”工具，在弹出的对话框中选择X轴，“克隆当前选择”选择“复制”，镜像出另一面的线条结构，再根据参考图稍做调整，如图2-101所示。

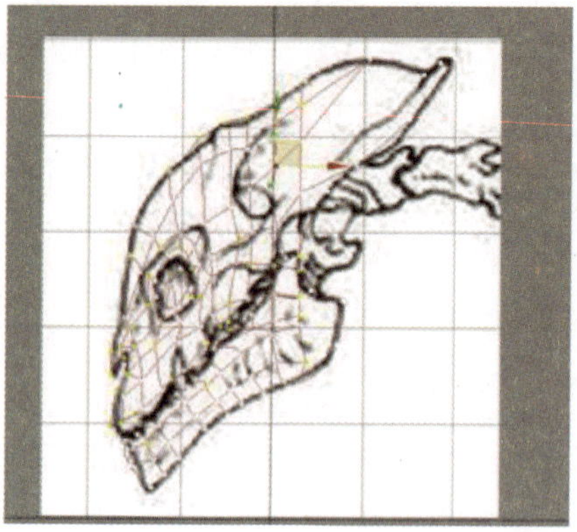

图2-100 勾画恐龙头部外形

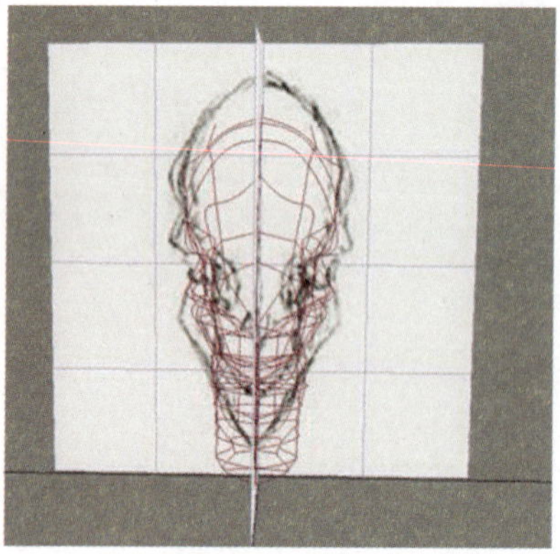

图2-101 镜像线条

(5) 退出“顶点”子对象层级，然后选择“修改”面板的“修改器列表”下拉列表框中的曲面(Surface)选项，接着选中“参数”卷展栏中的“翻转法线”和“移除内部面片”复选框，如图2-102所示。再将另一半的头拾取进来成为一个物体。

(6) 把恐龙的头部模型转换为可编辑多边形，然后在“几何体”卷展栏中单击“焊接”按钮右侧方框，把焊接参数设为0.5，把两部分的头部合并到一起，如图2-103所示。注意在转换之前，要细致地调节模型的曲线结构，尽量使模型表面看起来比较圆滑之后再进行转换。

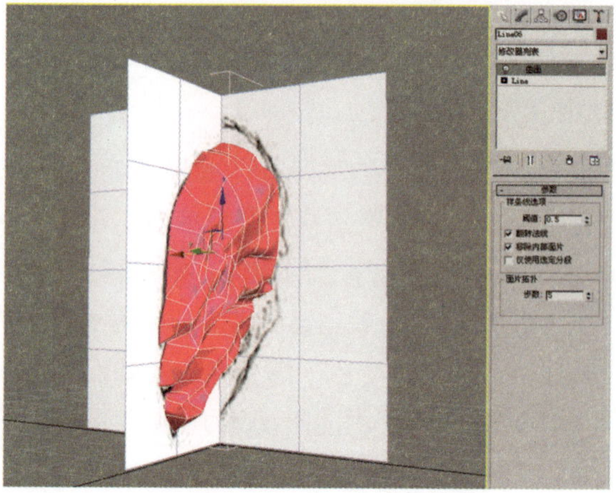

图2-102 拾取头部

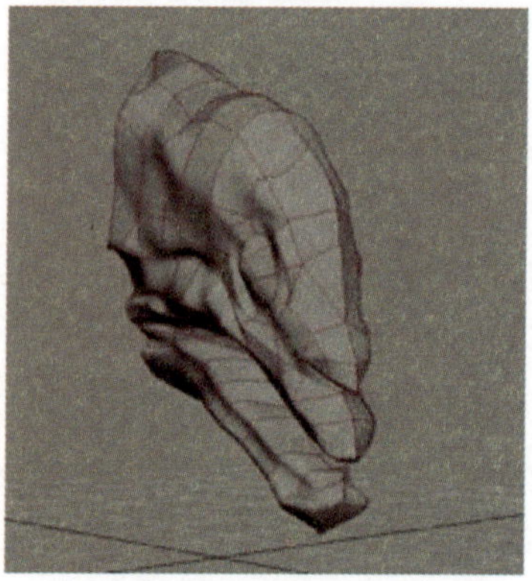

图2-103 合并恐龙头部

2.2.3 Nurbs建模

Nurbs全称为非均匀有理B样条，它是一种专门制作曲面物体的造型方法，适用于创建复杂且光滑的曲面，解决了网格对象以直线逼近曲线的弊端。

Nurbs造型总是由曲线和曲面来定义的，所以要在Nurbs表面生成一条有棱角的边是很困难的，也因这一特点，可以用它来做各种复杂的曲面造型，如人的皮肤、流线型跑车、工业产品等。

Nurbs建模的优点是控制点少，可以很方便地通过控制点、曲线、曲面来改变造型，自身也有一套完整的建模修改工具。缺点是方法不易入门和理解，不够直观。

2.2.4 Poly建模

Poly建模是一种综合性能较高的建模方式，也是制作游戏模型，特别是网络游戏模型的主要制作方式。它可以是从线、面的局部到整体拉伸、挤压的建模过程，也可以是修改基础几何体的从整体到局部调整的过程。其综合性主要体现在较复杂物体的建模不是一步到位，而是多层次调整修改的一个过程，所以Poly建模几乎综合了点、线、面、体的全部修改命令，也是目前对于已经转换成网格(Mesh)物体的唯一可以再调整修改的方式，而3ds Max里类似复合建模、放样建模、面片建模甚至包括Nurbs建模等，都对已经转换成 Mesh网格的物体编辑无能为力。

Poly建模的物体在未转换为Mesh之前，除去细分的命令(Meshsmooth之类的)，它的点、面数量并不会比其他建模方式多，如果作为场景文件保存，去掉细分，文件也不会很大。

Poly 建模有它的特性，包括布线、变形、处理破面、绘制贴图纹理等，都是Poly建模里应该熟练掌握的，也就是说对这些基本技能的掌握不应该影响到建模的构思与实际操作的过程。有了过硬的基本技能，你的注意力才会放到对物体造型创建的构思及对物体整体造型特征的把握上，精简布线，让模型制作得更加完美。

3ds Max多边形建模方法比较容易理解，非常适合初学者学习，并且在建模的过程中使用者有更多的想象空间和可修改余地。在本章“2.1.4 3D游戏角色的制作规范”一节，比较详细地讲解了多边形建模的基本方法，使读者可以比较全面地了解和掌握使用3ds Max多边形建模方式制作游戏模型的流程和技巧。

2.3 各类角色模型设计制作规律

游戏角色是最具生命特征的游戏元素，因此也是最具表现力的。游戏任务角色设计就是要通过外在的形象来表现出人物内在的精神气质和性格特征。游戏角色的品质高低不仅会影响整个游戏的观赏性，甚至会关系到能否给玩家带来好的体验，从而产生对游戏的认同。在游戏开发过程中，通常会把角色分成主角、怪物NPC、坐骑三类。而从外形特征上来划分，也可以区别为两足角色(通常指主角或人形生物)、四足角色(通常指四足动物)、鸟类角色(飞行类角色)和怪物类角色(造型奇特的生物)。本节就以上四类角色的形体特征，向读者简要讲述制作过程中要遵循的一些规律。

2.3.1 两足类角色模型

在一款游戏中，两足类角色的塑造是否成功至关重要。因为游戏主角以及围绕其产生剧情关系的角色大部分都是两足角色。下面简单介绍两足类角色建模时的制作规律。

角色建模师是游戏美术中最具挑战性和创造性的一项工作。要想很好地塑造游戏中的角色形象，就必须掌握人体解剖学的有关知识。实践证明，在塑造人物形象时，如果缺乏解剖学知识的引导，往往会感到无从下手。有时就是能勉强塑造出人物的形象，也不会是理想的作品。因此，对医用解剖学知识的基本学习，是非常重要和必要的。

1．人体比例

人体是一个有机联合体。人体的整体比例关系，现在通用的是以自身的头部长度单位来测量人体的各个部位。每个人都有自己的长相，高矮胖瘦不尽相同，其比例相态也因人而异。如果按照生长发育正常的男性中青年平均数据，中国男性青年的比例高度在7个半头。

1) 基本人体比例

七个半头的人体比例分段如下。

- 头高。
- 下巴到乳头。
- 乳头到脐孔。
- 脐孔到耻骨联合。
- 耻骨联合到大腿中段。

- 大腿中段到膝关节。
- 膝关节到小腿3/4处。

一般来说，个子越高，其四肢就越长；个子越矮其四肢就越短。

2) 男女人体比例

男性与女性之间有比较明显的形体上的特征，在设计角色的时候，一定要注意强化男性与女性之间的差异。

成年男性身高为7个半头高，其中脖子到腰加半个头为3个头高。身材高大的男子9个头高，即脖子到腰3个半头高，臀部到脚底4个半头高，头部1个头高。男性肩较宽，锁骨平宽而有力，四肢粗壮，肌肉结实饱满。外形可以用倒梯形来概括。

成年女性身高为7个头高，其中头部1个头高，脖子到腰是2个半头高，臀部到脚底为3个半头高。矮小女子身高为6个头高，其中脖子到腰部、臀部到脚底各减半个头高。女性肩膀窄，坡度较大，脖子较细，四肢比例略小，腰细胯宽，胸部丰满。男女身体比例和外形的区别如图2-104和图2-105所示。

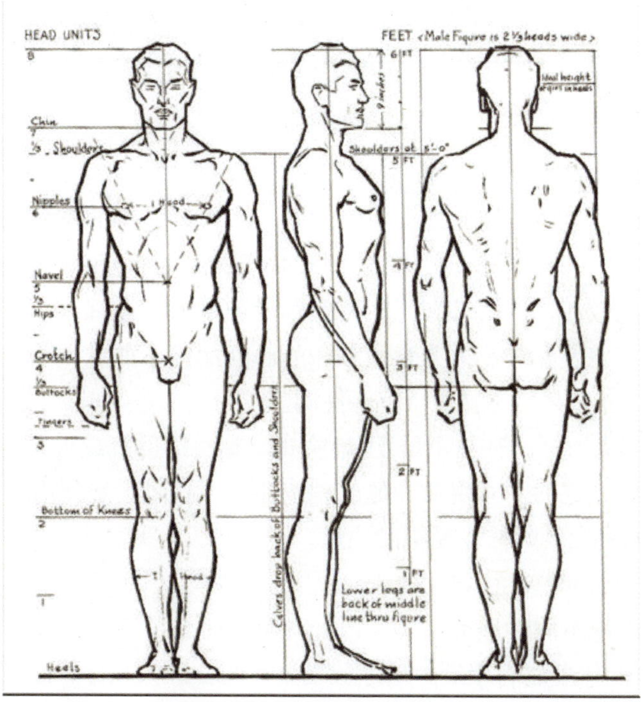

图2-104 男性身体比例和外形

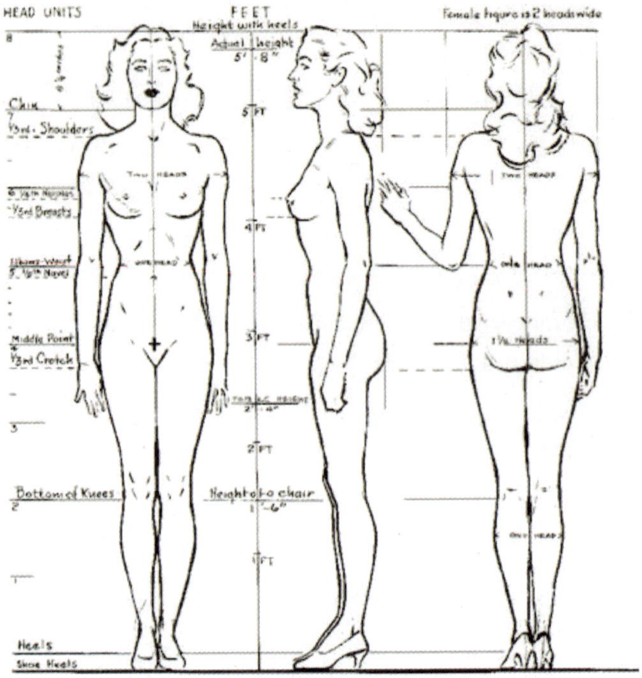

图2-105 女性身体比例和外形

3) 少年、青年、老年人体比例

游戏中也常常会出现包括儿童和老人在内的剧情，因此他们的身材比例也有必要了解。一般来说，儿童的头部较大，身高的一般比例为3～4个头高。同时四肢比较短小，手臂长度一般只能达到胯部，腿也比较短，而头部则无论是在宽度还是高度上都占有较高的比例，儿童由于性未成熟，因而男女形态差异较小。儿童颈部和腰部的曲线不如成人明显，肢体的曲线也不如成人明显。儿童形态，年龄越小越显得平直、浑圆。

老年人身高比青年人要矮，往往不足7个半头高。身材比例较成年人略小一些，头部和双肩略近一些。老年人会有一定的驼背现象，腿部稍弯曲。步伐也会显得有些蹒跚。老年人的这些身体特征，在设计游戏角色的时候需要特别注意。

4) 不同人种的人体比例

在游戏中经常会出现不同种族的人类，比如《帝国时代》系列，反映在人体上的体型就有些差别，人类3大种族的体型略有差别。从地域划分，与亚洲人相比，欧洲人的身高比例更大。就身高来说，欧洲人比亚洲人高，而非洲人的身高处于欧洲人和亚洲人之间。下表是非洲、欧洲和亚洲成年男女的身高比例，单位是一个人头高度。

不同人种的人体比例

成年人身高比例	亚 洲	非 洲	欧 洲
男 性	1∶7～1∶7.5	1∶7.5～1∶8	1∶8～1∶9
女 性	1∶6～1∶6.5	1∶6.5～1∶7	1∶7～1∶8

人体比例的种族差别主要反映在躯干和四肢的长短上，总体来说，白种人躯干短、上肢短、下肢长，黄种人躯干长、上肢长、下肢短，黑种人躯干短、上肢长、下肢长。人体比例在种族上的差别女性比男性明显。

5) 不同形体的人体比例

人体体型的个性特征，大体可分为均匀、胖、瘦三种。这三种类型的区别，首先决定于骨骼的差别，其次是肌肉和脂肪多少之别。匀称的人体骨骼粗细中等，腹部长度和宽度比例适中。胖人的皮下脂肪较多，主要分布在肩、腰、脐周、下腹、臀、大腿、膝盖和内踝上部等，身体一般呈橄榄形，腹大腰粗。面颊因脂肪多而呈“由”字型或“用”字型，有双下巴。较瘦的人体骨骼纤细、胸部长而窄，骨骼的骨点、骨线显于体表。瘦人的脊椎曲线一般都呈“弓”形，颈前凸明显而腰前凸不明显。另外还有健壮型的人体，均骨骼粗大、肌肉结实。

要注意，女子再瘦，其胸脯和臀部的造型依然呈现出女子的形态，男子再胖，也不可能有丰满女子隆起的胸脯和臀部。胖男子腰粗，丰满的女子由于臀部脂肪加厚而显得腰更细。胖男子曲线简单，丰满的女子曲线大、节奏感强。

6) 游戏中的人体黄金比例

游戏中的虚拟角色，大多数反映和表达了设计者对理想中美和丑的充分诠释，因此游戏中的男主角既帅又酷，女主角要么性感要么靓丽。反映在人体比例上也是如此。意大利的著名画家达·芬奇提出的人体黄金比例：标准人体的比例头部是身高的1/8，即8头身。肩宽是身高的1/4，平伸两臂的宽度等于身长，两腋之间宽度与臀部宽度相等，乳房与肩胛下角在同一水平上，大腿正面厚度等于脸的宽度，跪下的高度减少身高的1/4。而游戏中的人体黄金比例则远远超过这个标准，先后达到了9头身甚至10头身的角色，这样的比例看上去要比现实中最完美的身材比例还要完美，但恐怕也只能在游戏中才能欣赏到千姿百态的俊男靓女了，如图2-106所示。

2. 面部比例

人的面部由五官按不同长短比例关系组合而成。

正常人的脸形常见的有4种，即圆形、方形、椭圆形和长形。又有人将其分为田、由、国、用、目、甲、风、申等脸形。目前比较公认椭圆形即鹅蛋形脸最为俊美，方形脸则显得比较刚毅，圆形脸显得憨厚，长形脸给人以精明能干的感觉。

人的面部有三庭、五眼、三均的比例关系。三庭，是指上自额部发际缘，下至两眉间连线的距离为一庭；眉间至鼻底为第二庭；鼻底至下颌缘为第三庭。这三庭比例相同，各占面长的1/3；五眼，是指眼裂水平的面部比例关系，两只耳朵中间的距离为五只眼睛的长度。在两侧眼裂等长的情况下。两内眼角的宽度是一只眼长的距离。从两侧外眼角至发际缘又各是一只眼裂的长度；三均，在口裂水平方向，面宽是口裂静止时的长度(正面宽)的3倍，而且比较协调。下颌较宽大或咬肌肥厚的人，从正面看，面宽就超过三均比例。

如图2-107所示，成人眼睛在头部的1/2处，儿童和老人略在1/3以下。眉外角弓到下眼眶，再到鼻翼上缘，3点之间的距离相等，两耳在眉与鼻尖之间的平行线内。

图2-106 10头身的游戏角色

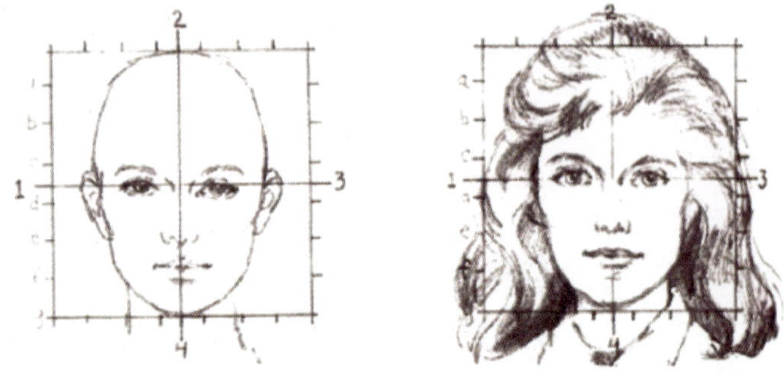

* 成人脸部（正面）

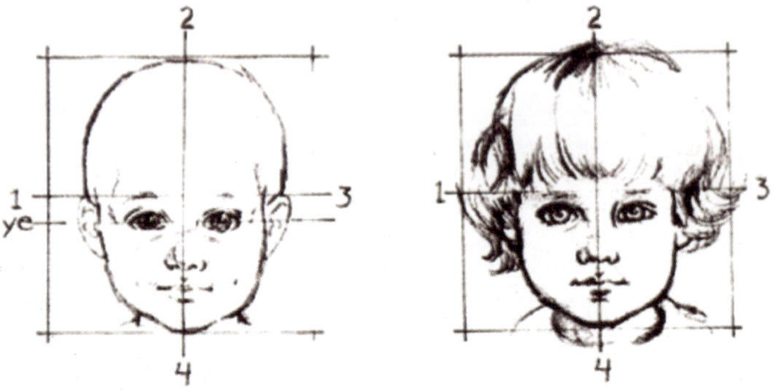

* 小孩脸部（正面）

图2-107 成人与儿童的面部形态区别

可以说，软件只是创作的工具，而丰富和扎实的艺术积累才是创作的基础，游戏作为一种夸张表现的艺术形式，普通化的人体和头部比例只能作为建模时的参考，最重要的是需要在实践中灵活运用，正确区别不同的形态结构，才能在游戏中体现所描述的角色对象的个性特征。

2.3.2 四足类角色模型

在游戏中比较常见的四足类角色有狼、熊、老虎、狮子、野猪、豹子、狐狸等，单从生物特征来看，这些角色都具有较强的攻击性。在制作模型时要充分理解这些动物的生理结构，掌握肌肉和骨骼的形态分布，再根据肌肉和骨骼的走向，刻画角色造型。

下面我们准备制作一个狮子的模型，制作之前可以搜集一些参考图片，来看一张狮子的身体结构图，如图2-108所示。从肌肉分布上看，狮子的肌肉比较紧凑，四肢强劲有力，比较柔软的是肚子，我们在造型时要把握好特征，不要做出来是软绵绵的感觉。

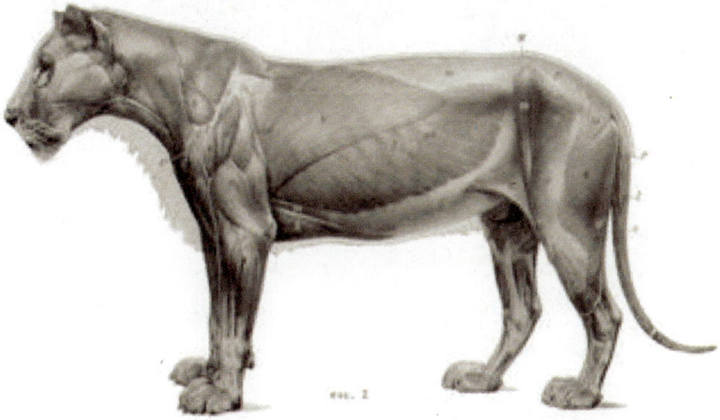

图2-108 狮子的结构

通常制作游戏中的动物模型，大多有两种建模思路：一种是按照从整体到局部、由大体到细节的制作方式，进行整体的规划和设计，把握整体的制作效果。同时可以对一些细节部位进行单独的绘制，如头部的结构及躯干部分的造型等，如图2-109所示。

另外一种是按照从局部到整体的制作方法，即分别制作出头部和身体的模型，然后将两部分模型合并，最后再统一调整。

对于制作一个游戏中的动物角色来说，深入刻画的身体结构与形体表现，可以直接影响后期的贴图及动画的制作品质，好的形体表现能够让角色充满生命力，更具感染力。我们首先从狮子的身体开始进行模型的创建，具体操作如下。

(1) 创建躯干的造型。方法：在视图中创建一个长方体，然后为长方体添加“网格平滑”修改器，设置迭代次数为2，如图2-110所示。接着把长方体转成可编辑多边形，再添加FFD 4×4×4修改器，参照狮子的身体结构，调整躯干大型，如图2-111所示。最后进入“顶点”子对象层级，调整狮子躯干造型，如图2-112所示。

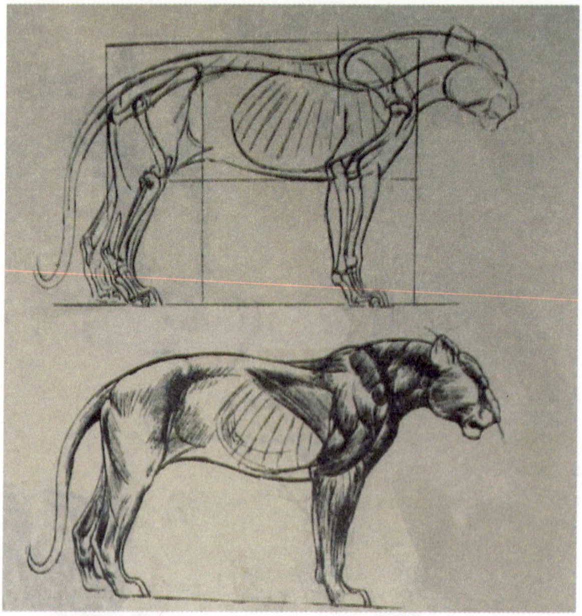

图2-109 把握狮子的整体结构

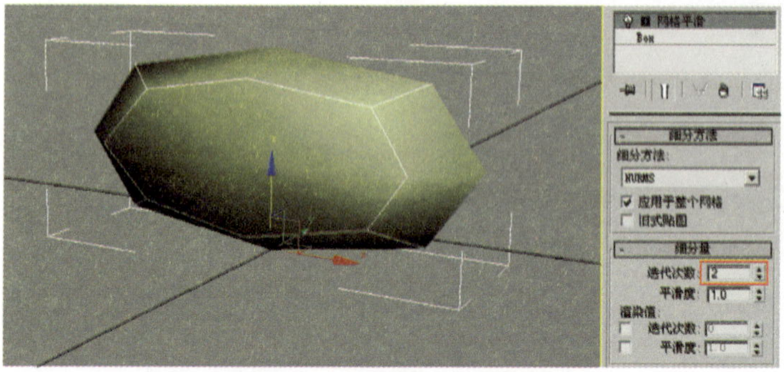

图2-110 添加网格平滑修改器

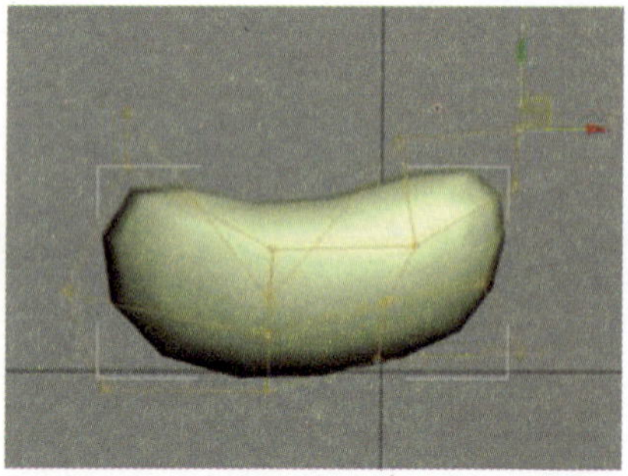

图2-111 使用FFD 4×4×4修改器

(2) 从躯干挤出四肢。方法：进入“多边形”子对象层级，选择要挤出腿部的面，如图2-113所示，然后使用“编辑多边形”卷展栏中的“挤出”工具挤出腿部造型，如图2-114所示。

(3) 制作狮子的头部。方法：首先创建一个长方体并与狮子的身体初步匹配，如图2-115所示，然后参考身体的制作方法，为头部添加“网格平滑”、FFD等修改器，调整出狮子头部的大型，如图2-116所示。

(4) 进入“顶点”子对象层级，调整狮子的头部造型，如图2-117所示。然后使用剪切工具为模型添加细节，再进入顶点、边、多边形几个子对象层级调整狮子头部的造型，完成效果如

图2-118所示。

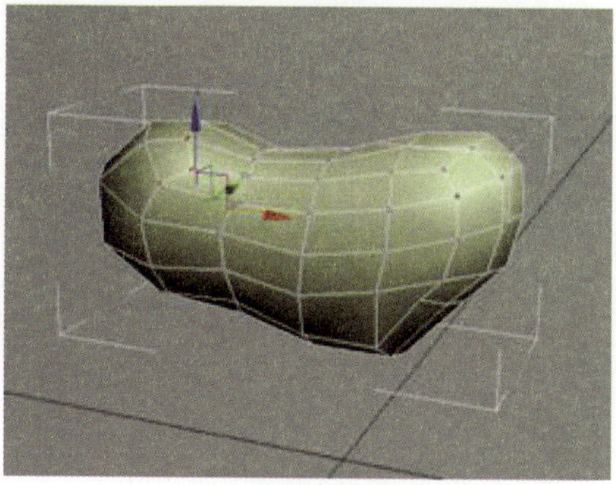

图2-112 调整躯干造型

图2-113 选择挤出腿部的面

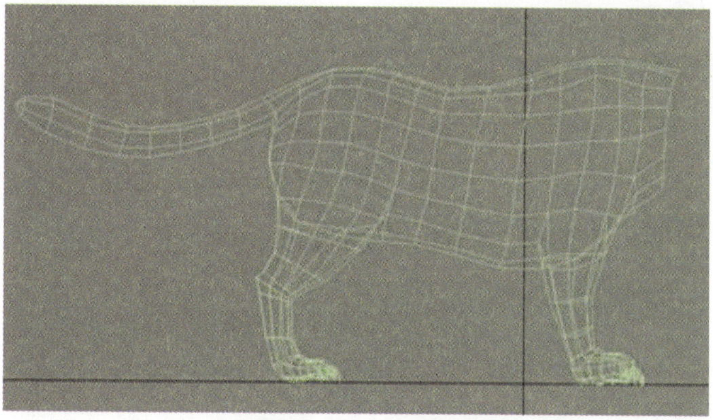

图2-114 挤出腿部造型

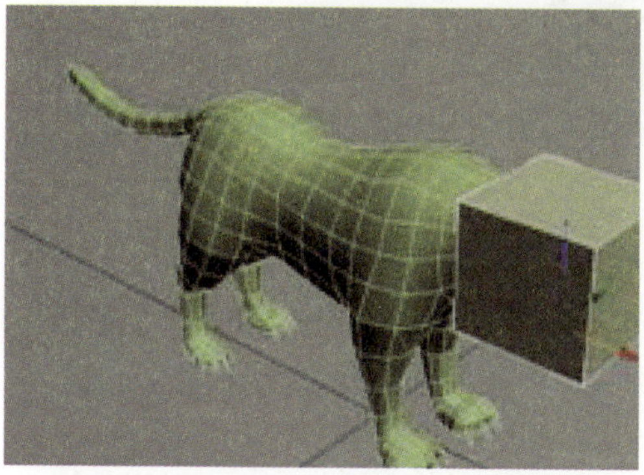

图2-115 创建长方体并匹配到身体

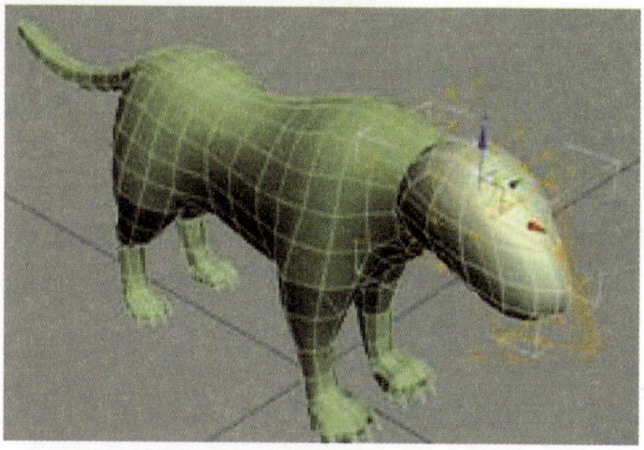

图2-116 修改头部大型

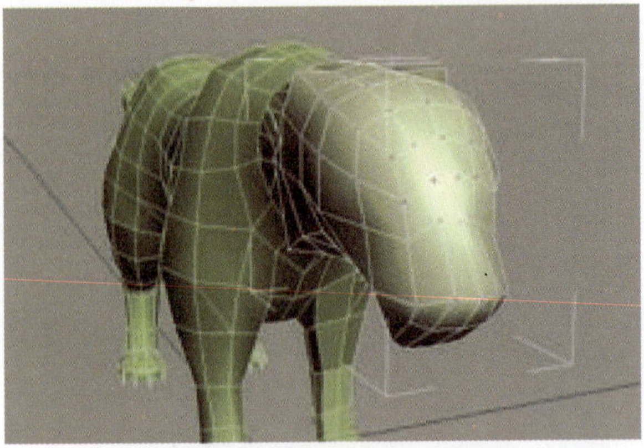

图2-117 调整狮子头部造型

图2-118 刻画出狮子头部的细节

(5) 调整好头部的比例大小，使头部与身体相匹配，然后使用“附加”命令把身体与头部连接到一起，再用“焊接”命令把模型连接处的顶点合并到一起，为狮子模型指定一个默认材质，再到视图中观察，最终效果如图2-119所示。

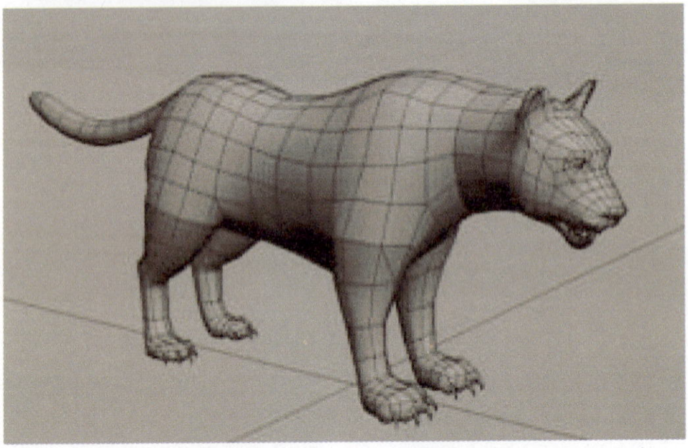

图2-119 狮子模型的最终效果

2.3.3 鸟类角色模型

鸟类角色在游戏中经常出现，比如飞行坐骑、任务NPC、宠物等。其实游戏中的鸟类角色在外形上看来，多数不太像鸟类，只是长了一对鸟类的翅膀，如图2-120所示。

鸟类角色的身体可以是任何能够想到的形态，因此该类角色的重要特征就是翅膀部分。

鸟类角色的翅膀的结构特征主要包括以下几个部分。

图2-120 鸟类角色

(1) 翅膀是羽翼结构构成，有些昆虫类也有翅膀，但不能算作鸟类角色。

(2) 翅膀的翼展较大，有些角色的翅膀比较小，只能起到装饰作用，也不能算作鸟类角色。

(3) 另外，有些角色的翅膀是骨翼，但与鸟类的形态比较类似，也可以算作鸟类角色，比如如图2-121所示的飞行类动物。

图2-121 飞行类动物

在制作鸟类角色的过程中应注意遵循以下几个规律。

(1) 翅膀的骨骼要制作成实体模型。

(2) 翅膀所占模型的比例要大，身长是翅膀长度的1/2/或1/3左右。

(3) 翅膀的主体部分使用面片制作，纹理使用手绘贴图。尽量使用单面，如果引擎不支持就要考虑做成双面结构。

(4) 翅膀与骨骼部分的顶点要尽量捕捉到一起，避免在制作飞行动画时出现穿帮。

2.3.4 怪物类角色模型

怪物NPC是任何游戏中都不可缺少的元素，数量少则几十，多则上百。主角不断成长，怪物的能力也由弱到强，怪物类角色是游戏中时刻出现在主角身边的重要“配角”。而且数量众多、形态各异，这使原画师在做怪物类角色的设定时，不得不充分发挥无穷的想象力，甚至达到殚精竭虑的程度。游戏中的怪物，来源于真实世界，却跳离了真实世界，充满了设计者对未来、未知的幻想色彩，如图2-122所示。

图2-122 怪物类游戏角色

在制作怪物类角色时，可以在正常生物形态的基础上作出适当的夸张变形，原画设计的内容是个比较好的参考，尽可能按照还原原画内容的原则进行模型的制作，如图2-123所示。但一味地还原就成了单纯的制作模型，所以在绘制贴图的过程中我们可以根据自身对原画的理解加入设计元素，如图2-124所示，使创意的氛围充满整个制作过程。

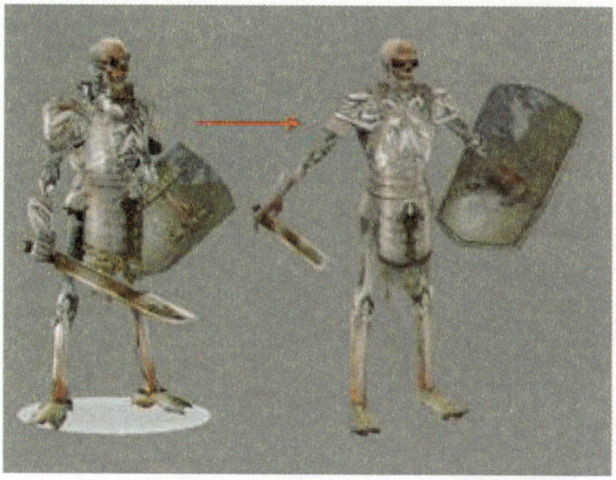

图2-123 还原原画的3D游戏模型

图2-124 加入了设计元素的3D游戏模型

2.4 本章习题

一、填空题

1．2D场景模型制作是游戏场景制作人员将场景原画设计稿制作成完整的3D模型和渲染成2D图片的过程，包括________、________和________。

2．制作墙面时需要考虑一些细节的制作，比如一些细小的凹凸，这个需要使用________贴图来配合完成。

3．场景制作中经常用到的几个通道为________、________、________、________。

二、简答题

1．简述几种常用的复合建模方法。

2．简述老人和儿童的人体比例特点。

3．简述3D游戏角色的整体制作规范。

三、操作题

参照下图原画，根据本节所掌握的建模知识制作一个游戏场景。

要求：

(1) 准确地表达原画的结构。

(2) 准确表达材质。

(3) 要有细节的处理。

(4) 角色面数和贴图大小不限制。

第3章

次世代游戏模型制作的利器——ZBrush

章节描述

本章节比较详细地介绍了ZBrush软件的基本操作命令和使用方法，并结合实例制作重点讲解了使用ZBrush中的ZSphere制作模型以及完成模型雕刻的整体过程。

教学目标

- 了解ZBrush在次世代游戏模型制作中的运用。
- 了解ZBrush软件的基本操作。
- 掌握ZSphere模型制作的基本操作。

教学重点

- 掌握ZSphere模型制作的基本操作。

教学难点

- 掌握ZBrush数字雕刻应用实例的具体制作。

3.1 ZBrush在次世代游戏模型制作中的运用

ZBrush是一个强有力的数字艺术创造工具，是传统和创新工具的完美组合，可以创造复杂、高品质的图形，快速有效地表达创意，这些功能已在CG影片的数字建模方面被广泛运用。本节就来介绍ZBrush的基本功能。

3.1.1 ZBrush软件介绍

ZBrush是按照世界领先的特效工作室和全世界范围内的游戏设计者的需要，基于传统和数字创作之间的结合方式开发成功的，它提供了极其优秀的功能和特色，可以极大地增强创造力。

使用ZBrush强大高效的笔刷绘画工具，不管是进行雕塑建模还是纹理制作，都能创作出震撼人心的作品；ZBrush是一个思路独特的三维软件，不像3ds Max或Maya有那么明显的点、边、面、体的3D概念，更像是Maya的Paint Effects画笔特效，不过ZBrush笔刷工具比Maya的Paint Effects更强大。兼有2D软件的简易操作性和3D强大的功能！

ZBrush软件的特点：具有独特的“Pixol”技术，能够实时应用笔触2D和3D的效果来绘制纹理图像，还拥有强大的3D雕塑建模工具，以及能够对图像和 模型进行实时渲染着色的强劲引擎。

“Pixol”是ZBrush独有的概念，利用ZBrush的“Pixol”技术可以用任何颜色、材质、纹理和深度笔刷在对象上直接绘制，并且还可以利用它来制作3D模型上的细节，由于“Pixol”可以保留大部分的3D属性(除了不能改变位置)，因此在它上面绘制笔刷就像是直接在3D模型上绘制纹理，可以说“Pixol”技术真正地实现了2D与3D的结合，如图3-1所示，而且它的操作又简单直观。

图3-1 ZBrush的“Pixol”技术真正地实现了2D与3D的结合

3.1.2 ZBrush的强大功能

从建模到绘制雕刻、烘焙法线贴图，ZBrush的强大功能有很多，本节就来简要介绍。

1. 建模模块

ZBrush可以说是一个雕塑软件，非常接近传统美术创作，没有其他3D软件的技术障碍，对于雕塑家和画家使用更是得心应手，如图3-2所示。可随时对其修改和添加细节，制作令人惊讶的复杂模型，并将模型细节转化为置换贴图，短时间内极大增强模型质量。同类软件也具备简单的雕刻功能，但与 ZBrush相比即黯然失色，ZBrush可以实时雕刻2000万个多边形的面，对多边形建模处理非常强大，使制作流程更加高效和完善。

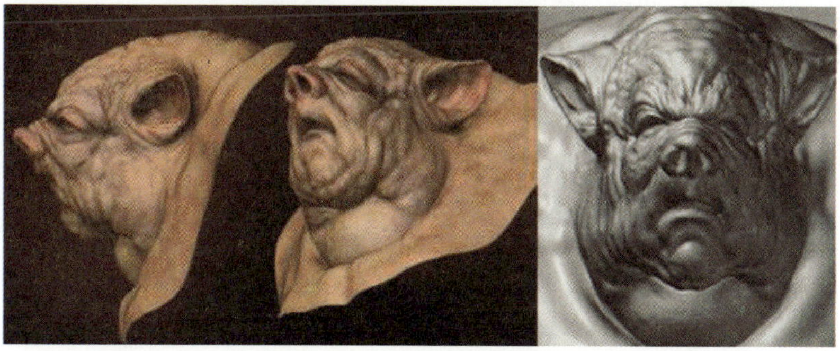

图3-2 ZBrush雕刻模型的效果

在ZBrush中主要有两种建模思路，可以选择从基本3D物体开始建模，或者使用ZBrush强大的ZSphere来制作模型。

1) 基本3D物体建模

ZBrush共有14种基本的3D形体和扩展类形体，如图3-3所示，每一个形体都具备相应的初始参数调节，配合遮罩(Masking)调控板、变形操作器(Deformation)调控板和变化目标 (MorphTarget)调控板，可以对基本3D物体进行变形操作，从而使建模制作更高效，同时可以对变形后的形体进行雕刻，利用ZBrush的轴向工具来实现对称操作，通过雕刻工具的强度和锐度的调节，使模型制作得到最大限度的控制。

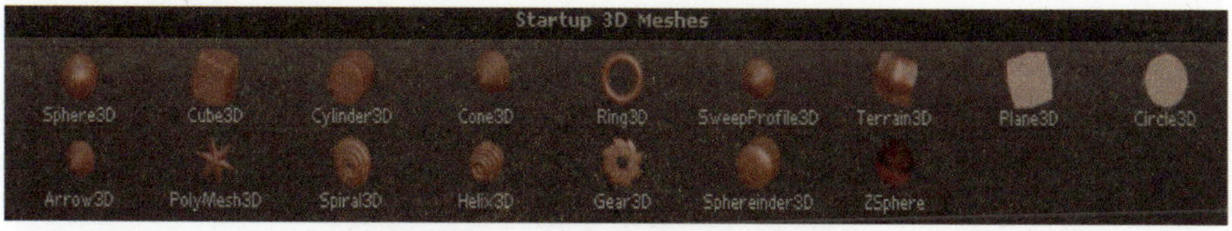

图3-3 ZBrush中的基本三维形体

2) ZSphere建模

ZSphere是ZBrush独有的超级建模工具，它提供了一种新型的建模方法，不必像在其他软件中那样在点、线、面之间疲于奔命，ZSphere通过相互链接的球体建立一种链状的骨架结构，然后移动各个肢节来调整模型的姿势，最终对ZBrush制作的模型进行蒙皮操作，创建出真实的多边形网格模型，如图3-4所示。

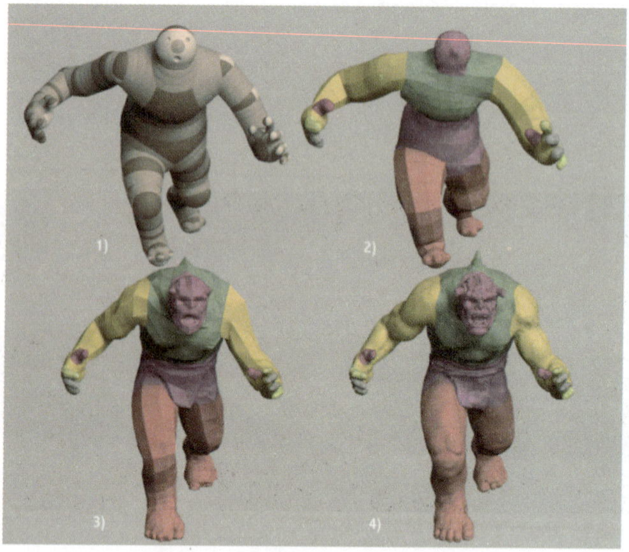

图3-4 ZSphere建模

在制作过程中可以随时使用快捷键切换到多边形网格状态预览，通过提供的修改器来调整网格的生成状态、密度，设置局部细分以及ZBrush的方向等，实现高效互动的建模操作。

ZSphere建模适用于任何物体，对于多肢节的生物、树木、机械都可以制作出令人满意的效果。ZBrush 3.1增强了模型的骨骼工具，对于任何输入的模型或自身生成的物体都可以设置骨架，然后调节它们的动作，不需要保留ZSphere模型。

2．输入/输出模块

1) 2D图像输入/输出

ZBrush支持输入/输出的2D文件格式有：Photoshop(.psd)、Bitmap(.bmp)、Macintosh(PICT)，同时支持Tif和JPEG文件的输出，另外，ZBrush 还支持 Tiff图像格式，可以用来处理高质量的Alpha和Displacement贴图。ZBrush可以导出8位、16位和32位的灰度级图片，或者是RGB贴图；ZBrush可以与任一编辑PSD文件的图像编辑软件连接，为制作材质或ZBrush设计提供了更为强大的功能。

2) 3D模型输入/输出

ZBrush支持输入/输出的3D文件格式有：OBJ(带有几何形和纹理)、DXF(只有几何形)和ZTL(ZBrush自身的模型文件格式，包含所有数据和记录)。

3. 绘画模块

1) 独特的“Pixol”渲染技术

ZBrush独创的“Pixol”概念不同于平面的图像，“Pixol”不但具有图像的位置和色彩信息，还具有高度、材质、方向属性。在绘制过程中相互作用，使图案的融合更自然生动，如图3-5所示。

图3-5　渲染画面

2) 传统的2D绘画工具

如果熟悉2D绘制软件，那么就会对ZBrush大部分的绘图工具似曾相识，很快就能掌握和使用，而“Pixol”技术赋予了这些传统工具新的生命力。

可以用多种样式的笔触进行绘制，同时能够改变色相、明度、饱和度，修改阴影和亮度区域；每种绘图工具都有独立的修改器，调节它们能得到更多的效果。

3) 独特的2.5D工具

ZBrush对2.5D绘图工具进行了完美的组合，模糊了2D绘图与3D建模之间的界限。

4) Alpha调节变化

除软件内置的Alpha外，还可以自定义Alpha形状，然后把它作为常用笔刷来用。

每个绘图工具都受灰度Alpha形状的影响，它控制了笔刷的表现方式，标准的Alpha形状可以让笔刷产生柔和或锐利的边缘，用于制作凹凸、裂缝等效果。

在ZBrush中，Alpha的使用非常灵活，可以转换模板、纹理贴图，或作为遮罩等。

5) 多种类型的Stroke(笔触)

可以按照多种方式来应用笔刷的笔触：Dots(点)、DragRect(拖拉)、Freehand(手绘)、Straightlines(直线)等，这些笔触类型是根据ZBrush独特的2.5 D笔刷设计的。

6) Stencils(模板)系统

模板是一个灰度图像，它可以用不同的强度来Mask(遮罩)所有绘制和建模制作， 另外还可以把任意Alpha图像作为一个模板来使用。

7) 无缝纹理

ZBrush具有一个独特的画布卷动功能，可以把从画布的一边到另一边的任何元素包裹起来。并且能够为无缝纹理创建快照，纹理每次都将按照这种方式来平铺，同时也可以利用数值滑条对画布的定位和平铺尺寸进行更精确地控制。

8) 展开纹理

在画布上展开一张纹理贴图，对其进行修饰，完成后使用Texture调控板的Grab Doc功能捕获它，再次载入Texture面板，应用到模型上，继续对贴图进行绘制。

使用ZBrush的材质修改器可以把材质属性插入纹理当中，当需要输出到其他程序中时，可以选择需要的材质属性将它“烘焙”到纹理中(同时确保它与周围环境相符合)。

9) 在物体上直接绘制纹理

ZBrush可以让你使用所有的2D、2.5D和3D工具来绘制纹理，无须担心纹理贴图会产生扭曲或接缝问题。

ProjectionMaster功能模块可以让我们单独使用颜色、材质(或两者同时使用)来绘制纹理。

4．Displacement 贴图和Normal贴图

ZBrush的Displacement贴图和Normal贴图，已经是非常成熟的技术了，能在相对短的时间内取得最佳的效果，从而大大降低制作成本，这两种贴图可以在制作后输出给动画制作软件或是游戏引擎，然后将低精度的模型计算成高精度的品质。

虽然ZBrush可以在它的操作环境下直接呈现极高精度的模型，但是其他的软件不一定支持这么多的模型面数，因此ZBrush提供的Displacement和Normal贴图输出功能就变得很有价值。

ZBrush可将Bump贴图转换为Normal贴图，使操作更为简洁、迅速和直接。2.5版本对其强大的Normal贴图生成功能进行了扩展，Displacement贴图也可以直接转成模型，以便制作更精

细的模型，并且在模型上编辑精度更高的细节，最后这个超高精度的模型又可以转成Displacement贴图使用。

5．智能化的AUV和GUV技术

Pixologic团队开发了自动的UV系统，通过智能化的AUV和GUV技术，让用户从费神的UV处理中真正解放出来，只需单击AUV或 GUV按钮，软件将自动计算UV，之后就可以放心地在模型上建立贴图并绘制纹理了，如果有UV接缝的问题，调整工作也非常简单；有一点遗憾是，这种在 ZBrush中生成的UV并不具备良好的可识性，贴图也不具备可编辑性，优点是ZBrush认可所有软件生成的UV。

6．ZScript技术

它具备以下三种功能。

(1) ZScript可以自动记录ZBrush的工作过程，并可以保存为一个文件，这个文件可以在以后载入，通过设置播放，就可以观看学习和进行交流。

(2) 可以在ZScript中插入提示，通过编写一些代码，还可以在界面上增加一些交互式按钮。

(3) 使用ZScript可以编写新的功能模块，增强软件的工作效率。

3.1.3　ZBrush在次世代游戏制作中的运用

一直以来，ZBrush主要被作为次世代游戏制作流程上的软件之一，制作人员通常使用3ds Max制作一个低面多边形模型，然后使用ZBrush制作高分辨率的模型和纹理，同时也会与Photoshop合作制作纹理，最后将高面模型的纹理输出为低面游戏可用的Normal Map(法线贴图)，如图3-6所示。

图3-6 添加了法线贴图的低面模型

3.2 ZBrush软件的基本操作

运行ZBrush 3.1，可以看到操作界面由多个区域构成，如图3-7所示。了解这些区域中的命令或菜单的含义和功能，后面的制作才会得心应手。

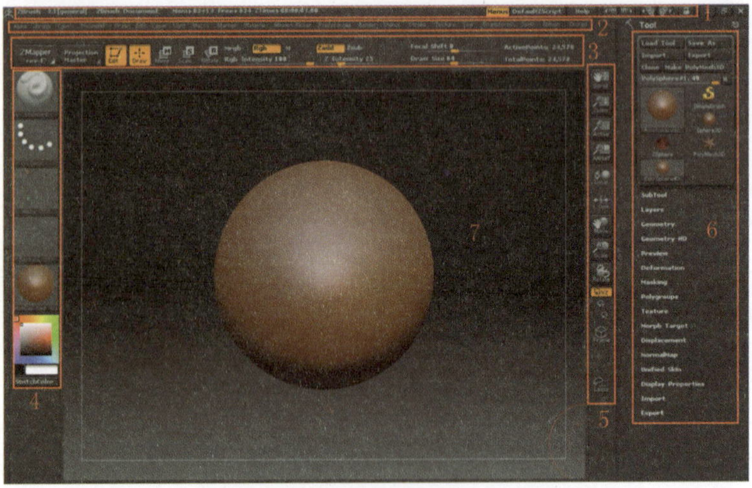

图3-7 ZBrush工作界面

1—标题栏；2—菜单栏；3—编辑工具栏；4—调控板左托盘；
5—窗口控制栏；6—调控板右托盘；7—文档窗口

1．标题栏

标题栏是ZBrush界面最简单的部分，其位于屏幕最顶部，包含一行文字，显示程序的名称、版本、文档信息，最重要的是显示当前文档占用存储器的容量。

标题栏的标准图标用于最小化窗口、恢复它的先前大小和结束或退出程序。如果窗口不是最大化，可以通过拖动标题栏使窗口在屏幕上移动。在ZBrush 3.1中的标题栏还增加了UI布局和UI颜色的切换功能。

2．菜单栏

所有ZBrush的功能项目都可以在菜单栏中找到，每个功能模块以及调控板都可以拖入托盘中成为快捷菜单。

3．编辑工具栏

主要用来调整当前工具的参数属性，包括“笔刷大小”、“强度”等值，同时控制Edit和

Draw模式之间以及“移动”、“旋转”、“缩放”命令之间的切换。

4. 调控板托盘

左托盘主要包括一些常用工具面板，如Alpha、笔刷、纹理、材质等。右托盘主要显示菜单栏中的常用工具的调控板，方便调用，可依照个人习惯随时更换。

5. 窗口控制栏

在当前窗口进行编辑或绘制时，控制移动、缩放、旋转等操作。

6. 文档窗口

进行绘画或编辑操作时的区域。

3.2.1 调控板的使用

首次运行ZBrush时，默认选择的调控板垂直排列出现在文档窗口的左边和右边，即左右两个托盘。每个调控板包括一组或多组ZBrush关联功能。在调控板中的附加组提供了子调控板，并且子调控板里还有许多详细目录，如图3-8所示。

单击菜单栏中的功能或命令，再通过单击左上角的图标能移动调控板到侧面托盘中，如图3-9所示，方便设计者随时调节。如果托盘中的调控板太多，可以把暂时不用的调控板折叠起来，如图3-10所示。

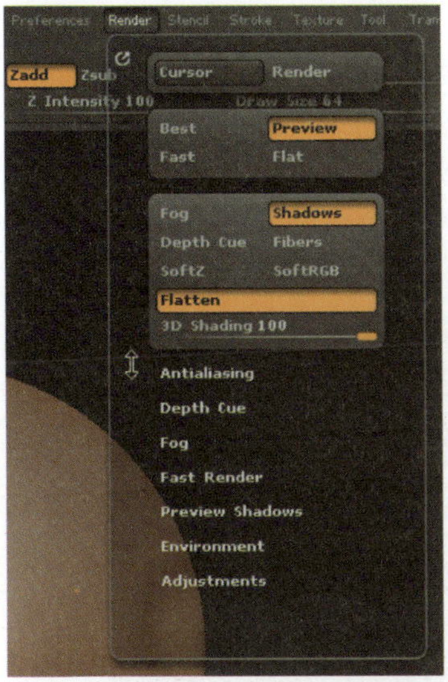

图3-8 调控板中的子调控板

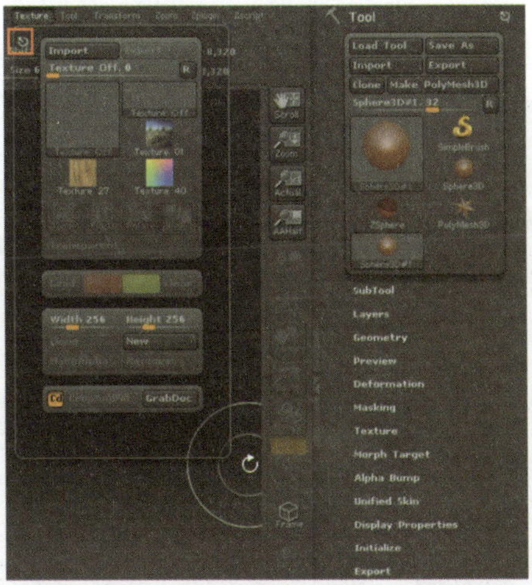

图3-9 把调控板移到托盘中

图3-10 折叠调控板

调控板需要通过单击来激活它里面的文字或图标按钮和拖动滑块改变数值设置的形式进行控制，如果单击滑块或按它的快捷键，数值背景变红，就意味着它被激活了，这样能从键盘上输入新的数值，一旦激活了控制器，可以通过重复按Tab键触发控制数值的增加或按Shift+Tab键减少。接下来介绍几个在次世代游戏制作中比较常用的调控板。

1．Tool(工具)调控板

Tool调控板是ZBrush中最复杂的面板，界面如图3-11所示。其参数功能说明如下。

- Load Tool：读取ZBrush已有的ZTL文件。
- Import/Export：导入/导出一个.OBJ格式文件。
- Save As：将模型保存为.ZTL文件，此文件可包含精度信息，这是ZBrush的专有格式，保存的文件可以由Load Tool命令读取。

单击调控板上的大图标(图3-11标红处)，可以弹出工具菜单，分为3部分：User 3D Meshes and 2.5D Brushes是用户使用过的3D实体模型或2.5D笔刷；Startup 3D Meshes是导入默认的3D实体模型；Startup 2.5D Brushes是在2.5D模式下使用的笔刷，如图3-12所示。

在Tool(工具)菜单中，初步对模型进行编辑的时候，主要用到SubTool(层次工具)和Divide(细分工具)。

SubTool可以将实体模型分解成多个子模型，以便单独编辑每个对象。

在Geometry中单击Divide按钮可以将实体模型进行细分，增加模型的面数。细分级别控制在5~6级。

2．Transform(变换)调控板

ZBrush 3.1中的Move(移动)、Scale(缩放)、Rotate(旋转)命令有了很大的进步，可以通过移动控制柄来控制物体变形，如图3-13所示，其中3个圆圈都可以作为变形的中心。

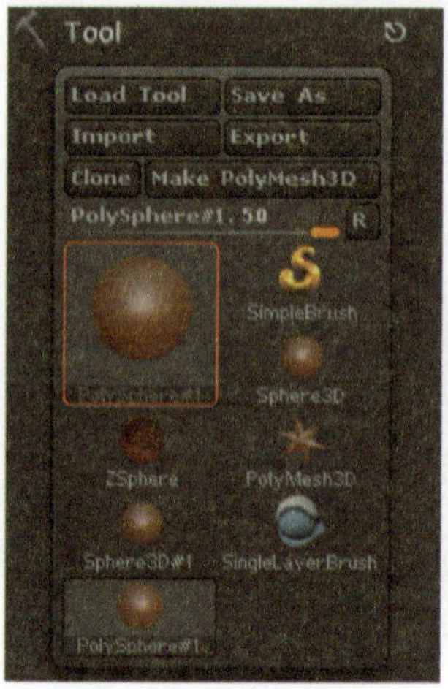

图3-11 Tool调控板

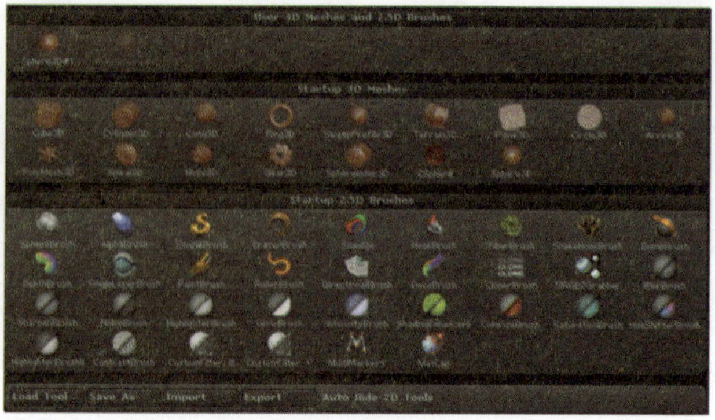

图3-12 工具菜单

Transform调控板的界面如图3-14所示。

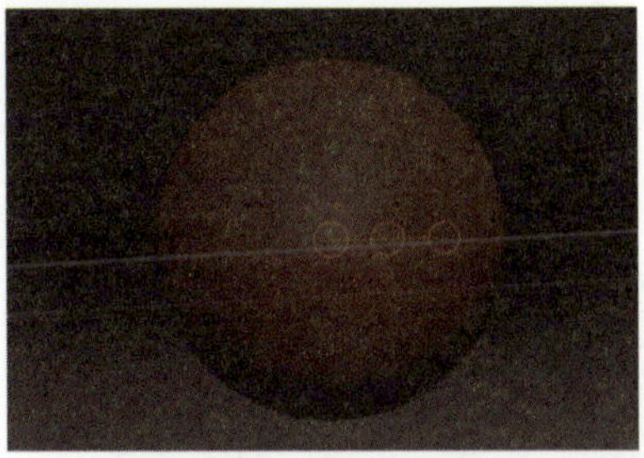

图3-13　使用控制柄控制物体变形

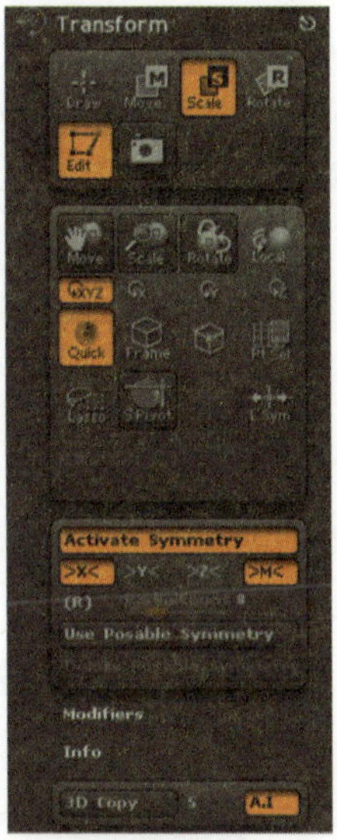

图3-14　Transform调控板的界面

- Move：按住Alt键，在窗口空白处拖动鼠标即可移动物体。
- Scale：在窗口空白处拖动鼠标可缩放物体。
- Rotate：按住Alt键，在窗口空白处按住鼠标，然后松开Alt键，再拖动鼠标可以对物体进行旋转。
- Activate Symmetry：以X、Y、Z轴为对称轴进行镜像绘制。

3．Stroke(笔触)调控板

笔触是画笔的表现形式，我们可以把Stroke调控板添加到托盘中如图3-15所示。

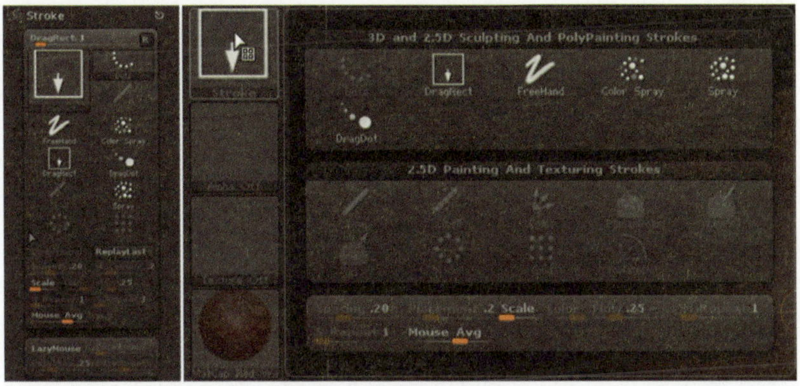

图3-15　Stroke调控板

- Dots：点笔触，比较常用的笔触，可用来在3D球体上直接进行绘制。
- DragRect：拖动矩形，可以在球体上直接拖出一个区域，纹理受Alpha影响。
- Spray：分散，沿着鼠标的走向将Alpha效果分散投射到网格表面。
- Color Spray：颜色分散，与分散类似，根据Alpha颜色强度来分散投射。
- Freehand：手绘，比较常用的笔触，与Dots类似。
- DragDot：拖拉点，随鼠标运动在物体表面产生一个笔触。
- LazyMouse：单击该按钮后光标后出现一个红色尾巴，可以轻松地画出平滑的曲线。

4．Alpha调控板

使用Alpha通道可以变化出更多的笔触效果，将导入图片转换成Alpha通道，可以为模型绘制出更多纹理细节。其默认通道类型如图3-16所示。

图3-16 Alpha笔触通道

在Alpha调控板中，可以对通道进行灵活的设置，如图3-17所示。

- Blur：模糊笔触。
- Noise：噪波笔触，用来添加杂点。
- Rf：控制笔触图片的大小。
- MidValue：笔触的中间值，值为0时，笔触半径向外产生过渡；数值大于0时，笔触向内产生过渡。
- Intensity：笔触强度，可以控制图案的深浅。
- Contrast：笔触对比度，对比度越大，纹理细节差别也越大。

5．Brush(笔刷)调控板

Brush调控板提供了各种雕刻笔刷，我们也可以在左托盘打开Brush面板，如图3-18所示。通过笔刷可以为模型添加更多的细节。

通过笔刷面板，可以载入更多的外部笔刷，也可以将自制笔刷导出到外部保存，还可以控制笔头形状。

图3-17 Alpha调控板的界面

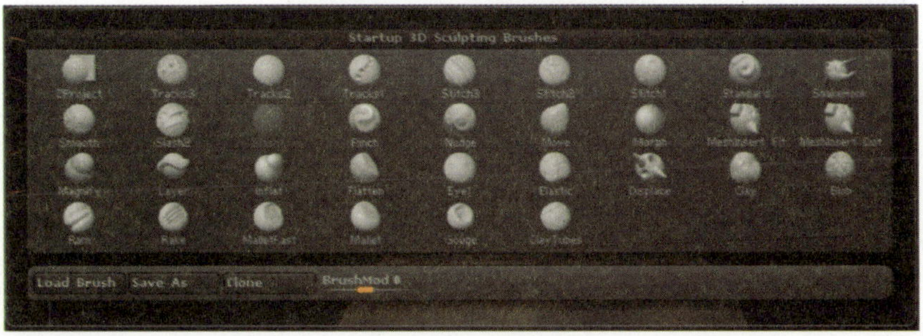

图3-18 笔刷面板

3.2.2 ZBrush界面基本操作

下面介绍一些ZBrush界面操作的基本方法和技巧，主要是文档窗口的操作。

文档窗口操作可以通过位于窗口右侧控制栏中的工具来完成。方法是单击激活工具按钮之后再回到窗口中进行相应操作。

- Scroll：按住鼠标左键并拖动，可以平移视图。
- Zoom：按住鼠标左键上下拖动，可以缩放视图。
- Actual：单击可以恢复视图画布的原始大小。
- AAHalf：单击可以将视图以1/2大小显示。

窗口控制栏中的Move、Scale、Rotate按钮是针对视图摄像机的操作按钮，相当于平移、推拉和摇移。

在操作中，还可以把暂时不需要显示的物体隐藏，方法如下。

- 按住Ctrl+Shift组合键的同时，在视图空白处单击并拖动直到选中物体，然后松开鼠标，没有选中的物体被隐藏。
- 按住Ctrl+Shift组合键的同时，在视图空白处单击并拖动直到选中物体，然后松开Shift键，被选中的物体被隐藏。
- 按住Ctrl+Shift组合键的同时，在视图空白处单击并拖动，不要选中物体，然后松开鼠标，会把隐藏的物体和当前显示的物体反相显示。

雕刻模型时，如果希望某些部位不受操作影响，可以创建遮罩把它冻结，方法有如下几种。

- 按住Ctrl键的同时，在视图空白处单击并拖动直到选中物体，然后松开鼠标，被选中的物体区域会成为遮罩区，呈黑色显示，区域内的物体不会受到任何操作的影响。
- 按住Ctrl键的同时，激活窗口控制栏中的Lasso按钮，然后在视图空白处单击并拖动来选中物体，松开鼠标，被选中的物体区域会成为遮罩区。
- 在Draw模式下，按住Ctrl键的同时在物体表面直接绘制，绘制区域会成为遮罩区。
- 按住Ctrl键的同时在视图空白处单击，可以反相遮罩。

3.3 ZSphere模型制作

ZSphere是ZBrush专有的一个建模工具，可以使用拓扑结构快速建立一个基础网格，然后将它塑造成任何形状。ZSphere 的强大在于它非常简单，创建过程从一个单一ZSphere开始，轻松地在它上面增加新的ZSphere，然后可以将它缩放、移动和旋转成任何形状，如图3-19所示。

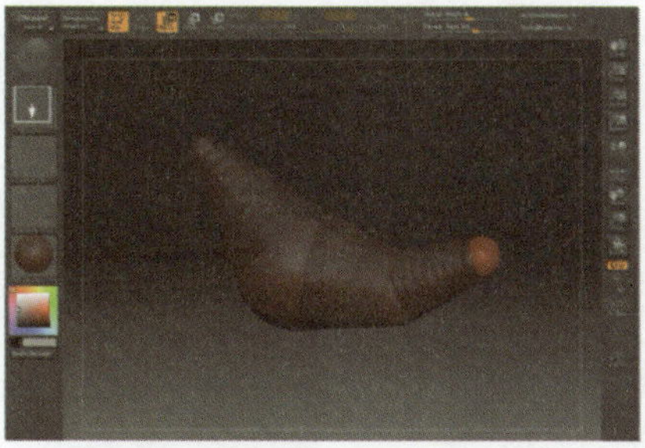

图3-19 ZSphere窗口操作

3.3.1 ZSphere模型构建方式

ZSphere构建模型的方法是用不同的球体组成像骨骼系统一样的链接关系，然后通过蒙皮方式，形成多边形物体的过程。接下来了解创建ZSphere的过程。

(1) ZSphere是ZBrush的新增工具，创建ZSphere时，可以单击位于Tool调控板的SimpleBrush工具面板中的ZSphere按钮，然后在窗口中拖动鼠标指针，如图3-20所示。

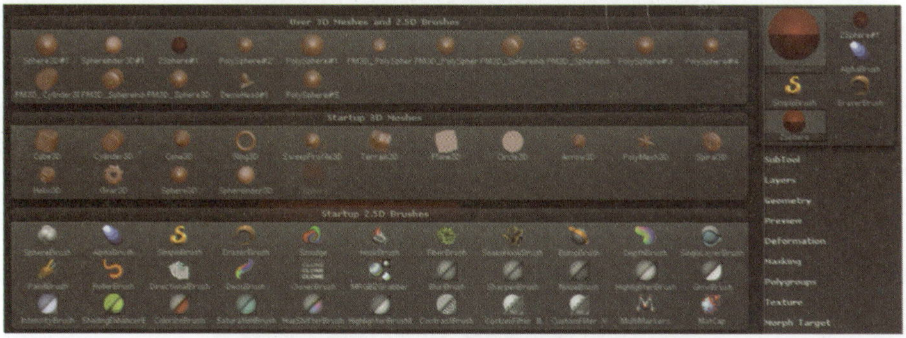

图3-20 创建ZSphere

(2) 在窗口中创建的第一个ZSphere叫做根球，作为连接关系中的父物体，然后按下T键进入Edit模式，这时可以对ZSphere进行移动、缩放、旋转等操作。在根球任意部位单击并拖动，可以增加一个ZSphere，叫做子球。可以通过拖动鼠标指针来控制这个球的大小，松开鼠标后就创建了新的ZSphere，如图3-21所示。

(3) 同上，在第二个ZSphere表面创建第三个ZSphere，如图3-22所示。这时三个ZSphere组成一个连接关系，即根球→第一个ZSphere→第二个ZSphere。在这个连接中，第二个球是第三个球的父球，第三个球是第二个球的子球，而第二个球是第一个球的子球，第一个根球同时也是第二个球的父球。在创建ZSphere时，要弄清楚ZSphere之间的继承关系，因为这会影响到后面的操作。

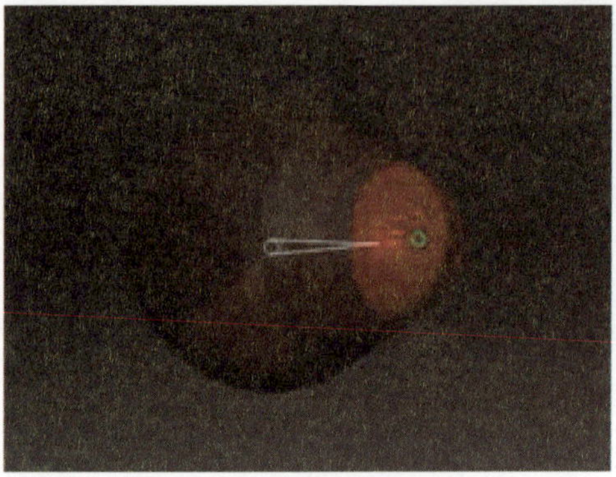

图3-21 创建新的ZSphere

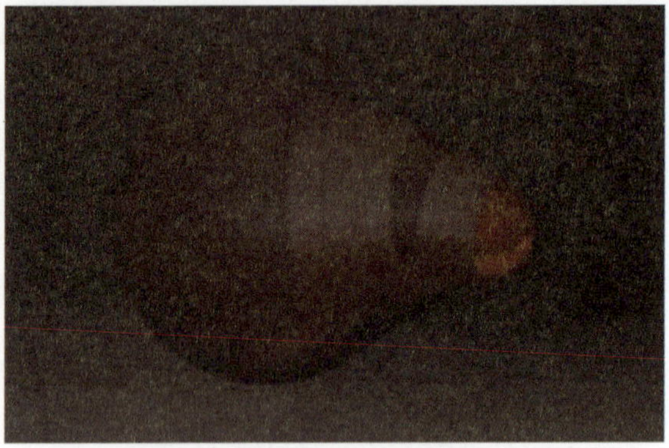

图3-22 创建第三个ZSphere

(4) 在根球的另外一侧创建第四个ZSphere，如图3-23所示。这时，新创建的ZSphere成为根球的另一个子球，也就是说，根球可以有很多子球，而这些子球也可以有很多自己的子球。当然，根球永远只有一个。

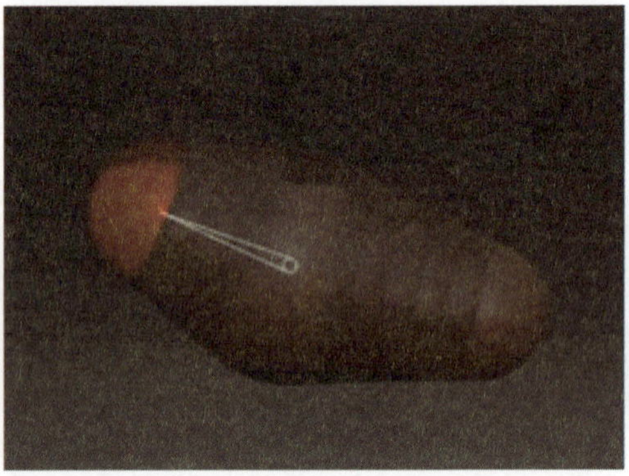

图3-23 创建根球的另一个子球

3.3.2 ZSphere的基本操作

1. ZSphere的移动

要移动ZSphere时，首先要激活编辑工具栏中的Move按钮，此时Draw按钮关闭，使用鼠标选中要移动的ZSphere并拖动，就可以移动ZSphere，而且ZSphere之间的连接也会随着移动距离的增加而变长，如图3-24所示。如果要继续创建ZSphere就要重新激活Draw按钮。

单击和拖动ZSphere之间的连接，基于这个连接的所有子球都会跟着移动，如图3-25所示。按住Alt键的同时移动ZSphere之间的连接，连接将不再延伸移动，只以当前的长度移动。

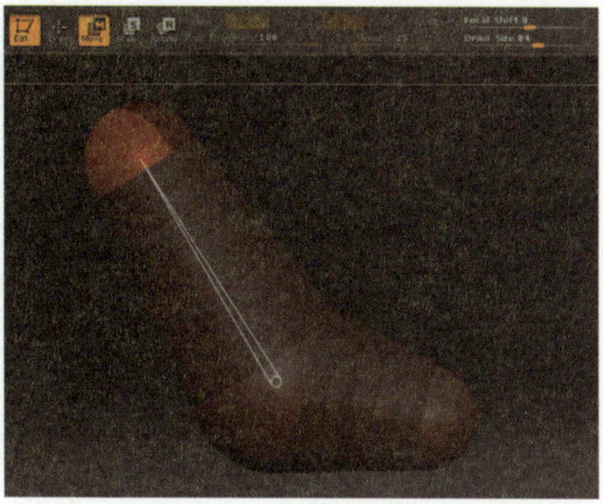

图3-24 移动ZSphere

图3-25 移动ZSphere之间的连接

2．ZSphere的缩放

缩放ZSphere必须激活编辑工具栏中的Scale按钮，然后单击一个ZSphere并拖动，就能改变它的尺寸，如图3-26所示。

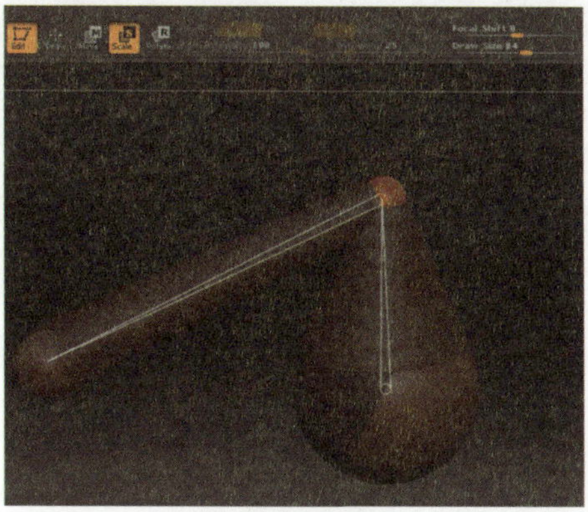

图3-26 缩放ZSphere

单击并拖动一个灰色的连接也能缩放它的尺寸，如图3-27所示，按住Alt键并单击拖动ZSphere之间的连接，能让整个连接同时变粗或是变细，如图3-28所示。

3．ZSphere的旋转

旋转ZSphere时必须激活编辑工具栏中的Rotate按钮，然后单击并拖动一个ZSphere旋转，这个ZSphere将基于它的父球旋转，单击并拖动ZSphere之间的连接将让整个连接基于父球旋转，如图3-29所示。

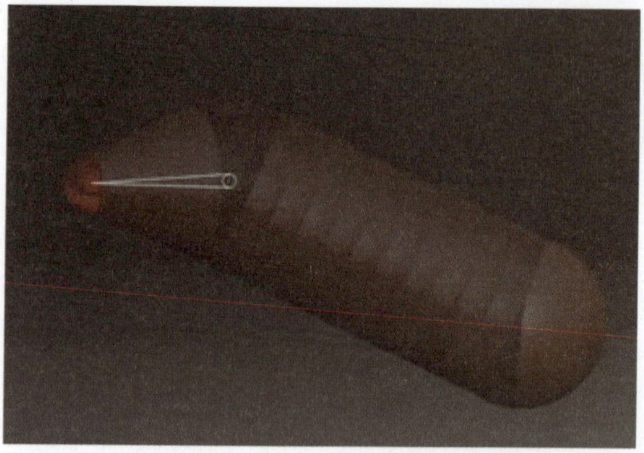

图3-27 缩放ZSphere之间的连接

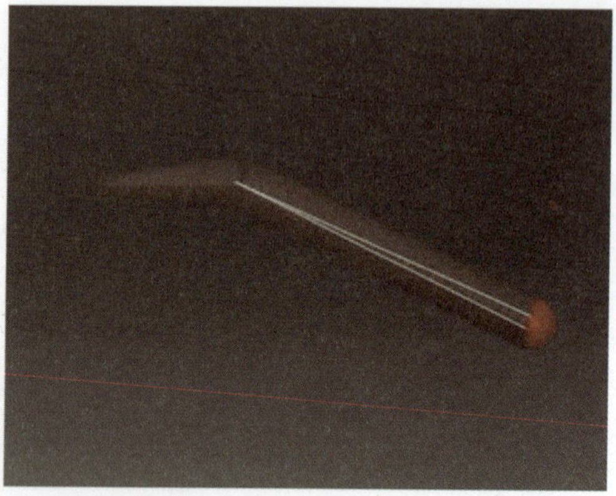

图3-28 整体缩放ZSphere连接

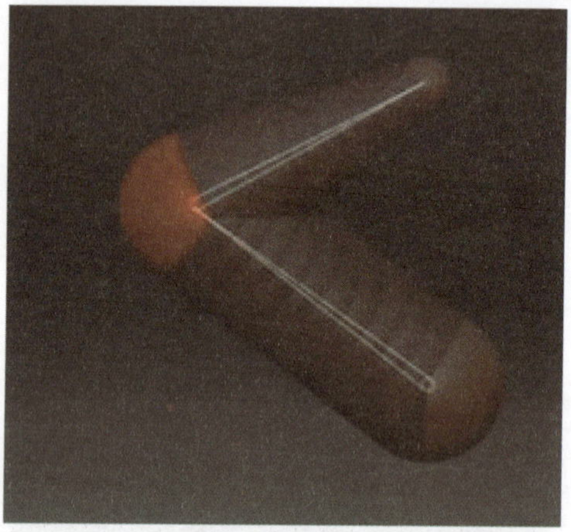

图3-29 旋转ZSphere之间的连接

4. 防止ZSphere的扭曲

设置好一个基于ZSphere的连接时，可以按下A键预览ZSphere转为网格物体的形式，如图3-30所示。此时网格扭曲，无法使用。造成这个扭曲的原因是ZSphere的轴向扭曲了，所以在创建ZSphere时需要严格保证ZSphere的轴向，方法为：首先建立ZSphere，再按住Shift键，旋转ZSphere，然后在Transform调控板中，单击Activate Symmetry按钮，按下Y 键激活Y轴对称，再按住Shift键连续单击 ZSphere中心几次。这将在正负Y轴方向上同时增加等大的ZSphere，如图3-31所示。接着按下A键预览，网格物体没有出现扭曲，如图3-32所示。

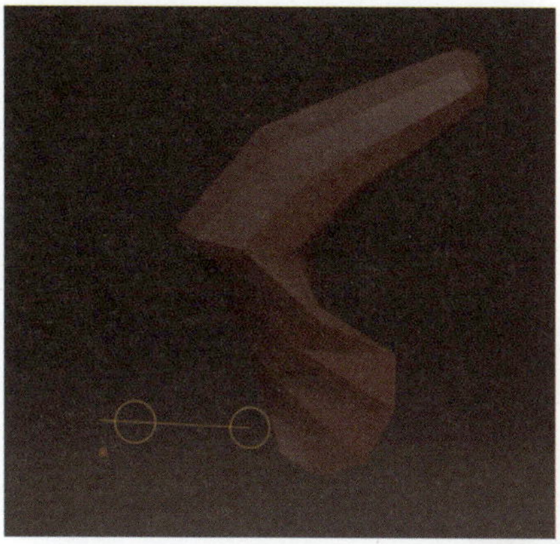

图3-30 扭曲ZSphere形成的网格

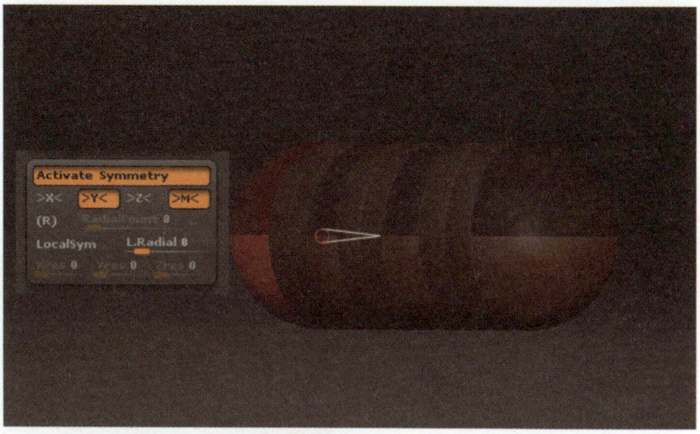

图3-31 在对称模式下创建一组ZSphere连接

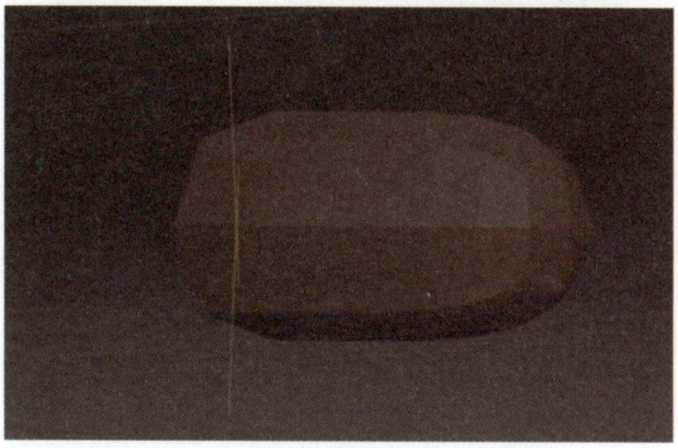

图3-32 网格没有发生扭曲

3.3.3 自适应蒙皮的使用

我们经常在ZSphere操作中按下A键，观察ZSphere生成的网格形态，这其实是生成自适应蒙皮的一个预览，ZSphere的模型通常有两种方式生成网格模型，一种是统一蒙皮，另一种就是自适应蒙皮。Adaptive Skin(自适应蒙皮)功能是我们最常用的一种，它会分析ZSphere模型结构，并且建立基于分析的网格物体。它的面板位于Tool调控板中，如图3-33所示。

图3-33中各项的含义如下。

- Preview(预览)：创建ZSphere模型时，可以激活此按钮观察ZSphere模型生成的网格物体形态。
- Density(密度)：调节在预览蒙皮时的网格细分次数。默认值为2，最大值为8。
- Ires(交叉分辨率)：当在同一个ZSphere上出现多个子球时，蒙皮网格模型会出现交叉的现象，这时可以通过Ires按钮进行调节。

- Mbr(蒙皮曲率)：主要用于放松蒙皮网格的强度。
- Mc(子球最小蒙皮范围)：用来放松子球上的蒙皮网格。
- Mp(父球最小蒙皮范围)：用来放松父球上的蒙皮网格。
- Make Adaptertive Skin(生成自适应蒙皮)：把当前ZSphere转换为蒙皮网格物体。

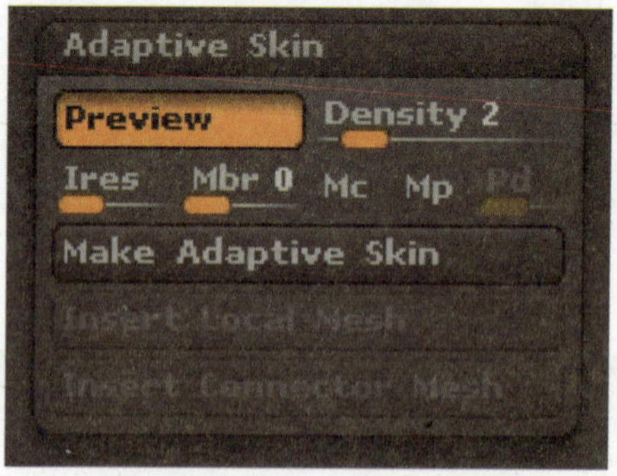

图3-33 自适应蒙皮面板

自适应蒙皮应用实例：

(1) 打开一个制作好ZSphere模型的文件，然后打开Adaptive Skin面板，激活Preview按钮或按下A键，观察模型的网格显示，如图3-34所示。发现有些部位出现了网格交叉或者重叠的问题。

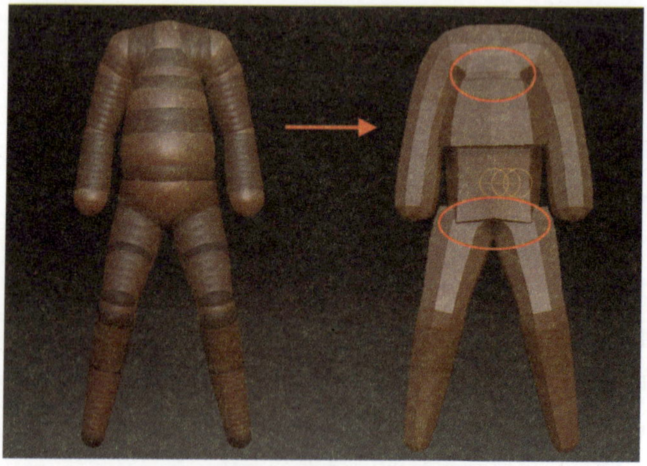

图3-34 观察ZSphere模型的网格形态

(2) 单击Mc按钮，再次观察网格显示效果，发现这些交叉和重叠的地方按照一种均匀的松弛状态进行扩散，如图3-35所示。

(3) 观察到网格效果仍然不够好，单击Mbr按钮，拖动滑块来适当调节蒙皮强度范围，同时单击Mp按钮，用来放松父球的蒙皮网格，效果如图3-36所示。

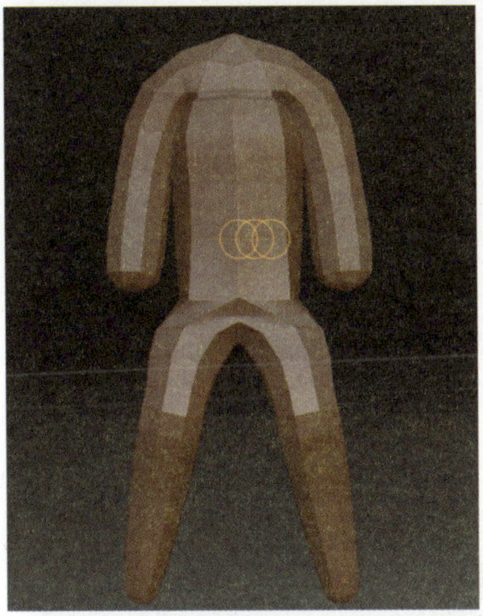

图3-35 调整子球蒙皮范围

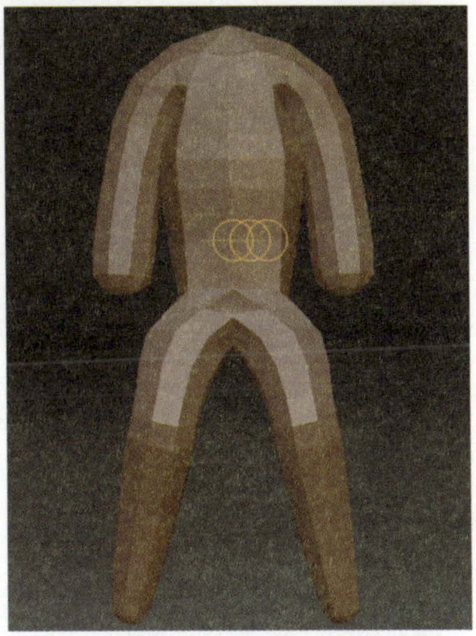

图3-36 调整好的网格形态

3.3.4 引力球的使用

引力球是ZBrush的延伸，可以用来制作类似翅膀一类的形状，也可以用来改变模型的外部形态。创建引力球的方法和添加ZSphere的方法相同，步骤如下。

(1) 创建一个ZSphere模型，如图3-37所示。

图3-37 ZSphere模型

(2) 进入Draw模式，按住Alt键的同时，在需要变为引力球的ZSphere的连接处单击，此时所在连接都变为透明，如图3-38所示。

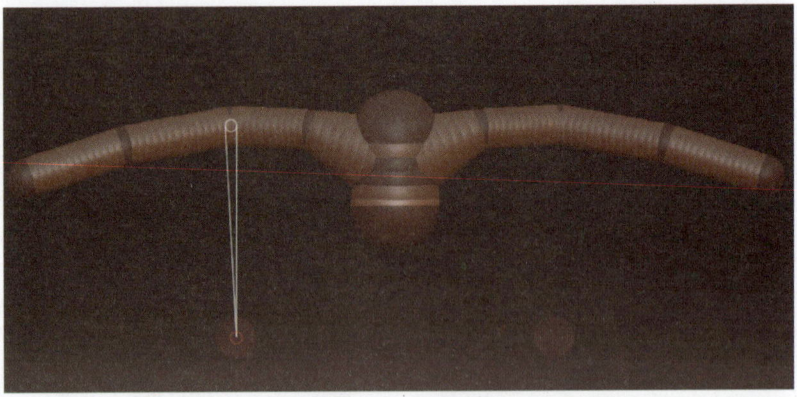

图3-38 创建引力球

(3) 按A键观察网格形态，如图3-39所示。

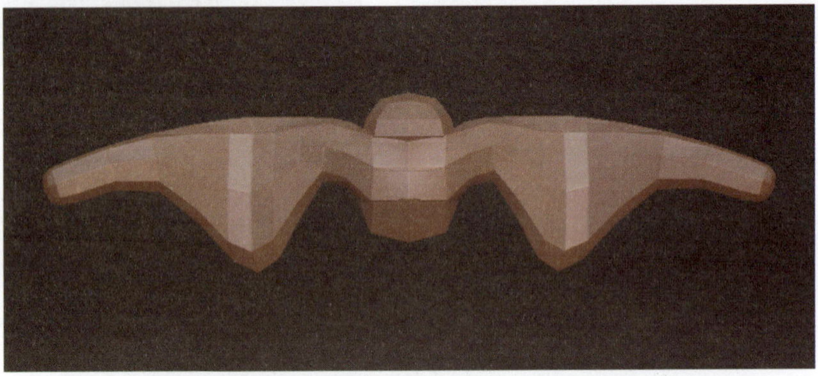

图3-39 观察添加了引力球后的网格效果

3.3.5 正负极

正负极是由ZSphere的不同位置来确定的。使用移动工具将一个ZSphere靠近它的父物体时，这个ZSphere将变成透明的。这时按下Preview按钮，会发现ZSphere在父物体上被剪去，形成凹陷，通过这种创建方法创建的ZSphere被称为“负球”，如图3-40所示，其他ZSphere则被称为“正球”。

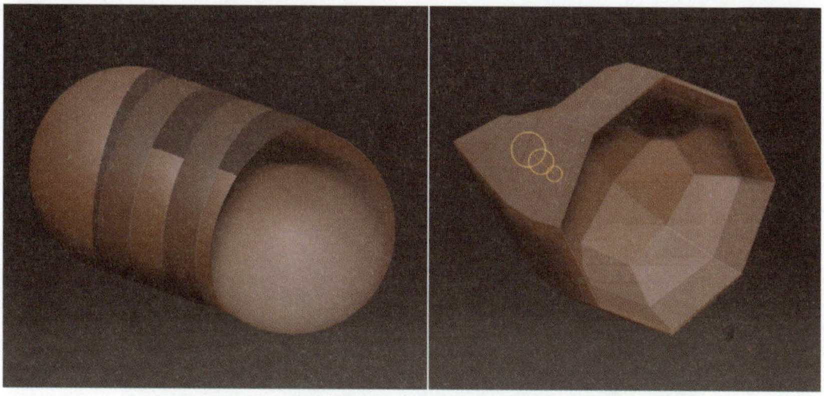

图3-40 负球效果

3.4 ZBrush数字雕刻基础

数字雕刻是ZBrush最为强大和实用的功能之一，本节主要介绍ZBrush应用于数字雕刻时的基础功能。

3.4.1 移位工具的使用

“移位”工具是ZBrush 3.1版本中出现的一个新功能，它可以对当前模型的某一部分进行冻结，然后利用行动线进行移动、缩放和旋转等调节，这一功能大大方便了对模型的动态调节过程。

1．认识行动线

学习“移位”工具之前，先来了解一下“行动线”的具体用途。“行动线”主要是用来移动、缩放和旋转模型或模型的某一部分。我们可以在变换调控板中通过Mvoe(移动)、Scale(缩放)和Rotate(旋转)按钮来控制“移位”工具中的行动线。调解时可以创建一个遮罩，然后在模型未遮罩的区域进行移位操作。这样可以更快地调节模型的动态效果。

要创建行动线，首先进入Move(移动)、Scale(缩放)或Rotate(旋转)模式，然后在模型表面按住鼠标左键拖曳出一条行动线，创建的行动线上有3个黄色的圆圈，黄色圆圈的大小表示当行动线依附在模型表面上时的纵向的距离(圆圈越小表示离制作者视角越远，圆圈越大表示离制作者视角越近)，如图3-41所示。

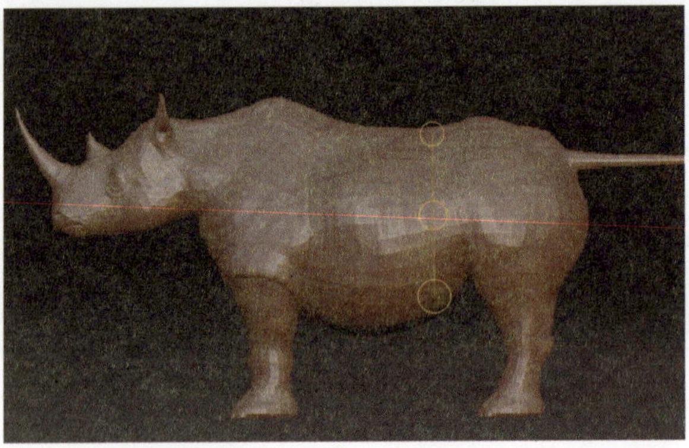

图3-41 创建行动线

如果要移动行动线，可以把鼠标指针放在中间的黄色圆圈上，然后按下鼠标左键来整体移动“行动线”的位置，如图3-42中A所示。如果把鼠标放在“行动线”两端的黄色圆圈上，然后按下鼠标左键拖动，可以移动当前选中的黄色圆圈的位置，如图3-42中B所示。

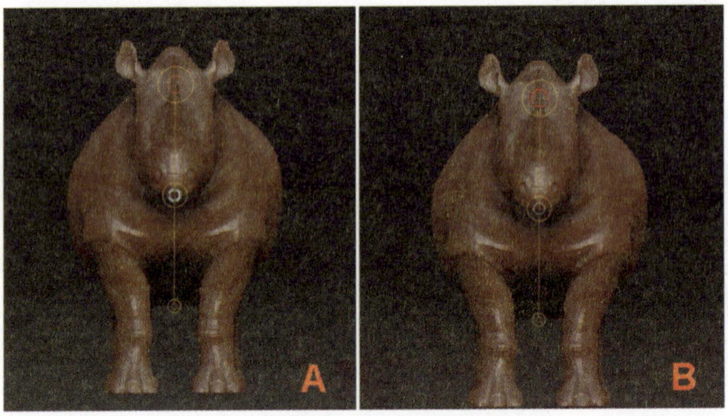

图3-42 移动行动线

提示：按住Shift键，可以强制行动线按22.5°的倍数旋转，并沿“行动线”方向移动。

2．移动模型

要移动模型上的某一部分，首先要在模型上创建一条“行动线”，然后把鼠标指针放到中间的黄色圆圈的中心，中心显示为白色圆圈，这时只需要在Move(移动)模式下把鼠标放在白色的圆圈上并按住鼠标左键移动到指定位置即可，如图3-43所示。

在Move(移动)模式下除了可以移动模型外，还可以非对称缩放模型。把鼠标放在末段的两个红色圆圈上，然后按住鼠标左键并拖曳行动线。这时另一端的点将成为角色坐标系的起点，此时红色圆圈将跟随鼠标指针在屏幕上移动，模型的其他点将在行动线的作用下，在坐标系统内按比例移动，从而产生非对称缩放的效果，如图3-44所示。

图3-43 使用“行动线”移动模型

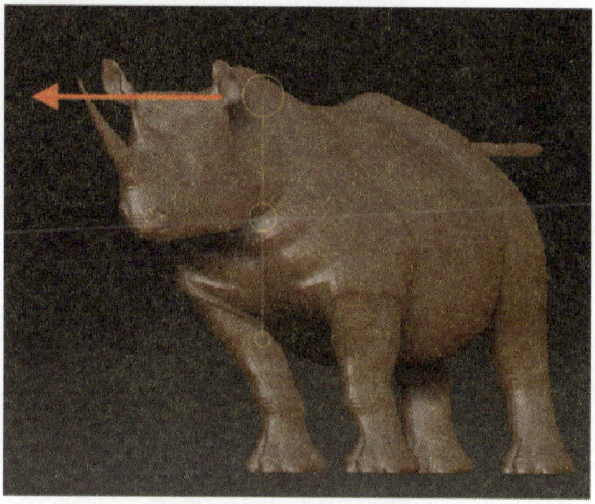
图3-44 非均匀缩放模型

3．缩放模型

缩放模型跟移动模型的方法一样，首先激活Scale(缩放)模式，然后设置一条行动线进行操作。

1) 等比缩放

等比缩放操作刚好与移动操作相反，先把鼠标放在行动线两端任意一个红色圆圈内，然后按住鼠标左键上下拖动，这样就可以等比例缩放模型，另一个红色圆圈将成为缩放方向的起点，如图3-45所示。

2) 平行缩放

单击“行动线”中心的白圆圈，按住鼠标左键向终点方向拖曳，此时往其中一个终点方向拖曳，模型会变胖，往另外一个终点方向拖曳，模型会变瘦，如图3-46所示。

3) 特殊缩放

如果整条行动线布满整个模型，那么在按住Alt键单击行动线两端的红色圆圈的任意一个，向另一个终点方向拖曳时，那么鼠标单击的一端到中间圆圈之间的这段行动线包含的模型将被缩小，而另一边则不变，如图3-47所示。

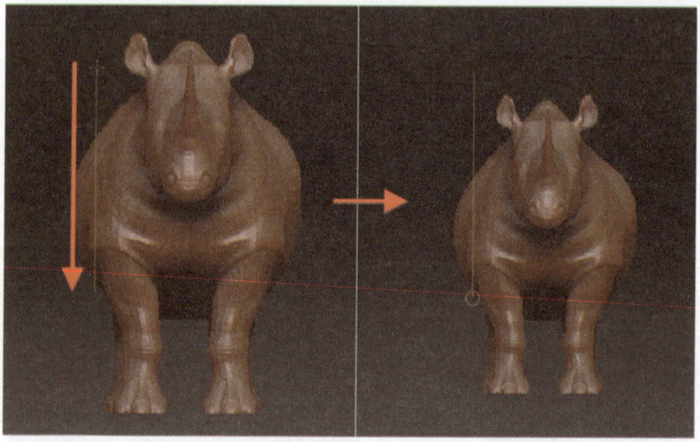

图3-45 等比缩放模型

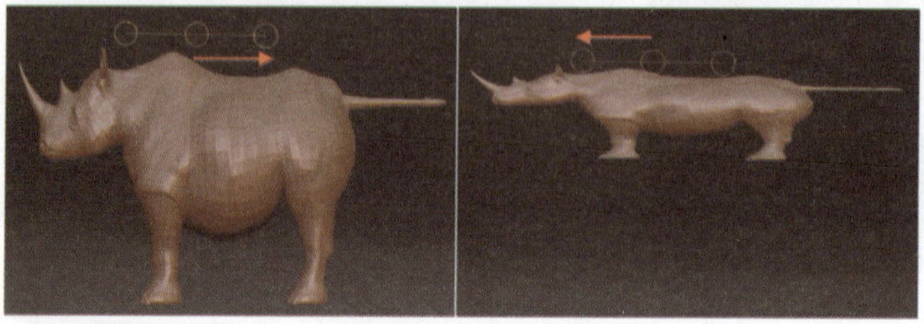

图3-46 平行缩放

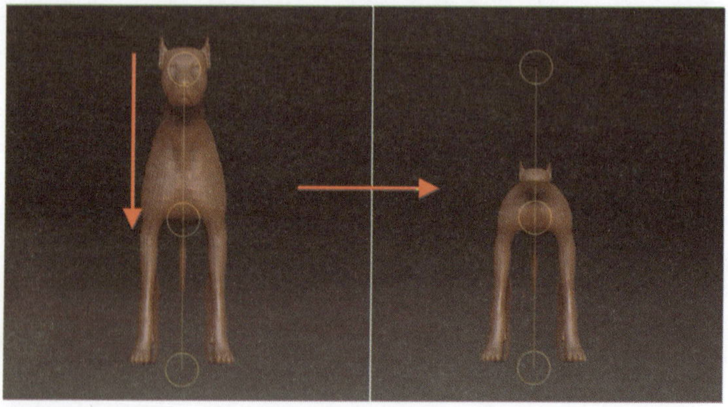

图3-47 特殊缩放

4．旋转模型

旋转模型同样需要在Rotate(旋转)模式下设置一条行动线，拖曳一个端点的红色圆圈，让模型围绕另一个端点旋转，拖曳行动线两个端点之间的白色圆圈，可以让模型以这条行动线为轴心进行旋转，如图3-48所示。

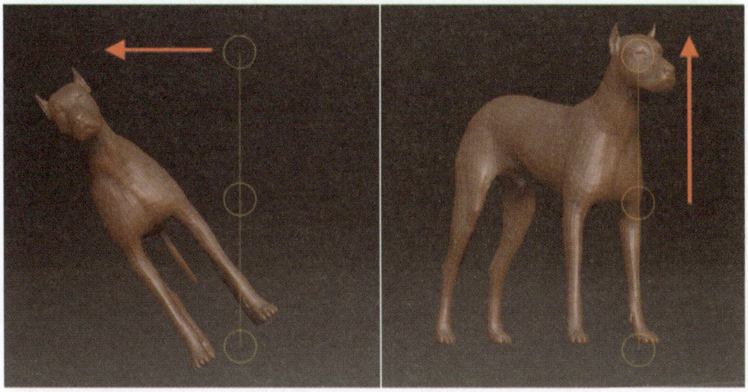

图3-48 旋转模型

3.4.2 Wrap模式的使用

Wrap模式是ZBrush 3.1的另一个强大功能，它允许用户在模型表面创建多次平铺重复的操作，制作出复杂的花纹。

开启Wrap模式的方法是打开Brush调控板，找到第三组里的WrapMode选项，如图3-49所示。

图3-49 WrapMode菜单

如果将WrapMode的数值改为1，那么对模型表面进行绘制的时候，就会在绘制这一笔的上、下、左、右及左上、右上、左下、右下这8个方向依次无限平铺，平铺的数量取决于模型表面绝对空间的大小，如图3-50所示。

当WrapMode的数值为2时，可以观察到，除了在原有的图案位置出现了这次图案外，同时在原来图案之间又会细分出一样的重复图案，如图3-51所示。说明在同样大小的平面上，图案之间的距离被缩小了1/2，同理，数值为3时，间距就会在现有的基础上缩小1/3。利用Wrap模式的这个功能，我们可以快速地创建法线贴图和凹凸贴图。

图3-50 WrapMode的值为1时的绘制规律

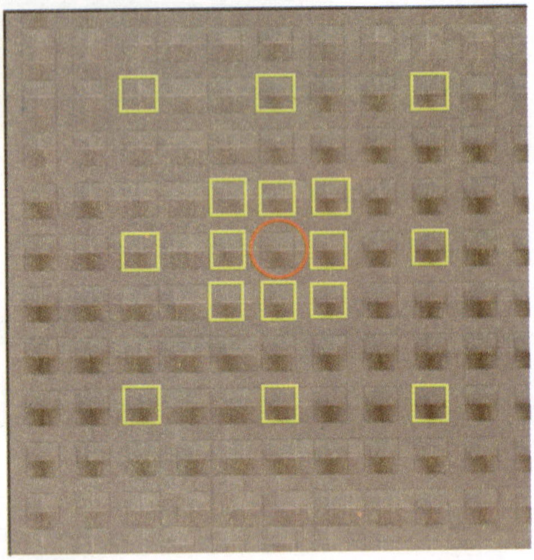

图3-51 WrapMode的值为2时的绘制规律

3.4.3 局部细分的操作

标准细分是对模型整体进行统一的细分，局部细分就是在模型的特定范围内增加网格细分。局部细分的好处是它可以在模型细节较多或需要更多的面数的区域进行单独细分，比整体细分更有针对性，但是局部细分也有缺点，就是在细分某些区域的时候会改变网格的拓扑结构。比如，如果模型的UV已经制作完毕，那么再使用局部细分，就会破坏原来制作好的UV。

3.4.4 笔刷的使用

本节介绍两种笔刷：ZProject(投影)笔刷和Mesh Insert(网格插入)笔刷。

1．ZProject(投影)笔刷

ZProject笔刷可以从画布Z轴方向投影任何来自其他模型或画布上的纹理和雕刻细节，投影信息只能在Z轴方向移动，笔刷数决定投影的多少，例如值为100，就是100%投影细节。使用方法如下。

(1) 在笔刷调控板中选择ZProject笔刷，如图3-52所示。

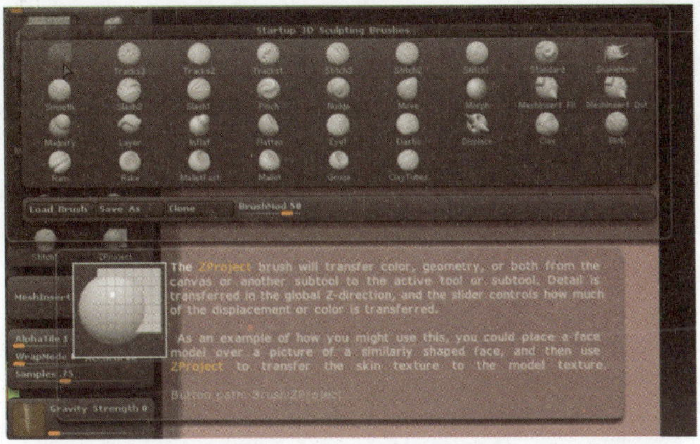

图3-52 选择ZProject笔刷

(2) 选择一个表面有纹理的网格作为投影物体，摆放好位置后，在Transform调控板中按下Snapshot Object按钮创建快照，如图3-53所示。如快照物体与投影物体重合，这时可以按住Alt键把投影物体平移到一边，再选择一个表面无纹理的网格作为被投影的物体，如图3-54所示。

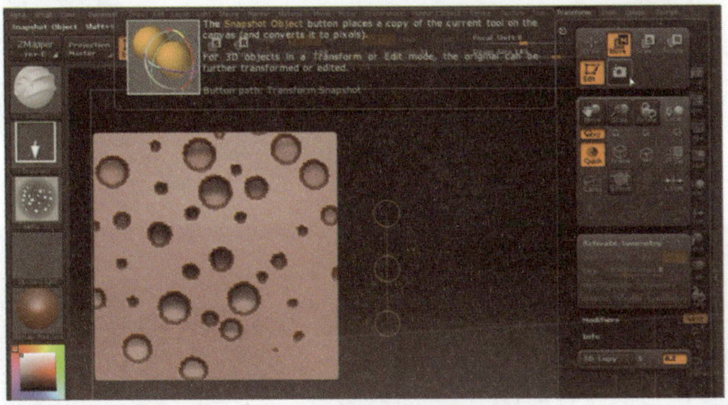

图3-53 为投影物体创建快照

(3) 在ZProject笔刷模式下，单击Move按钮进入移动模式，然后从被投影模型向快照拉出一条“行动线”，此时，行动线的作用就是定位吸取快照上的纹理信息，行动线的起点就是快照投影到模型时的初始位置，行动线的末端就是记录快照信息的初始位置，如图3-55所示。因此我们在创建行动线时，要注意起始位置。

(4) 回到Draw模式，使用ZProject笔刷在右边的模型上进行绘制，注意起笔的位置尽量与刚才行动线的起始位置重合，这样绘制出来的纹理会与快照纹理比较接近，效果如图3-56所示。

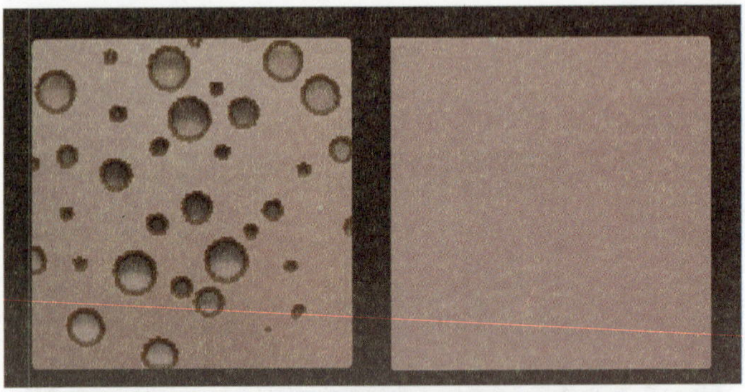

图3-54 把被投影物体放在快照旁边

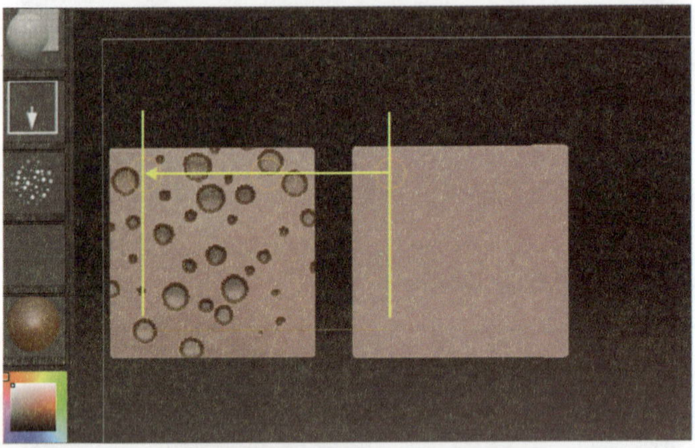

图3-55 创建行动线吸取快照信息

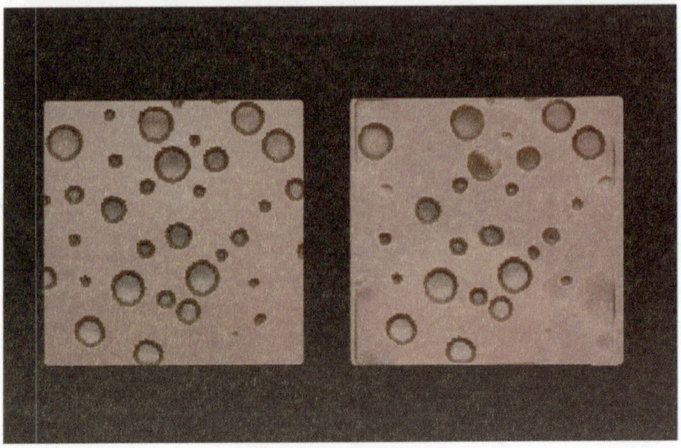

图3-56 绘制快照纹理

2．Mesh Insert(网格插入)笔刷

使用Mesh Insert Dot笔刷或Mesh Insert Fit笔刷可以将网格物体合并到目标网格，方法如下。

(1) 首先创建一个网格物体作为被插入物体，如图3-57中A所示。如果这个网格物体有多次细分，那么需要将所有的细分全部塌陷掉，如图3-57中B所示。

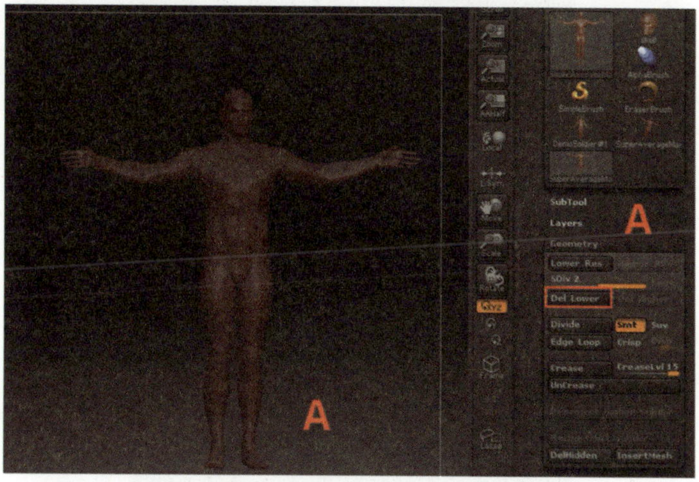

图3-57 创建一个插入物体

(2) 打开Tool调控板，单击Import按钮导入一个插入物体，如图3-58中A所示，注意这个插入物体的细分级别最好与被插入物体为同一级别，如图3-58中B所示，这样在执行网格插入时两个模型比较好融合。

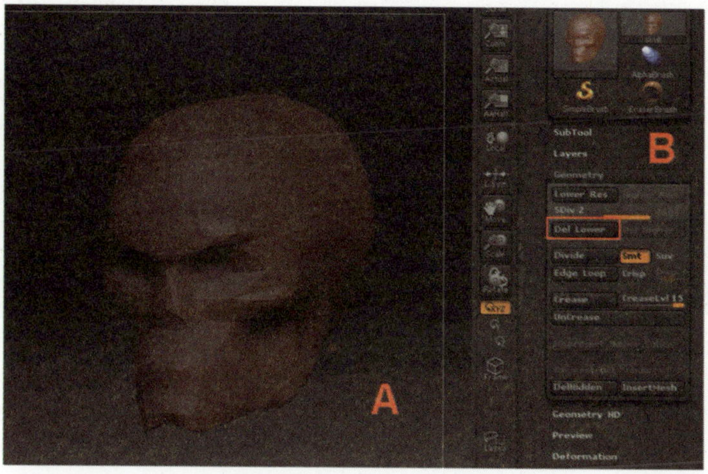

图3-58 导入插入物体

(3) 选择插入的物体，再打开Brush调控板，单击MeshInsert Preview按钮，如图3-59所示，在弹出的工具菜单中选择插入物体，如图3-60所示。

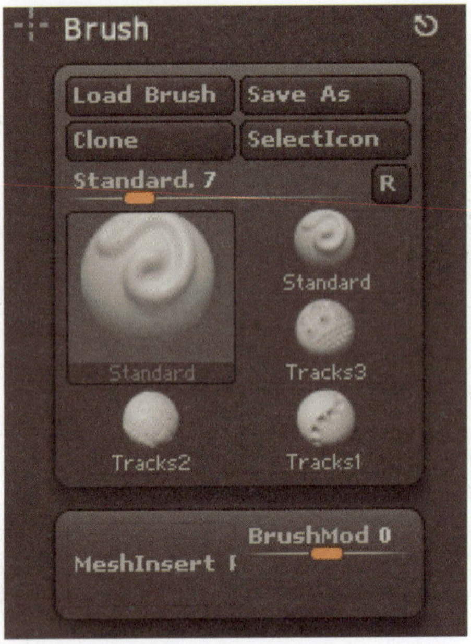

图3-59 Brush调控板

图3-60 选择插入物体

(4) 选择MeshInsert Fit笔刷，按下Shift键的同时，在被插入物体上绘制，这样绘制出来的插入物体不会发生变形，如图3-61所示。绘制时还可以拖动Brush调控板中的BrushMod滑块来调节插入物体与被插入物体之间的距离。

图3-61 绘制出插入物体

3.4.5 3D层工具的使用

ZBrush的3D层工具的作用类似于Photoshop图层，利用层工具，我们可以创建多个层，然后在每个层中进行不同的操作，接着把不同层中的操作分别叠加，制作出更为复杂和精致的纹理。

3D层工具在Tool调控板中，界面如图3-62所示。要建立一个新层，首先需要进入模型的Edit(编辑)模式，然后单击New(新建层)按钮进行创建，当图层被创建出来以后，当前层处于激活状态，也就是可编辑状态。单击Rename按钮可以给该层重新命名，再单击OK按钮确认操作，如图3-63所示。

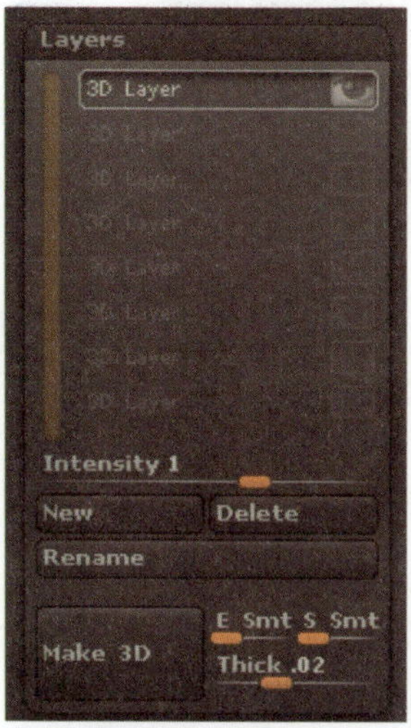

图3-62 层面板

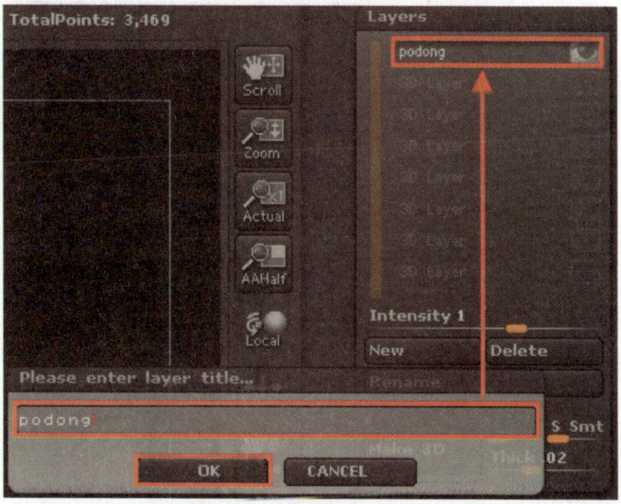

图3-63 修改层的名称

如果层被激活，层按钮呈凹陷显示，再次单击此按钮，该层将被关闭，则按钮呈灰色显示。层在激活状态下，任何雕刻操作都会记录在该层上，不会影响网格物体和其他层。如果当前模型出现多次细分，那么在哪一级细分创建的层，就必须回到哪一级细分才能做以上操作。

如果层处于关闭状态，之前在该层制作的细节仍然会在视图中显示。但继续制作的细节不再保留到层中，也就是说，这时的任何操作都会直接作用到模型。

同Photoshop一样，单击层右边的眼睛图标按钮，可以隐藏层。此时层上的所有操作信息都不会显示在视图中，也不会受任何雕刻的影响。

3.4.6 Subtool(多重工具)

Subtool(多重工具)位于Tool调控板中，界面与层工具类似，Subtool允许多个网格物体同时存在，类似于3ds Max中的元素子对象，每一个网格物体都是单独的一个元素，也就是说把一个模型分成几个不同的部分，但是每次只能编辑一个对象，如图3-64所示。

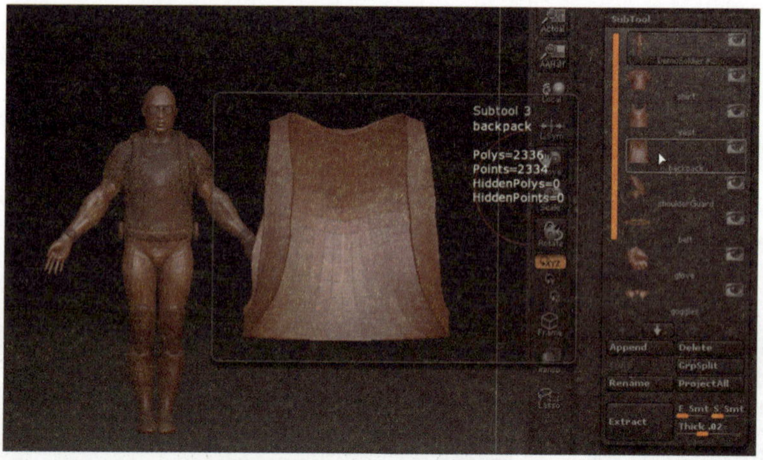

图3-64 Subtool(多重工具)界面

Subtool把面数非常多的模型分为几个部分进行管理和操作。可以在工作中随时隐藏不同部分的模型，还可以分离独立的网格模型并分别导出。多重工具面板中的按钮含义如下。

- Append(添加)：添加一个多重工具。
- Delete(删除)：删除选择的多重工具。
- Rename(重命名)：给一个多重工具重新命名。
- Extract(挤压)：把当前物体的冻结区域挤压成形，作为下一个多重工具。
- GrpSplit(组切割)：以当前模型的区域颜色组作为元素，切割为与组数量相同的多个相同区域复制工具。

● ProjectAll(全部合并)：把所有当前处于活动状态下的多重工具合并。

多重工具的使用方法如下。

(1) 单击Append按钮，在弹出的菜单中选择网格物体，就可以把网格物体添加为一个多重工具，如图3-65所示。

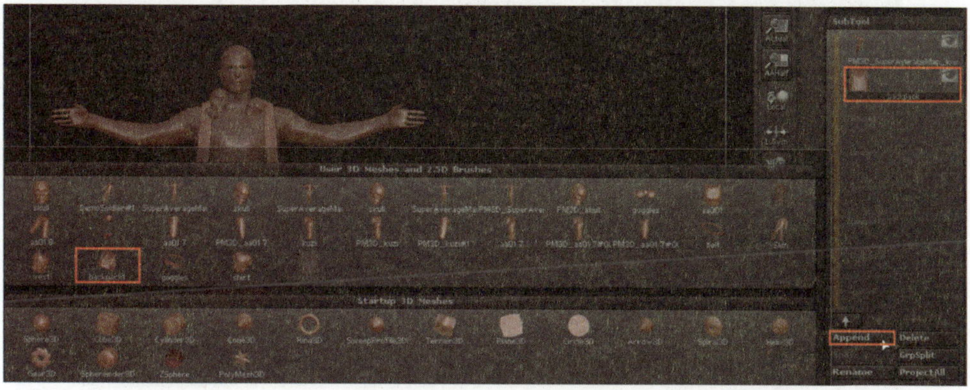

图3-65　添加一个多重工具

(2) 通过Extract按钮生成一个Subtool。方法是：激活Subtool，按住Ctrl键的同时，在网格物体上绘制出遮罩区域，如图3-66中A所示，然后单击Extract按钮，可以将模型的遮罩区域生成一个新的Subtool，如图3-66中B所示。

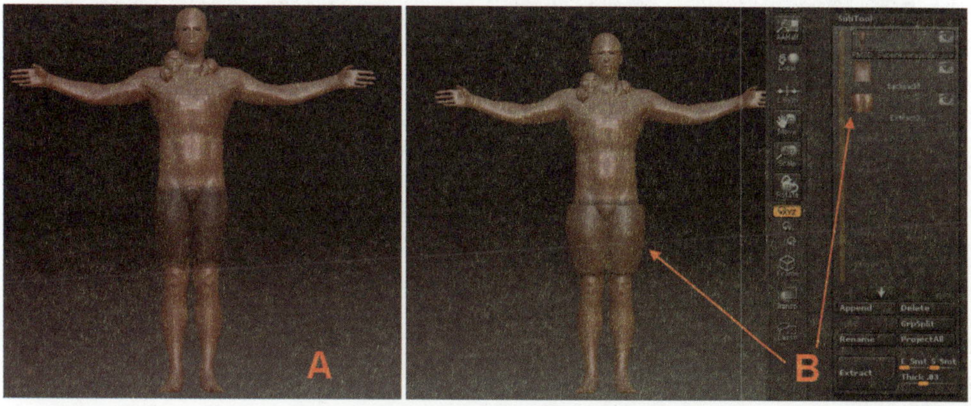

图3-66　挤压生成Subtool

(3) 当前场景中有两个或两个以上的Subtool时，可以选择一个主体Subtool(网格面数足以承担其余的网格)，如图3-67中A所示，然后单击ProjectAll(全部合并)按钮把当前所有在活动状态下的多重工具合并，如图3-67中B所示。

(4) 打开线框显示，可以看到当前模型的区域颜色，如图3-68中A所示，当一个网格模型作为一个Subtool存在时，使用GrpSplit可以把每一个部分分离开，作为另一个Subtool，如图3-68中B所示。

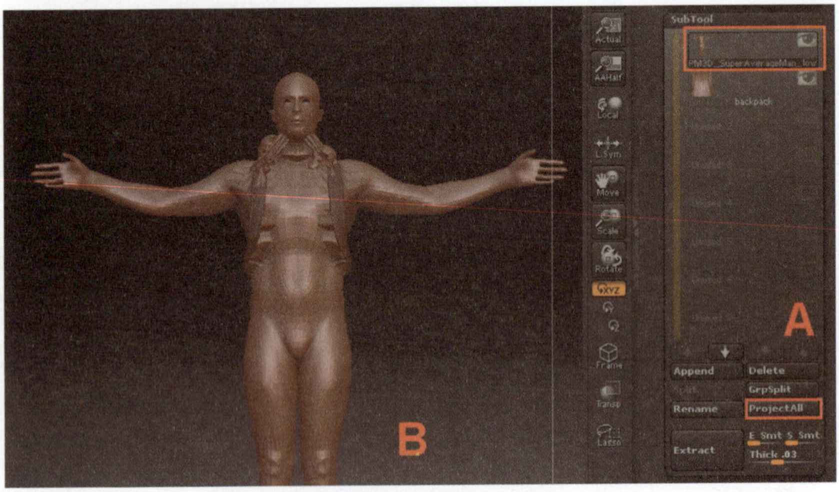

图3-67 合并多重工具

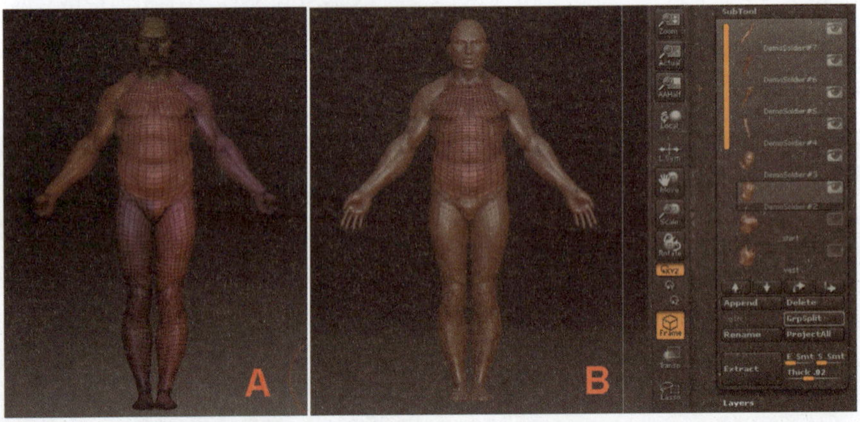

图3-68 使用GrpSplit工具分割模型

3.4.7 HD雕刻

HD雕刻技术实际上是Subdivision雕刻技术的延伸。在使用HD雕刻前，首先要把模型细分，当工作中Subdivide已经提示无法细分时，就可以使用HD雕刻来继续对模型进行细分。无论当前的模型是否可以再次细分，HD雕刻都必须在当前Subdivide细分的最高级别下才可使用，如图3-69所示。

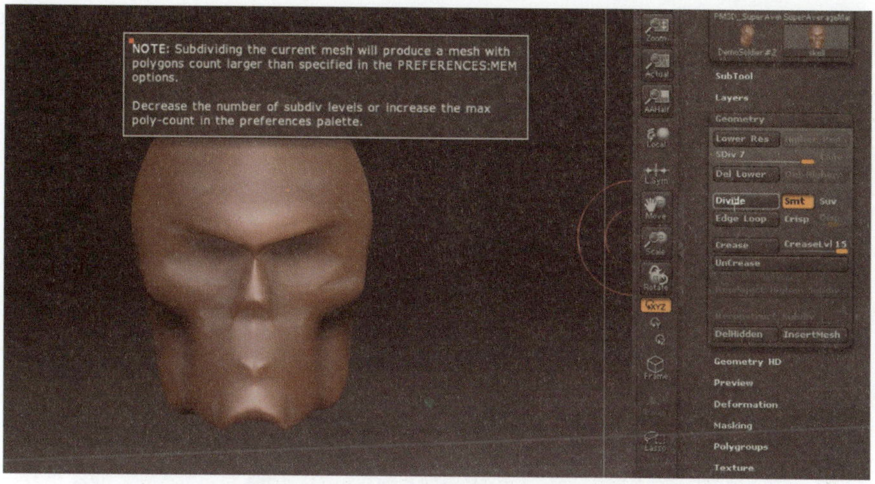

图3-69 Subdivide细分的最高级别

在标准细分达到最高级别时，如果绘制一些纹理，可能比较粗糙，如图3-70所示。这时可以打开位于Tool调控板中Geometry卷展栏下的Geometry HD面板，然后单击DivideHD按钮，在标准细分的基础上增加HD细分，通过SculptHD Subdiv(HD细分级别控制)的滑块可以控制HD细分的级别，如图3-71所示，级别越高，所显示的模型表面范围就越小；级别越低，所显示模型的表面范围就越大。

图3-70 标准细分最高级别时绘制的纹理

图3-71 Geometry HD面板

按A键可以激活SculptHD按钮，这时它将会以光标当前的位置作为圆心，向外延伸一个等半径的圆形作为一个编辑区域，可以在这个区域中进行HD高清晰雕刻，在刚才的区域用同样的Alpha贴图绘制纹理，可以明显地观察到这里的网格能够充分表现出贴图中的细节，如图3-72所示。注意，如果单击该按钮，模型将渲染全部HD雕刻细节，但是实际上HD雕刻模式不会被打开。

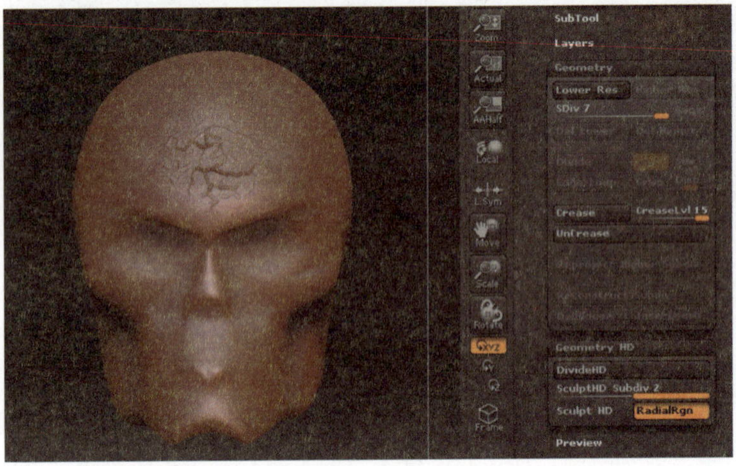

图3-72 二次HD细分下绘制的纹理效果

3.4.8 Topology工具的使用

利用ZSphere创建出来的模型在转换为多边形网格后，常常出现布线不均匀、错乱等情况，使用Topology(拓扑工具)可以将模型的布线重新整理。

创建模型拓扑结构使用Rigging和Topology两个面板中的工具按钮，这两个面板位于ZSphere编辑模式中的Tool调控板中，如图3-73所示。

接下来通过实例讲解拓扑模型的过程。

(1) 首先在ZBrush中打开已经雕刻完成的高模，如图3-74所示，然后打开Tool面板，选择一个ZSphere，这时会发现视图中的高模头像消失了，出现了一个ZSphere。

(2) 在Tool调控板中打开Rigging面板，单击Select Mesh按钮，在弹出的菜单中选择刚刚打开的模型，结果如图3-75中A所示。然后在Tool调控板中打开Topology面板，单击Select Topo按钮，此时文档窗口中Z球消失，高模出现，此时模型上会出现一个红色的圆圈，如图3-75中B所示。

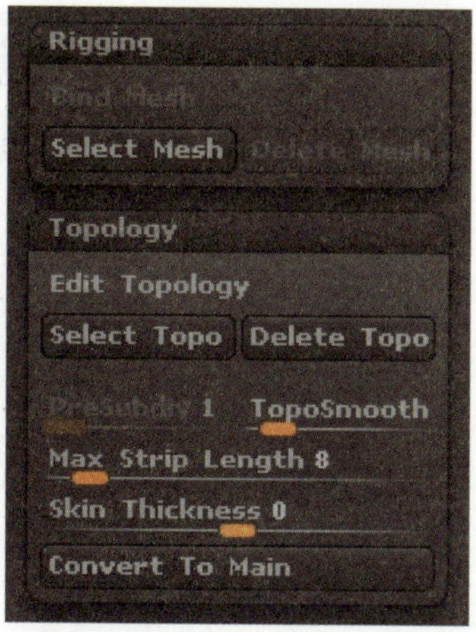

图3-73 Rigging和Topology面板

图3-74 打开模型

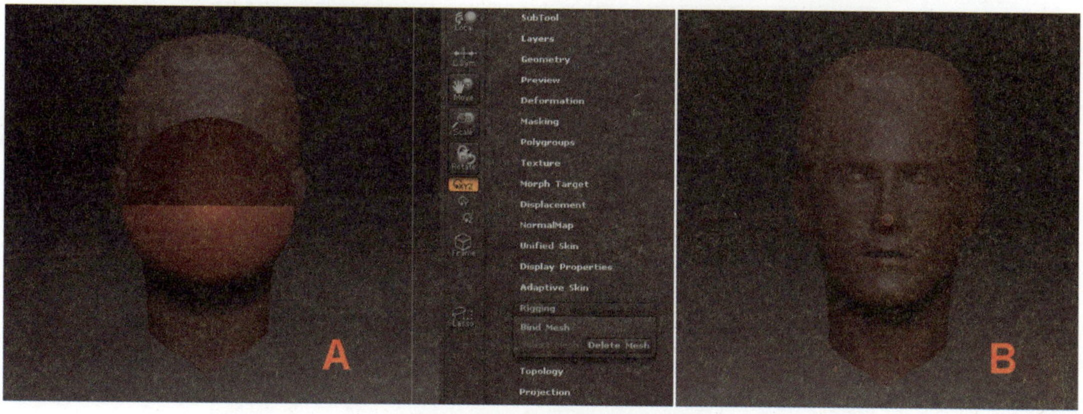

图3-75 选择拓扑的模型

(3) 打开Transform调控板中的Activate Symmetry(自动对称)项，激活X轴，进入拓扑过程。拓扑之前，要把红色的圆圈删除，因为这个圆圈不在模型表面，删除时可以先在模型上单击创建一个点，如图3-76中A所示，然后按住Alt键的同时，单击圆圈，即可把它删除，如图3-76中B所示。

(4) 拓扑过程中首先在模型上单击创建一个点，然后以这个点为起点来布线，如图3-77所示。按Alt键单击一个点是删除点，按Ctrl键单击一个点是选中点，如果要删掉一条线，必须在线上单击添加一个点，再通过删除点来完成删除线的操作。按W键可调整点的位置。

(5) 拓扑过程中可以在Tool调控板中打开Adaptive Skin面板，把Density级别改为1，然后单击Preview按钮，预览拓扑的模型效果。

(6) 布线时尽量按照模型布线的规范，保持布线均匀，尽量拓扑成四边面。要符合肌肉的走向，嘴和眼睛周围的布线呈放射状。 最终效果如图3-78所示。

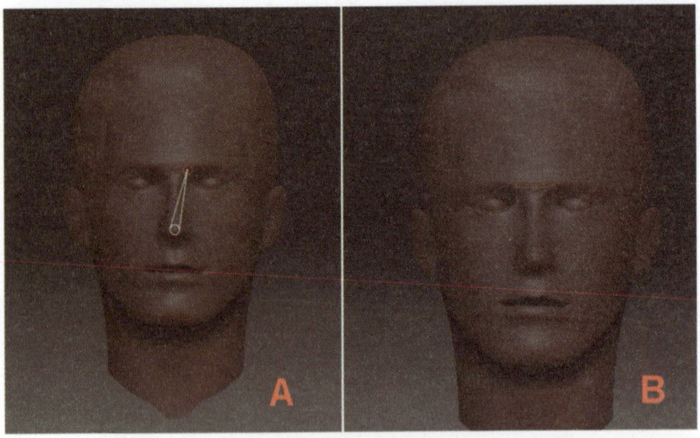

图3-76　删除红色的圆点

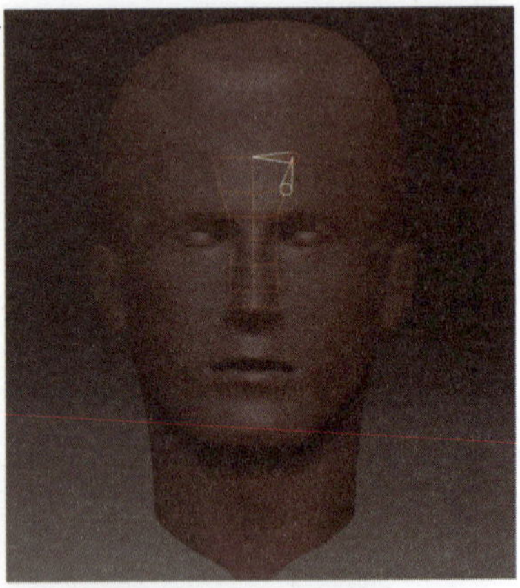

图3-77　拓扑模型的过程

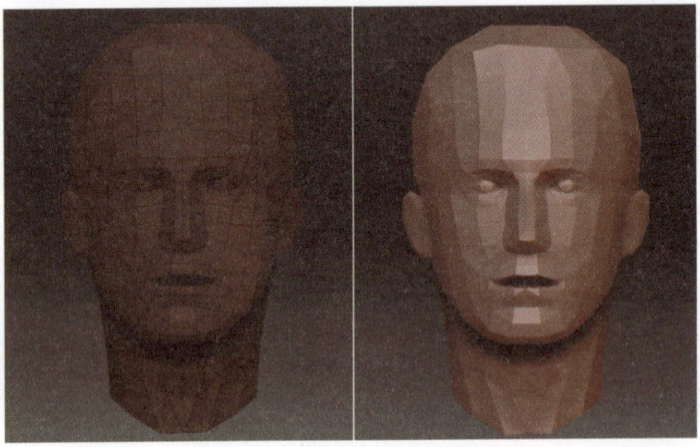

图3-78　拓扑后的模型效果

3.5　ZBrush数字雕刻应用实例

本节我们将使用ZBrush进行乌龟模型实例的制作，在制作模型之前，先分析龟的结构特征。龟是一种存活久远、生命顽强的古生物，特征鲜明。龟的种类比较多，在形态上也千差万别。本例制作的龟的造型，既有海龟的特征，如体形较大、背甲厚重，也有陆生乌龟的特征，四肢粗大，尾巴尖利，身披鳞甲。这是制作者根据龟的整体形态，想象出来的游戏怪物NPC角色。

3.5.1　构建ZSphere四足角色模型——“海龟”

分析了海龟的特征后，我们开始制作海龟的ZSphere模型。我们把海龟的模型分成躯干、四肢、头部、龟壳4个部分进行创建。

1. 创建躯干

(1) 在视图中创建一个ZSphere，打开X轴对称，按下A键预览网格显示效果，调整好ZSphere的位置，如图3-79所示。

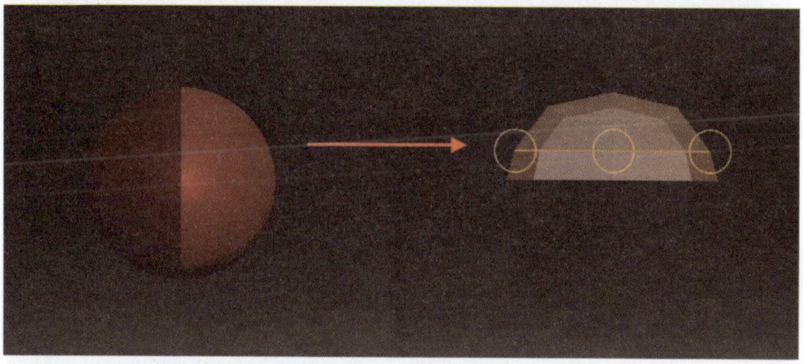

图3-79　创建龟壳

(2) 继续创建ZSphere，制作出龟的身体的大体造型，如图3-80所示，预览网格显示效果如图3-81所示。

(3) 使用ZSphere制作出尾巴和臀部的大型，如图3-82所示，网格预览效果如图3-83所示。

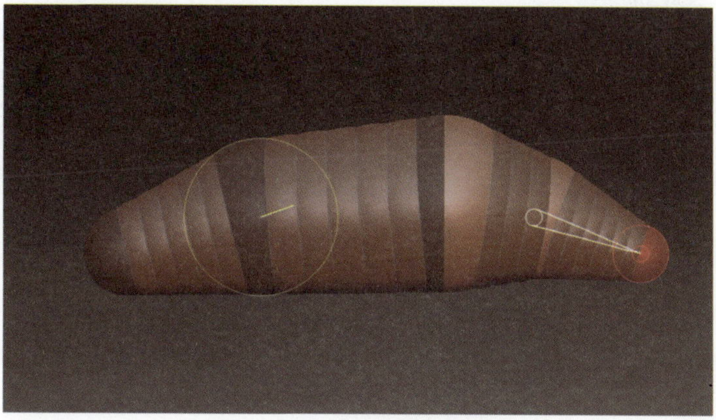

图3-80　用ZSphere搭建出躯干

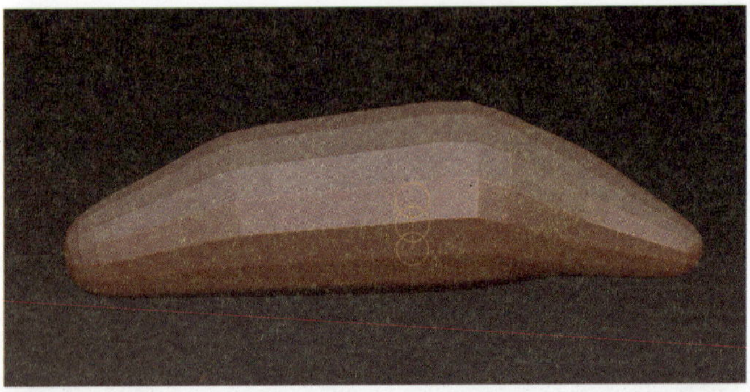

图3-81 网格预览躯干造型

图3-82 用ZSphere搭建尾巴和臀部大型

图3-83 网格预览尾巴和臀部造型

2．创建四肢

(1) 创建出前肢根部的ZSphere，如图3-84所示，同理创建出前肢，效果如图3-85所示，网格预览效果如图3-86所示。

(2) 通过预览网格观察龟的模型，发现前肢缺少细节结构，这时可以插入一些ZSphere来丰富细节，使前肢转折处的结构更加饱满，如图3-87所示。

图3-84 创建前肢根部

图3-85 创建出前肢

图3-86 网格预览前肢造型

图3-87 插入ZSphere

(3) 制作出前掌的结构，效果如图3-88所示。网格预览前掌造型，如图3-89所示。

图3-88 制作前掌

图3-89 网格预览前掌造型

(4) 同理，使用ZSphere制作出龟的后肢造型，如图3-90和图3-91所示，网格预览效果如图3-92所示。

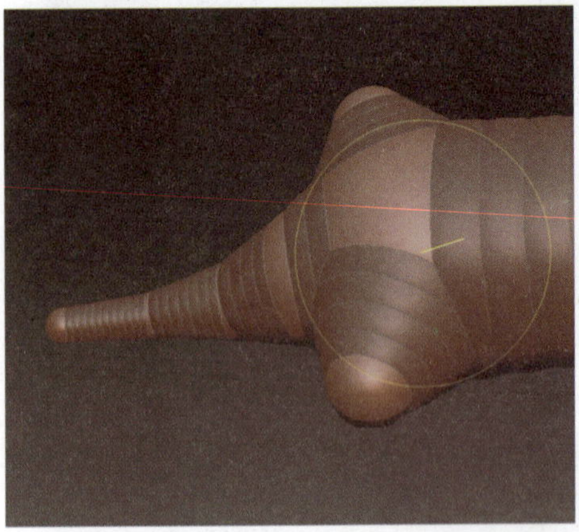

图3-90 制作龟的后肢的根部

图3-91 制作龟的后肢

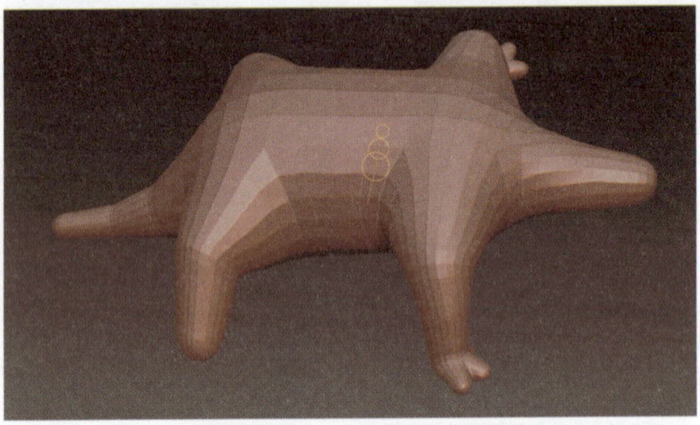

图3-92 网格预览龟的后肢

(5) 继续制作出后肢的脚掌，效果如图3-93和图3-94所示，使用网格预览的效果如图3-95所示。

3．制作头部

(1) 在脖子前方创建上下两排ZSphere，制作出龟的头部形状，如图3-96所示，然后继续搭建出嘴巴造型，如图3-97所示，接着预览网格，效果如图3-98所示。

(2) 调整ZSphere的大小和位置，使龟的头部结构更加合理，如图3-99所示。

(3) 完成龟的整体结构，这个结构是初步结构，效果如图3-100所示。

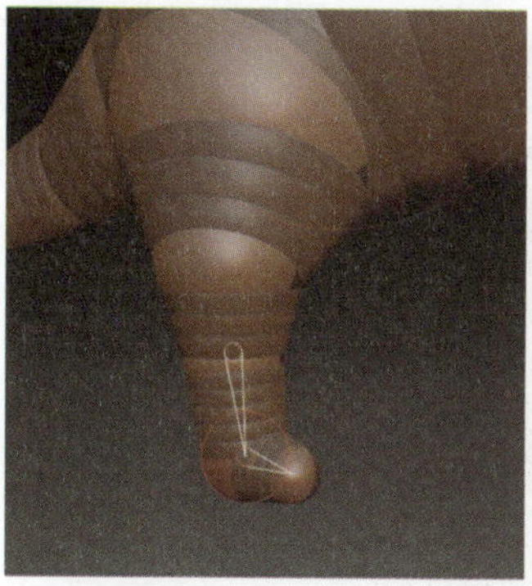

图3-93 制作后肢脚掌

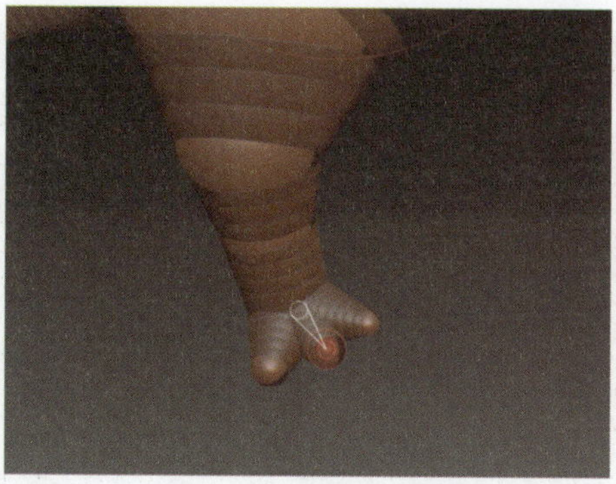

图3-94 制作后肢脚趾

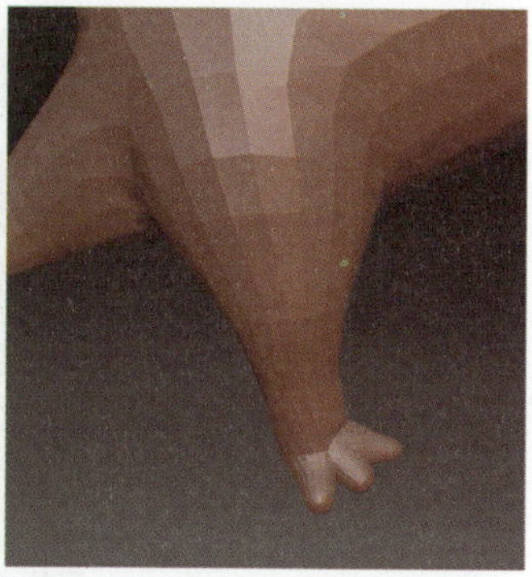

图3-95 网格预览后肢的整体造型

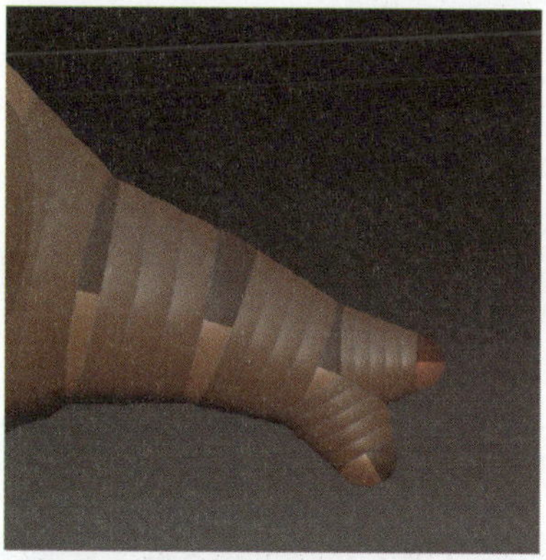

图3-96 用ZSphere搭建龟的头部造型

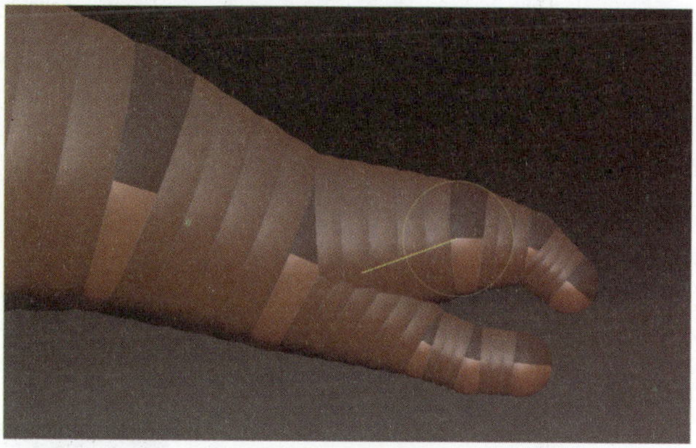

图3-97 用ZSphere搭建出龟的嘴巴

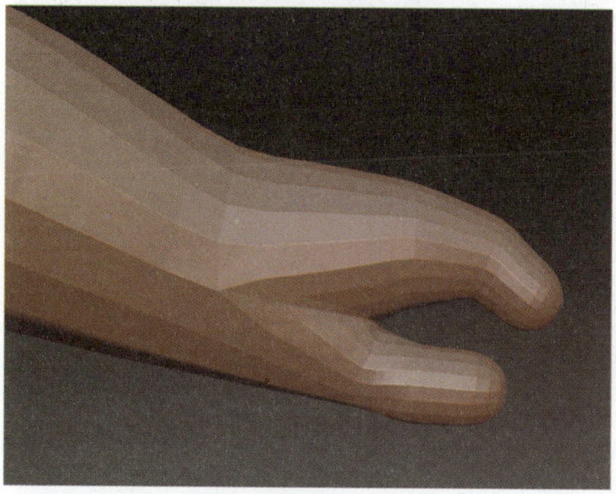

图3-98 网格预览龟的嘴巴造型

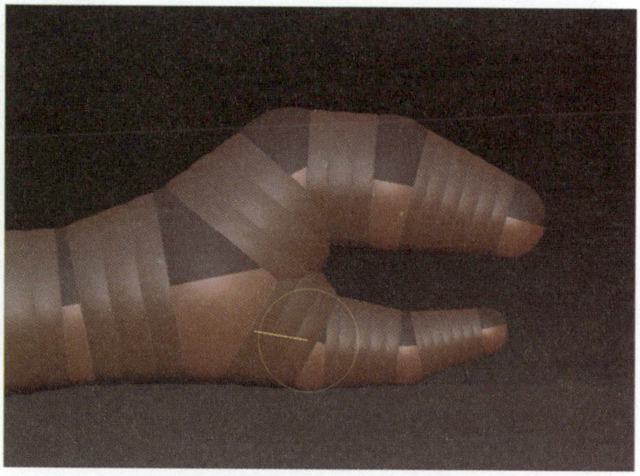

图3-99 调整龟的头部结构

图3-100 创建出龟的大体形体造型

3.5.2 Polymesh网格细节

(1) 制作完乌龟的大体造型之后，按A键切换到网格预览模式观察模型，然后单击Tool调控板下的SDiv按钮，调整滑块为1级细分，如图3-101所示，效果如图3-102所示。

(2) 单击Tool调控板下的SDiv按钮，调整滑块为2级细分，如图3-103所示，然后使用Morph笔刷，选择Freehand笔触雕刻出龟的基本细节造型，效果如图3-104所示。

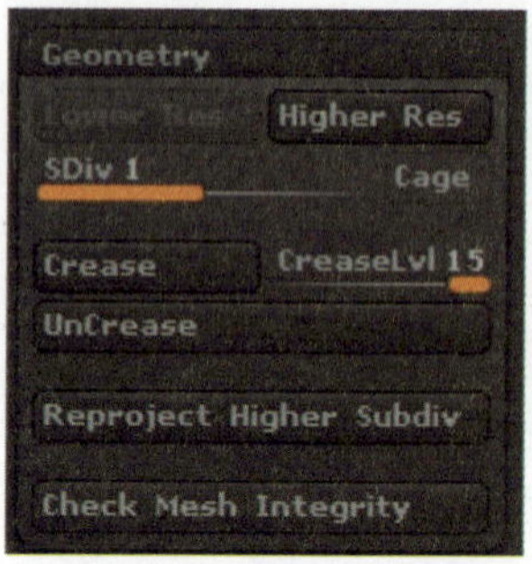

图3-101 调整细分级别

图3-102 模型在1级细分级别下的网格预览效果

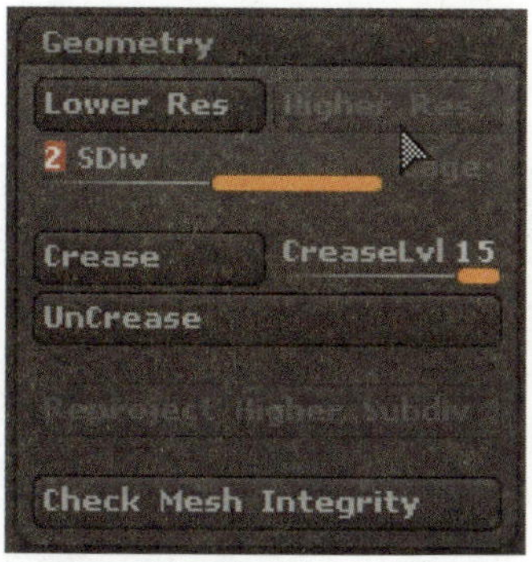

图3-103 调整细分级别为2

图3-104 刻画龟的造型

3.5.3 雕刻模型细节

(1) 单击Tool调控板下的Geometry按钮，然后调整GroupsLoops按钮右侧的Loops滑块为4，Polish滑块为50，这是一个选择局部雕刻的参数设置，如图3-105所示，然后使用Morph笔刷，选择Freehand笔触继续雕刻出龟的背部细节，效果如图3-106所示。

图3-105 设置局部雕刻参数

图3-106 雕刻龟的背部细节

(2) 单击Tool调控板下的SDiv按钮，调整滑杆为3级细分，然后使用Morph笔刷，选择Freehand笔触雕刻出龟的背部壳状细节，效果如图3-107所示。

(3) 单击Tool调控板下的SDiv按钮，调整滑块为4级细分，然后使用Morph笔刷，选择Freehand笔触雕刻出龟的背部壳状细节，效果如图3-108所示。

图3-107 在3级细分时雕刻龟背部的壳状造型

图3-108 在4级细分时雕刻龟背部的造型

(4) 完成背部造型的雕刻后，继续雕刻龟的腹部龟壳和其他部位的细节纹理，效果如图3-109～图3-111所示。

图3-109 雕刻龟的腹部龟壳

图3-110 雕刻龟的腹部龟壳和其他部位的细节

图3-111 深入刻画龟的腹部龟壳和其他部位的细节

3.5.4 绘制模型纹理

仅仅雕刻了纹理，龟的整体形态还显得不够真实。ZBrush的最大优势和特点就在于它能够将丰富的纹理通过Alpha作用在模型表面，生成真实的效果，比如皮肤肌理、金属颗粒等。

(1) 利用Alpha纹理在龟的四肢和头部添加纹理，如图3-112和图3-113所示。

图3-112 添加皮肤肌理(1)

图3-113 添加皮肤肌理(2)

(2) 利用Alpha纹理在龟的腹部添加纹理，如图3-114和图3-115所示。

图3-114 添加龟的腹部龟壳纹理(1)

图3-115 添加龟的腹部龟壳纹理(2)

(3) 同上，添加背部的龟甲纹理，最终完成龟的整体造型，如图3-116、图3-117和图3-118所示。

图3-116 完成龟的整体造型(1)

图3-117 完成龟的整体造型(2)

图3-118 完成龟的整体造型(3)

3.6 本章习题

一、填空题

1．在ZBrush中主要有两种建模思路，可以选择从________开始建模，或者使用ZBrush强大的________来制作模型。

2．ZBrush的每个绘图工具都受________的影响，它控制了笔刷的表现方式，而且可以让笔刷产生柔和或锐利的边缘，用于制作凹凸、裂缝等效果。

3．旋转ZSphere时必须激活编辑工具栏中的_________按钮，然后单击并拖动一个ZSphere旋转，这个ZSphere将基于它的父球旋转，单击并拖动_________将让整个连接基于父球旋转。

二、简答题

1．简述ZBrush基本的3D形体和扩展类形体有哪些？

2．简述ZBrush在次世代游戏制作中的运用？

3．简述ZBrush自适应蒙皮的使用？

三、操作题

根据本章节中介绍内容，使用ZSphere创建一个简单的小角色。

第4章

法线贴图及顶点着色的应用

章节描述

本章节比较详细地介绍了次世代游戏贴图的制作流程、法线贴图与传统游戏贴图的区别，重点介绍了法线贴图的概念、原理以及在游戏制作中发挥的作用。

本章还较为详细地介绍了顶点着色的概念、原理以及在游戏中的应用，而且讲解了3ds Max 2010中指定顶点颜色工具的基础操作，并通过实例分别讲解了使用3ds Max和ZBrush在游戏开发中进行顶点着色的操作。

教学目标

- 了解法线贴图的概念及原理。
- 了解法线贴图与传统贴图的差异。
- 掌握次世代贴图的制作流程。
- 掌握3ds Max顶点色的基本操作。

教学重点

- 掌握次世代贴图的制作方法。
- 掌握3ds Max顶点色的基本操作。

教学难点

- 掌握使用3ds Max顶点色在游戏中的操作。
- 掌握使用ZBrush顶点色在游戏中的操作。

4.1 法线贴图技术概述

随着市场竞争的加剧及游戏开发门槛的提高，“次世代”的概念正越来越多地被应用到网游中。次世代网游是把次世代游戏开发技术融入到网络游戏的制作之中，通过增加模型和贴图的数据量并使用次世代游戏引擎改善网络游戏的画面效果，使网络游戏可以达到主机平台游戏的画面效果。和传统的3D网游相比，次世代网游的画面更加华丽，也受到越来越多的玩家的青睐，代表了当今网络游戏的主流。

法线贴图制作技术是次世代游戏区别于传统游戏的主要特征，但这并不是一项新的技术，曾经被用于非交互式的3D渲染中。从2004年开始，法线贴图被广泛用于当时的次世代游戏制作，比如《毁灭战士》(Id Software公司)、《半条命2》(Valve Software公司)、《光环2》(微软)、《神偷3死亡阴影》(Eidos Interactive公司)等，为玩家带来了空前的真实视觉感受。

在3D电脑图像中，法线贴图只是一种很流行的凹凸(Bump)贴图技术，它的作用在于可以使较低面数的多边形，具备更多真实的模型细节，Bump贴图改变了向量的数量，法线贴图则改变了向量的数量与方向。

4.1.1 法线贴图的基本概念

什么是法线贴图技术呢？这是一种用来实现3D效果的技术，从理论上说，“法线”是垂直于特定平面的向量，用以记录反射光线的角度。法线贴图是为模型所有三角面顶点上的每个像素赋予假的法线，这种反射不是按照真正的多边形计算，而是根据法线图表面的向量计算出来的，因此它不会改变模型的形状，只是计算了轮廓线以内的大量额外细节，最终生成凹凸效果的贴图，如图4-1所示。

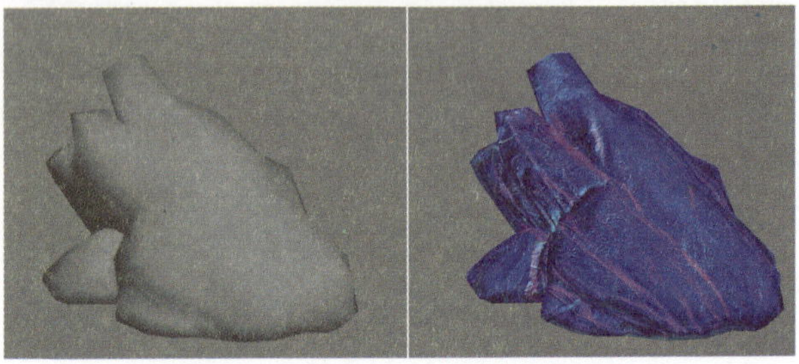

图4-1 法线贴图的凹凸效果

在制作游戏的过程中，经常会出现这样的情况，房屋的墙壁、地面就是一个平面物体构成的，而这个平面在游戏中并不是一个“平”面，比如砖墙的表面纹理、地面的碎石头以及带有石质浮雕等。这样的情况如果要求游戏开发人员将复杂的3D细节都做出来是不现实的，因为即使不计较在建模时候的复杂度，过多的3D细节也同样会大量消耗显示芯片的性能，让游戏根本没有可玩性。

为了利用更少的面来实现一个比较真实的纹理，可以为这个平面模型赋予一个贴图，利用贴图的纹理实现一定的凹凸效果。但是这种方法实现的效果并不好，因为如果视角一变化，看起来就会像一张简单的画有图案的平面了，如图4-2所示。

图4-2 为桥面指定一个颜色贴图

如果通过法线贴图的原理和技术，就可以保证场景在视角变换以后仍然保证有较为明显的凹凸效果，如图4-3所示。

图4-3 为桥面指定了法线贴图的效果

4.1.2 法线贴图的原理和作用

虽然我们常常听到法线贴图的说法，但对于很多读者来说，法线贴图真正的原理和作用可能会比较陌生或者只有一个模糊的概念，针对这种贴图，我们谈谈它的基础运算理论，向大家做一个比较直观的介绍。

我们知道，人之所以能够对景物产生立体感的主要原因是因为人有两只眼睛。两只眼睛看的景象是不同的，所以人们才能分辨出立体感来。但是，由于电脑的屏幕是一个平面，分辨3D效果就只能靠光影效果来实现了。

举个简单的例子，这就像我们画素描的时候，为了让一个球体看起来具有立体感，那么就必须让球体的一些区域是亮的，一些区域是暗的。而且从亮部转向暗部的时候是一个均匀的按照物理模型特点的过渡，这样画出来的球体才像个球体，如图4-4所示，电脑为我们呈现立体画面的过程也是一样。

图4-4 球体的明暗变化决定立体效果

基于这个道理，我们就不难理解可以通过贴图局部的亮暗变化来实现假的 3D 效果。换一种说法就是说可以通过在贴图上的局部做一些明暗的变化来做到一种假的 3D效果，如图4-5所示。

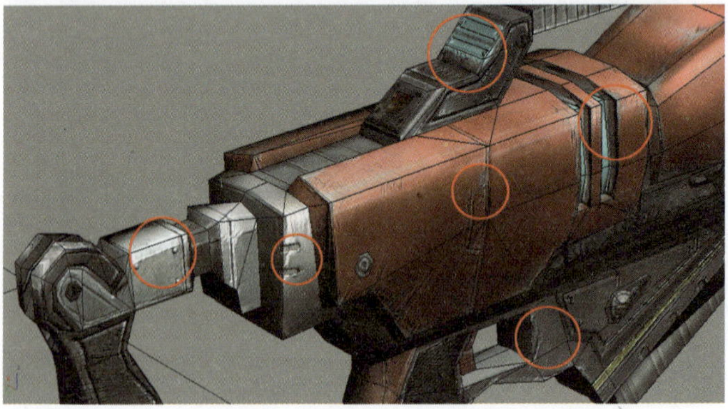

图4-5 光照因角度不同而呈现不同的明暗

那么如何实时地对贴图进行转换呢？如果要实现虚拟的光影变换，最起码需要知道在一个平面上真正的凹凸的情况，这样才能让显示芯片进行运算，生成一种假的凹凸的效果。

显然，记录真实的凹凸模型是得不偿失的——如果那样的话就没有任何意义了，我们需要用一种非常简单的方法来记录一个贴图的凹凸情况，于是就诞生了一种全新的方法，法线贴图技术。

法线贴图的作用就是记录了一个需要进行光影变换的贴图上的各个点的凹凸情况的贴图，显示芯片根据这个贴图的内容，来实时地生成新的有光影变化的贴图，从而实现立体效果。

那么，究竟怎样利用法线贴图记录一个平面或者说是一个贴图的凹凸情况呢？学过初中物理的朋友一定还都记得，表示光线射向平面的角度时通常使用光线和该点法线角度来表示，如图4-6所示。这也就意味着，如果我们将一个贴图上所有点的法线记录下来的话，就不难再利用这些信息实现后期假的凹凸效果了。

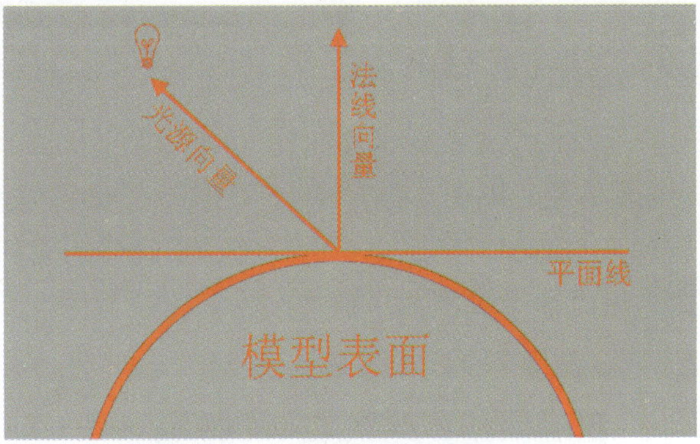

图4-6　光线角度和法线角度

所以当光源向量和模型上的平面夹角小时，表示这个模型平面直接面对光源，会很亮；反之，如果夹角大，表示模型面不直接面对光源，会比较暗。

法线贴图的作用就是把模型表面的法线方向利用贴图提供的信息来改变其方向，我们可以把贴图里的每一个像素都当作是模型上的一个平面，用RGB三个原色记录每个像素的法线方向的(x, y, z)值，如图4-7所示。因为一条法线是一个三维向量，一个三维向量由X、Y、Z 3个分量组成，于是人们以这3个分量当作红、绿、蓝3个颜色的值存储，这样的话就生成一张新的贴图了，这就是法线贴图的来历。

这样，计算时先读取模型的法线方向之后，再用法线贴图上的RGB也就是(x, y, z)值计算一次。

因此，游戏贴图上的法线方向已经不再是传统定义中垂直于平面的法线了，如图4-8所示，而是在一张法线贴图上针对其中一个像素的法线方向做的分析。

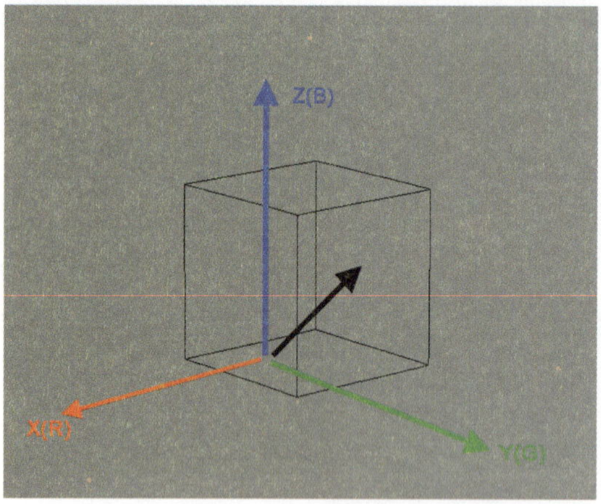

图4-7 采用色彩通道存储法线向量

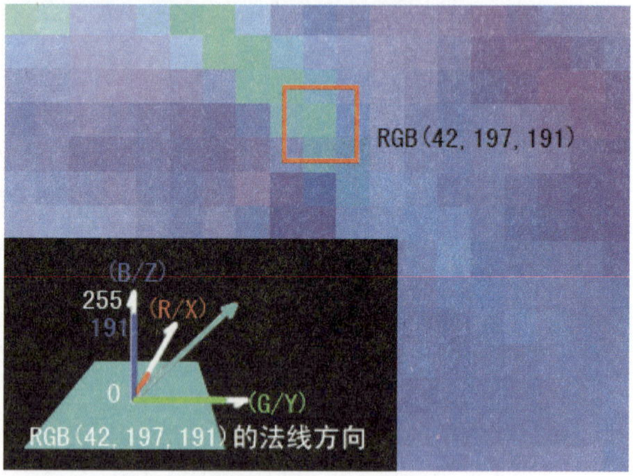

图4-8 法线贴图中的法线角度

有些不了解这个原理的美术人员可能会试图在Photoshop里直接修改，事实上这几乎是不太可能的事，因为它并不是直观的颜色贴图，与其说它是贴图，不如说它是储存数据的数组。

法线贴图其实并不是真正的贴图，所以也不会直接贴到物体的表面，它所起的作用就是记录每个点上的法线的方向。所以这个贴图如果看起来也会比较诡异，经常呈现一种偏蓝紫色的样子，如图4-9所示。

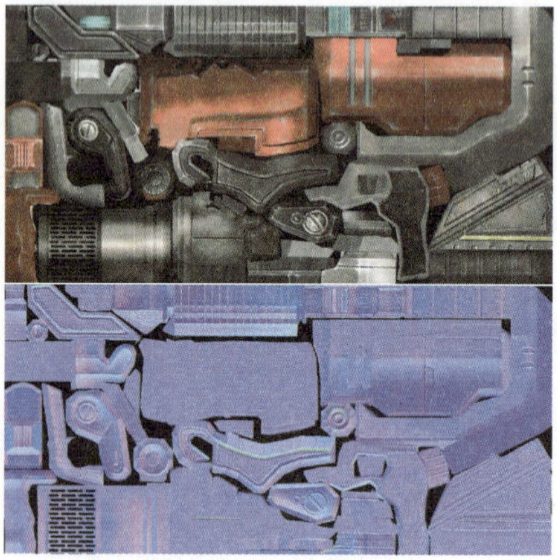

图4-9 纹理贴图及其对应的法线贴图

提示： 事实上，真正的法线贴图并不是记录贴图上每个点的法线的绝对角度，而是记录相对于平面的一个差值。这样的话，随着平面的3D变换都能够实现即时的法线运算了。

综上，采用法线贴图技术的优势就是利用很少的资源实现效果非常好的凹凸效果，如图4-10所示，从左至右依次为30000个三角面的原始模型，简化后的500个三角面的简化模型。如图4-11所示为简化后的模型指定法线贴图效果。

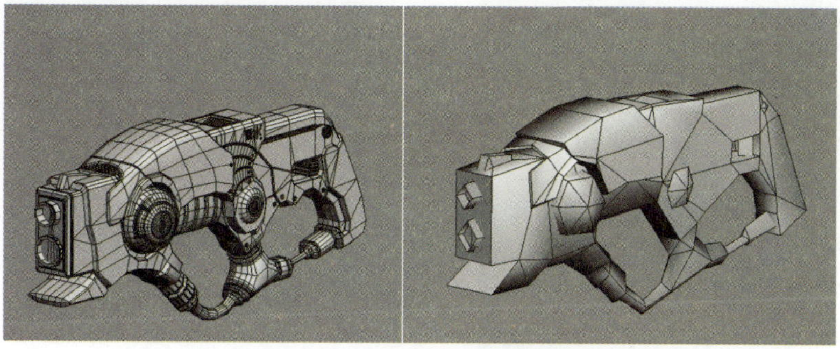

图4-10 高低面数模型比较

图4-11 指定法线贴图后的500面模型

4.1.3 法线贴图与传统贴图的差别

模型和贴图是决定游戏美术品质的两大因素。模型细节的多少以及贴图精度的高低直接决定了游戏的画面品质。造成次世代贴图和传统贴图差别的主要原因有两点，一是由于图像技术的突破，二是硬件和引擎性能的不断提升，使贴图数量得到提高。这两个因素使得次世代贴图有了更大的发挥空间。

次世代贴图是由颜色贴图(Color Map)、法线贴图(Normal Map)、高光贴图(Specular Map)、凹凸贴图(Bump Map)组合而成的一整套贴图。每个部分所发挥的功能说明如下。

颜色贴图(Color Map)是最基础也是使用最多的贴图类型，如图4-12所示，主要用于表现贴图的色彩、立体空间和纹理效果，对美术功底要求较高。

法线贴图(Normal Map)记录了贴图里每个像素的法线方向，它不能当成一般的贴图来看，它记录了图面上每一个像素的法线向量数据，如图4-13所示。

图4-12 颜色贴图

图4-13 法线贴图

高光贴图(Specular Map)记录了贴图细节的高光及受光度，如图4-14所示，这个贴图跟法线贴图是互相搭配的，图面上的立体效果其实是靠高光体现出来的，高光贴图可以针对局部高光做结构上的突显和强化，达到更真实的视觉效果(针对高光贴图在下面的文章中做进一步的说明)。

高光贴图在定义上是针对某个特定的角度范围反光，而不是全范围的漫射光。基本上高光的亮度取决于面的法线方向和摄像机与光源的平均方向，除此之外，高光贴图还可以反映不同的材质，例如金属的反光范围较小，比较接近全范围的漫射光，而且高光还可以体现结构的光滑程度。

凹凸贴图(Bump Map)是透过灰度贴图来得到细节实际凹凸的信息，然后在三维空间中进行准确的位置运算，有一点需要提醒的是，只有贴图中有比较明显的凹凸才需要用到凹凸贴图，如图4-15所示。如果凹凸不太明显，则用凹凸贴图的效果并不大。

传统贴图的特点如下。

(1) 在传统贴图中，颜色贴图发挥多重的作用，高光、阴影、凹凸的三维效果都要同时透过贴图表现出来。高光和阴影不会因光源方向的变换而改变。

(2) 贴图尺寸小，为了节省贴图，所以用无缝贴图来贴满整面墙，容易看出有重复，影响画面品质。而且因为需要考虑无缝贴图衔接的关系，所以不能有特别突出的细节。

(3) 整体的立体感较弱，传统贴图只能表现比较缓和的高光和阴影，太强调贴图本身的光影会对游戏场景里实际光源的打光效果产生干扰。

图4-14 高光贴图

图4-15 凹凸贴图

次世代贴图的特点如下。

(1) 次世代贴图除了颜色贴图之外，还有法线贴图(Normal Map)、高光贴图(Specular Map)，有的还用凹凸贴图(Bump Map)，是几张贴图组合成的一套贴图。高光和阴影可以随光源方向的变换而相应有不同的光影效果，有了法线贴图(Normal Map)、高光贴图(Specular Map)，透过贴图上所提供的信息，即可随着光源方向的不同而做相应的光影效果运算。

(2) 高精度的贴图画面，贴图尺寸比较大，四方连续的次数少了，可以加入更多独特的细节。

(3) 很好的三维效果。透过法线贴图(Normal Map)、高光贴图(Specular Map)、凹凸贴图(Bump Map)的组合可以产生很多微妙的立体细节变化。以前因为贴图限制而无法深入的细节现在可以有进一步的发挥。

4.2 次世代游戏贴图的制作

制作法线贴图的目的是配合其他贴图来表现模型细节，因此本节通过具体实例的制作，讲解次世代贴图的制作方法和流程。

4.2.1 高质量的次世代贴图标准

颜色贴图：应该用高精度的图片制作，不但要精度高，而且还要具有丰富的细节，要尽量可以二方连续或四方连续以达到最高的利用率，贴图的精度必须符合制作上的需要，如图4-16所示，在选用图片来源时如果精度不够会使贴图的细节达不到要求。

图4-16 二方连续的颜色贴图

高光贴图：高光对强化凹凸贴图和法线贴图的凹凸感有很大的帮助，可以创造出更真实的感觉，通常手绘高光贴图会比直接用Photoshop转得好，如图4-17所示。

图4-17 高光贴图

法线贴图：这是从贴图上增加细节而不是直接把高精度的三维模型放在场景中，如图4-18所示，因此很耗资源，需要有效的利用，它和其他的法线贴图连续融合在一起会更好。

次世代的贴图相当强调真实度，它所要营造的是一个虚拟的游戏世界，用来构建这个想象世界的元素需要和真实的世界有一定的关联，美术人员除了要有很好的审美能力之外，还要对这个真实世界的细节有很好的观察力，把有趣的元素和细节表现在贴图上，如图4-19所示。

图4-18 表现细节纹理的法线贴图

图4-19 次世代游戏场景物件

4.2.2 法线贴图(Normal Map)的生成方法

法线贴图的生成方法有两种，一个是通过三维动画软件的功能，比如Maya的Surface Sampler功能，3ds Max的Render To Texture功能，把同一个模型的高低版本的模型对在一起后把高模的细节生成法线贴图记录下来，另一个方法是通过Photoshop里的法线制作插件NVIDIA Tools，把灰阶的Bump贴图提供的高度信息，转成法线贴图。

在Bump贴图里，亮部(浅色)代表比较高的位置，相对的暗部(深色)就比较低，如图4-20所示。利用这种高低关系来换算出每个像素位置的相对高度，然后针对这个高度关系所形成的曲面算出其相应位置的法线角度，如图4-21所示，进而转换成法线贴图。

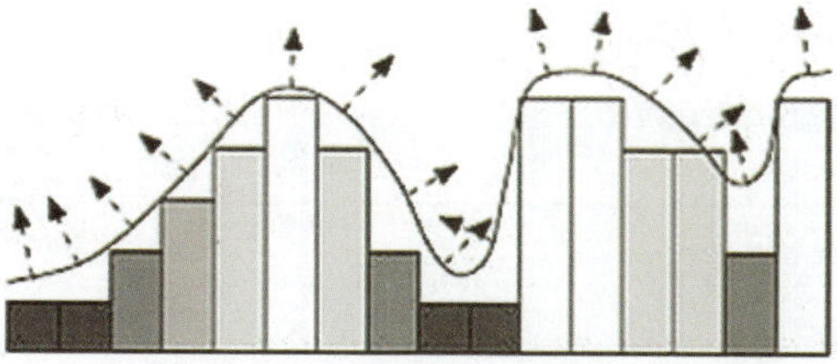

图4-20 凹凸贴图表示的像素高低位置

图4-21 通过像素凹凸位置计算所得的法线角度

有一点需要特别提醒的是，一旦生成了法线贴图，不但无法用手绘的方式针对细节做任何改变，也无法把法线贴图转回灰阶的凹凸贴图。

4.2.3 次世代贴图的制作流程

本节通过制作一张次世代贴图，来具体讲解颜色贴图、高光贴图、法线贴图的制作方法。

1. 制作颜色贴图的方法和流程

(1) 选择一张好的贴图来源图片，可以对制作高质量的贴图起到事半功倍的作用，如图4-22所示。

图4-22 贴图图片

(2) 在Photoshop中把图片(72.55 KB)做成二方连续的贴图，也就是无缝贴图，如图4-23所示，然后去掉过于明显的重复细节，再添加一些细节的纹理，比如木板上的青苔和裂纹，如图4-24所示。

通常在这个阶段不针对颜色贴图的高光阴影部分进行处理，因为需要这些高光阴影来提供纹理的高度信息，为下一步雕刻高模时提供参考。

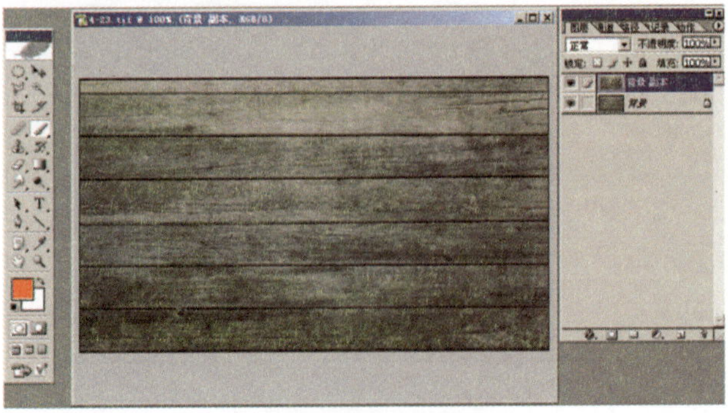

图4-23 制作无缝贴图

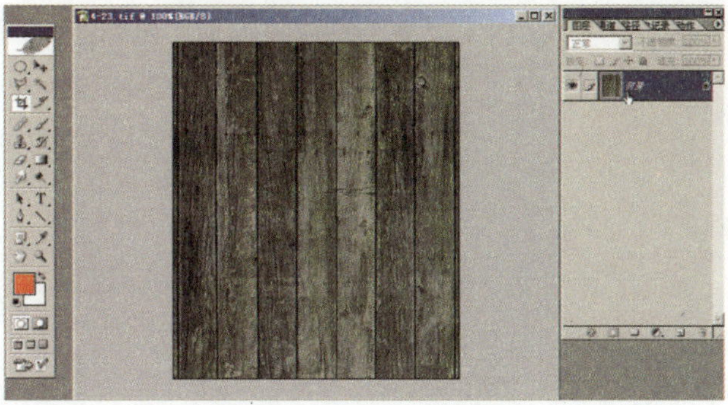

图4-24 添加纹理的细节

2. 用ZBrush雕刻模型细节

早期一些法线贴图的制作是用Photoshop的插件直接将颜色贴图转换过来完成，这种做法会使法线贴图的质量有很大的损失，自从ZBrush 2.0出现以后，人们就可以直接制作高模来生成法线贴图。ZBrush是一个很好用的工具，可以很快地把高模建出来，如图4-25所示。

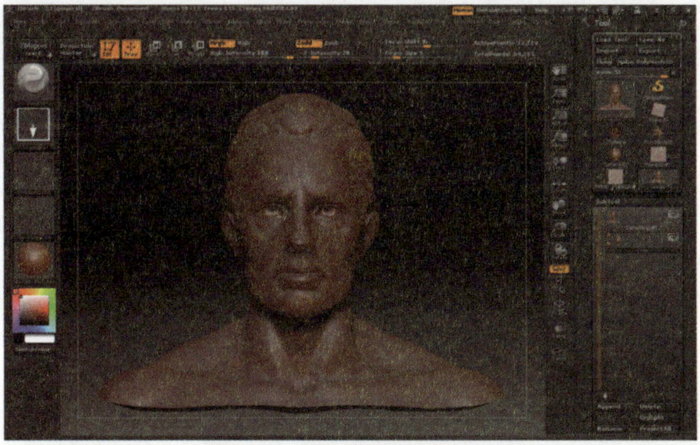

图4-25 使用ZBrush雕刻高模

接下来我们通过一个简单实例来了解ZBrush的雕刻工作。

(1) 运行ZBrush 3.1，创建一个方块平面并细分，如图4-26所示，然后把刚才制作的颜色贴图指定到平面上，如图4-27所示。

(2) 选择适合的笔刷，按照图片上的纹理雕出凹凸效果，如图4-28和图4-29所示。

3. 生成法线贴图

(1) 把在ZBrush中雕刻好的材质纹理，使用Export的方式导出，然后在Photoshop中同时打开雕刻的纹理和颜色贴图，接着在边缘部分使用二方连续处理的方法，修整凹凸贴图，如图4-30所示。

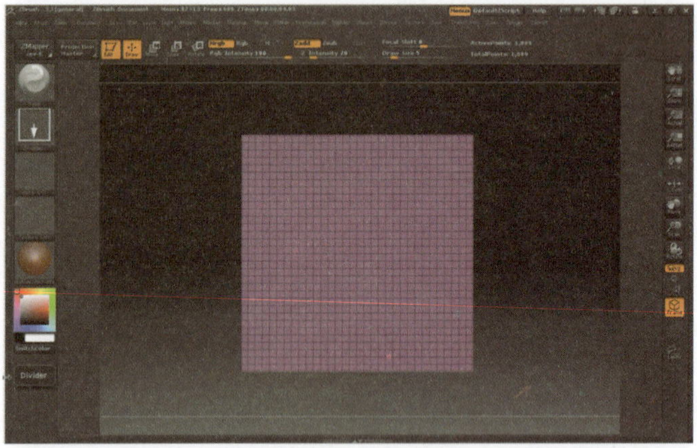

图4-26 细分平面

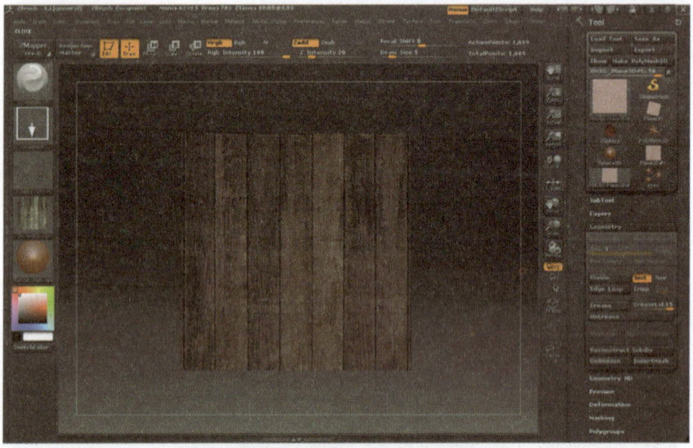

图4-27 指定贴图

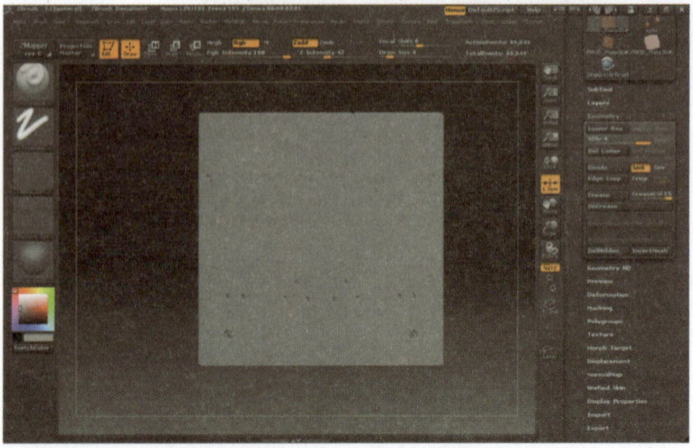

图4-28 雕刻纹理的凹凸效果

图4-29 完成凹凸效果的雕刻

图4-30　生成凹凸贴图

(2) 生成法线贴图时是用生成的凹凸贴图在Photoshop中进行转换。先把凹凸贴图的接缝处理一下，然后加入细部纹理，再把颜色贴图去色，接着适当降低透明度，再迭加到凹凸贴图上，最后利用Photoshop的NVIDIA Tools插件将灰阶的凹凸贴图转成法线贴图，如图4-31所示。

4．制作高光贴图

制作高光贴图需要将颜色贴图去色，过滤出高光的部分。注意凹凸贴图所提供的凹凸信息，凸起的部分本身受光度就比较高，凹下去的地方不太受光，将这两个贴图适当地调整对比度后叠加，然后因材质的不同整体调整灰度来区别其受光度，再针对特定的细节或结构进行调整修改，如图4-32所示。

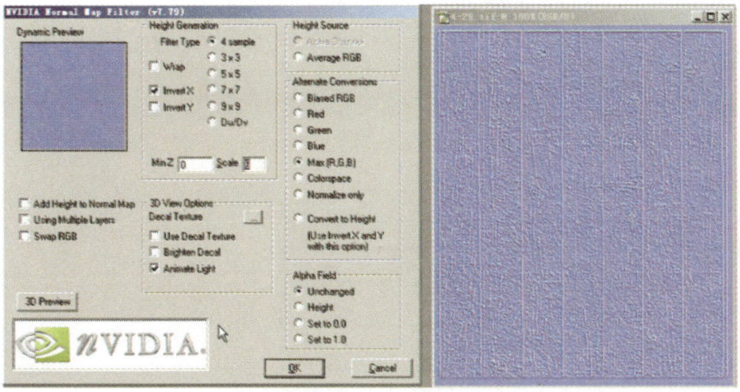

图4-31　生成法线贴图

图4-32　高光贴图

5．完成颜色贴图

颜色贴图不能带高光阴影，如果颜色贴图带有高光阴影会干扰游戏场景中实时的光影效果，所以要把高光和阴影去掉，如图4-33所示。

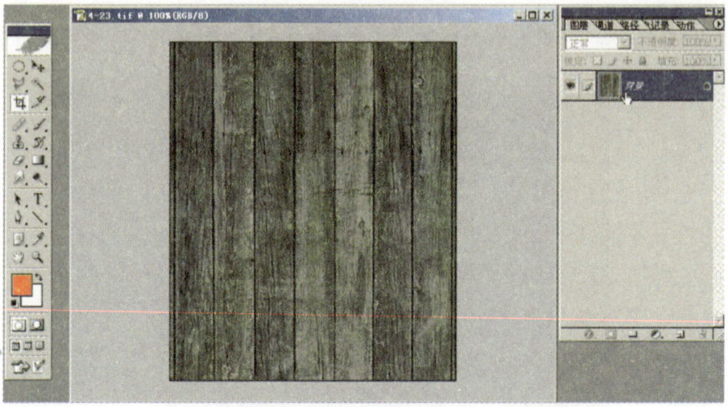

图4-33 去掉颜色贴图的高光和阴影

6．测试结果

(1) 在Maya或3ds Max里建一个四方平面，以3ds Max为例，如图4-34所示，然后按下M键打开材质编辑器，再打开DirectX Manager卷展栏，接着选择Metal Bump9模式，如图4-35所示。

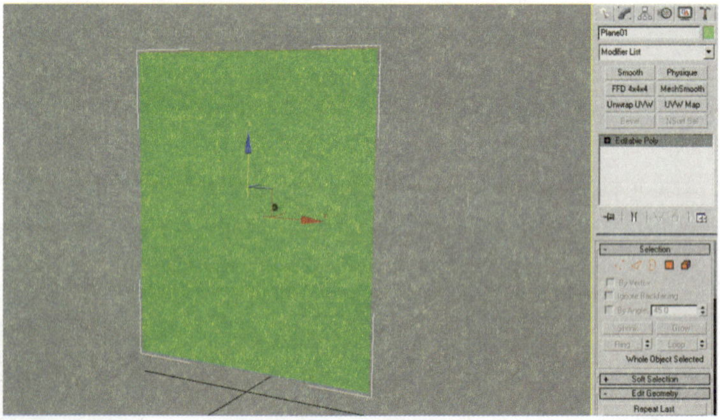

图4-34 创建平面

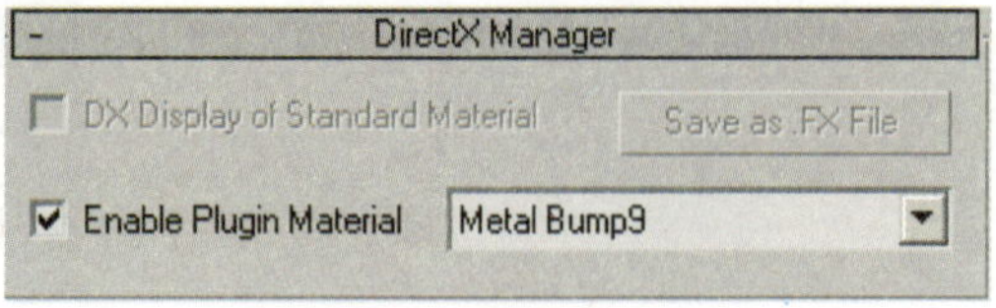

图4-35 设置材质参数

(2) 打开DirectX Shader-Metal Bump 9卷展栏，把颜色贴图放在Ambient & Diffuse通道，把法线贴图放在Normal通道，把高光贴图放在Specular通道，如图4-36所示，然后就可以在视图中看到显示结果，如图4-37所示。

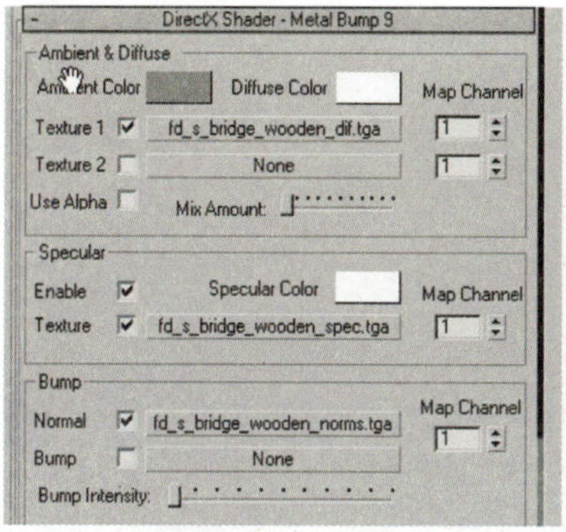

图4-36　设置显示参数

图4-37　平面被指定贴图后的效果

4.3　顶点着色的应用

对于游戏这门艺术来说，光影效果的表现是最具有挑战性的部分之一。这是因为，精确计算光照所要求的计算能力总是不能完全地创造出一个实时(REAL-TIME)的环境。在当今的游戏中，光影效果可以用几种方法来创建，每一种方法都有着自身的优劣之处。对于一个游戏美工来说，就必须要根据不同的游戏要求做出一些正确的选择，来达到你所需要的效果。为游戏添加光照效果时，不仅需要掌握一些工具和技巧来实现场景效果，而且也要努力把精妙的想法和美学的知识结合起来。

本节将介绍一种逐渐被用于为游戏创建实时光影效果的方法——顶点着色。

4.3.1　顶点着色的基本概念

大多数的3D软件和游戏引擎都支持顶点着色功能。当我们使用这些软件和引擎研发一款游戏时，应该清楚地知道，场景中的每一个顶点(Vertex) 都有一种颜色与其关联。正常情况下看不到这些顶点颜色的原因是，它的默认颜色是中性灰色(128,128,128)，而3ds Max中的白色是(256,256,256)。除非把一种新的颜色实际指派给一个顶点，并且让3D软件来显示这些颜色，否则是不会看到的。

3ds Max的顶点着色允许烘焙复杂的纹理和渲染颜色树信息作为物件顶点颜色的基础属性。

这与Render Map相似，但顶点着色是将表面的纹理信息烘焙为顶点颜色(Color At Vertices，简称CAV)的属性。因此，着色的质量大部分取决于多边形的顶点密度。

我们还可以按照这种方式来理解顶点着色：基本上来说，是把颜色印在模型的几何图形之中。当模型已经具有了贴图纹理，顶点着色的绘画层就被叠加在这个纹理之上，如图4-38所示。叠加是最常用和最普遍的方式。顶点着色类似于在纹理上铺设一层着色的透明薄膜，每个顶点颜色的RGB值被乘以纹理中的RGB值。

图4-38 绘制的颜色迭加到基础纹理上面

4.3.2 游戏中顶点着色的应用

顶点着色在游戏开发方面很有用，因为可以将基本的纹理信息和光照信息直接烘焙进场景物体。这样就可以删掉一些灯光以减少计算量和整体场景的大小，顶点着色的游戏场景效果如图4-39所示。

图4-39 顶点着色的游戏场景

这种方法不倚赖于图片或者工具，甚至在某些方面还要优于传统的方法，但也存在一些局限性，比如设置繁琐。

4.3.3 顶点颜色基础应用

本节主要介绍3ds Max 2010中的顶点着色工具，要使用此工具的功能，只要进入Utilities(工具)面板，然后打开Utilities卷展栏，再单击More按钮打开Utilities对话框，接着选择Assign Vertex Colors(指定顶点颜色)工具即可完成此工具的启用。

1. 顶点着色的基础操作

启动Assign Vertex Colors工具后，单击Assign to Selected按钮把顶点着色工具指定给选择的对象和场景，就可以使用VertexPaint(顶点绘制)修改器，进行相应的绘制工作，这时可以进入"修改"面板修改参数或访问VertexPaint颜料盒工具，如图4-40所示。

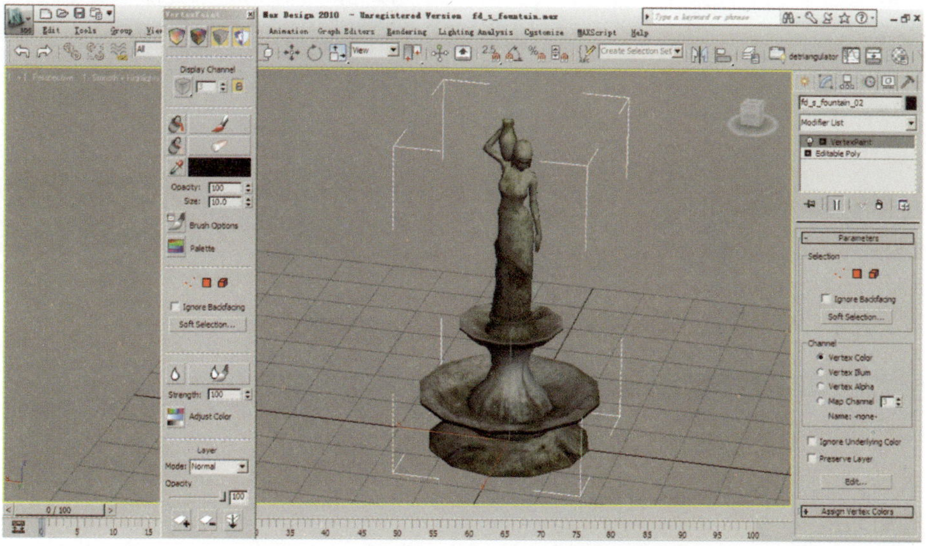

图4-40 VertexPaint的参数和颜料盒工具

指定顶点颜色工具支持Radiosity(光能传递)。如果以指定的顶点颜色使用光能传递，那么要确保启用Radiosity，Reuse Direct Illum.from Solution(重用光能传递解决方案中的直接照明)选项。该选项位于Rendering Options(渲染选项)卷展栏中，如图4-41(a)所示。启用该选项后，渲染器通过光能传递解决方案简单地显示指定的顶点颜色，严格来说，它并没有渲染。

Radiosity，Render Direct Illumination(渲染直接照明)也位于Rendering Options(渲染选项)卷展栏上，若选择此选项，则Assign Vertex Colors从光能传递网格获取直接照明，而且单独渲染直接照明；或者对应于使用选项Indirect Illum.Only(只用间接照明)，这时Assign Vertex Colors对顶点进行排除，完全不应用直接照明顶点。

要渲染顶点颜色，必须在对象材质编辑器的漫反射组件中应用含有顶点颜色贴图的材质。

要查看视图中顶点的颜色，需右击该对象，从快捷菜单选择对象属性，然后选中Vertex Channel Display(顶点通道显示)复选框，并确认下拉列表框中选项为Vertex Color(顶点颜色)，如图4-41(b)所示。

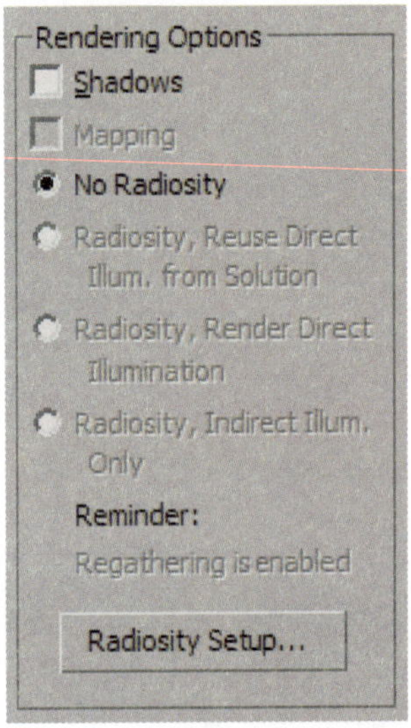

(a)

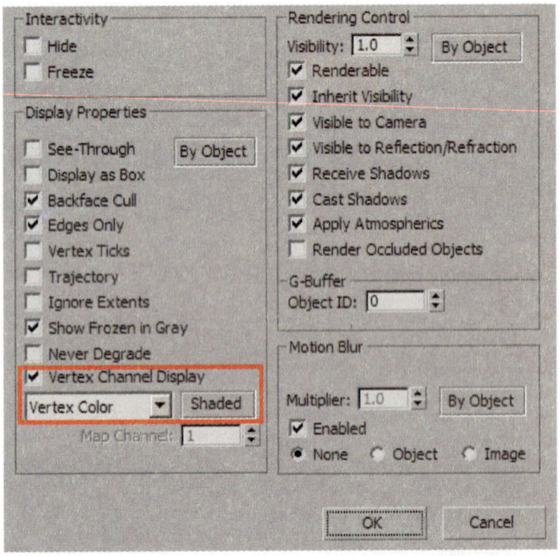

(b)

图4-41 查看顶点颜色的设置

指定顶点颜色工具的参数界面如图4-42所示，各选项的含义介绍如下。

1) Channel(通道)选项组

在这里可以选择顶点颜色工具指定的通道类型，如图4-43所示。如果选择贴图通道，那么也可以指定贴图通道 ID 号。

- Vertex Color：分配一个顶点的颜色层。
- Vertex Illum：分配一个顶点光照层。
- Vertex Alpha：指定一个顶点的透明度层。
- Map Channel：分配一个专门编号的贴图通道。使用这种方法可以定义通道ID。
- Name：如果一个通道有一个名字定义，它会出现在这里。

2) Light Model(灯光模型)选项组

指定影响顶点颜色的选择，如图4-44所示。

- Lighting + Diffuse：使用当前场景的灯光和材质，影响顶点的颜色。
- Lighting Only：只使用当前灯光指定顶点的颜色，而忽略材质特性。选择此选项后，无法在渲染选项设置“阴影”和“贴图”的选项。

● Diffuse Only：使用材质的漫反射颜色，忽略了照明。

3) Rendering Options(渲染选项)选项组

通过本组中的选项，可以选择在顶点颜色中是否包含阴影、纹理贴图或光能传递解决方案。顶点颜色的渲染选项设置界面如图4-45所示。

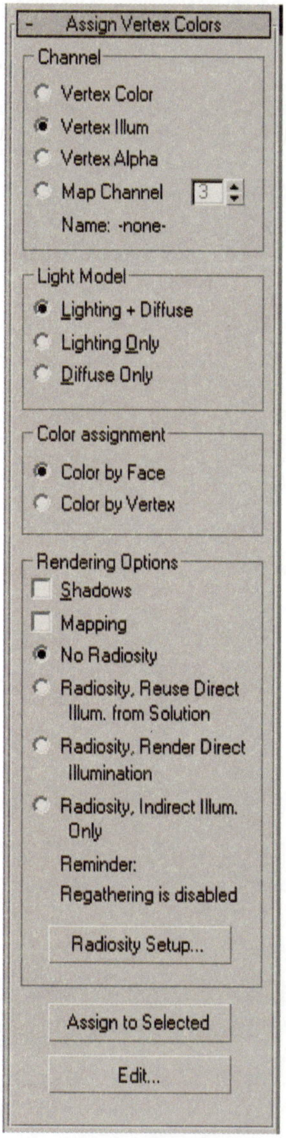

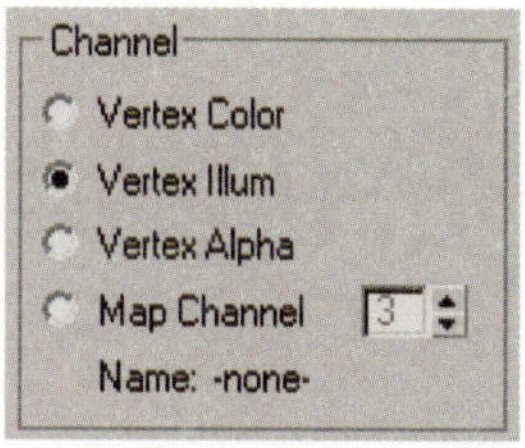

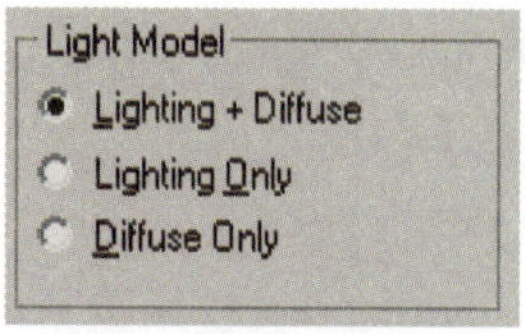

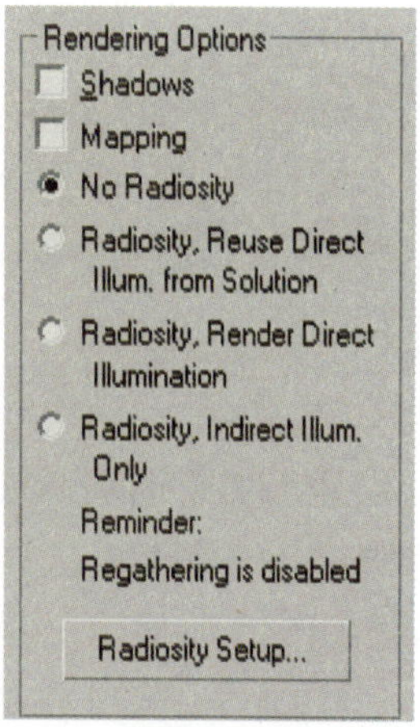

图4-42 顶点着色功能界面 图4-43 通道组参数界面 图4-44 灯光材质组参数界面 图4-45 渲染选项组界面

- Shadows：选中时使用顶点阴影。默认为禁用。
- Mapping：启用该选项后，顶点明暗处理时使用纹理贴图。默认设置为禁用状态。
- No Radiosity(无光能传递)：指定顶点颜色时不使用光能传递解决方案。注意该选项是唯一可用的选项，除非场景中存在光能传递解决方案。
- Radiosity, Reuse Direct Illum.fromSolution(光能传递，重新使用解决方案中的直接照明)：包括顶点颜色指定中的光能传递，并使用解决方案的直接照明。该选项相当于渲染参数卷展栏中的重用光能传递解决方案中的直接照明选项。该选项禁用阴影切换，因为不需要重新计算阴影。
- Radiosity, Render Direct Illumination(光能传递，渲染直接照明)：在顶点颜色指定中包括光能传递，但是使用单独的过程来渲染直接照明。该选项相当于渲染参数卷展栏中的渲染直接照明选项。
- Radiosity, Indirect Illum.Only(光能传递，仅间接照明)：在顶点颜色指定中只包括光能传递解决方案中的间接照明。该选项禁用阴影切换，因为不需要重新计算阴影。

2．VertexPaint颜料盒简介

VertexPaint的颜料盒，是一个充满各种绘画工具的浮动工具箱，如图4-46所示。当VertexPaint修改器应用到一个或多个对象后，该颜料盒会自动启动。可以通过单击在其窗口右上角的×按钮关闭颜料盒。进入“修改”面板，单击Edit按钮可以再次打开它。

1) 顶点颜色显示控件

使用颜料盒面板顶部的四个图标可以控制顶点颜色在视图中的显示模式，如图4-47所示。可以轻松切换顶点阴影和无阴影色彩模式，或关闭顶点颜色和/或纹理贴图的显示。

(1) Vertex color display – unshaded(顶点颜色显示-无阴影)。

在顶点颜色显示模式下显示当前选择的一个或多个对象。这种模式是对相同的对象提供一个属性菜单(右击对象，选择“属性”→“打开顶点颜色显示属性”组进行顶点色的绘制，注意确保阴影是关闭的)。

(2) Vertex color display – shaded(顶点颜色显示-阴影)。

显示当前选定对象顶点的彩色显示模式，可显示光照(阴影)。这种模式是对相同的对象属性菜单进行颜色的区别(右击对象，选择“属性”→“打开顶点颜色显示属性” 组，确保所提供的阴影正确显示)。

(3) Disable vertex color display(禁用顶点颜色显示器)。

显示当前选定对象的阴影模式，不显示顶点的颜色。

(4) Toggle texture display切换纹理显示。

显示或隐藏选定对象的纹理贴图显示。

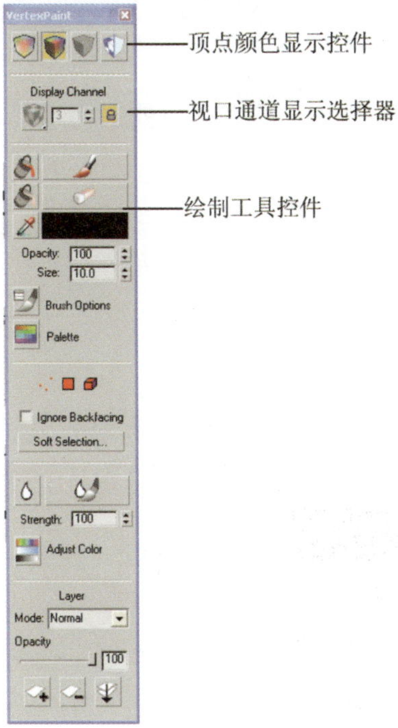

图4-46 VertexPaint的颜料盒

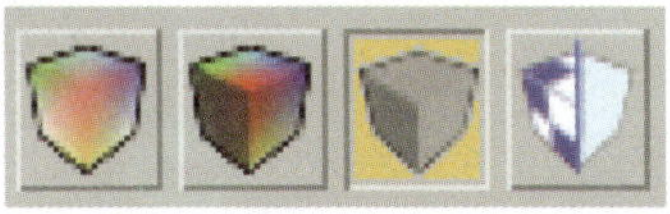

图4-47 顶点颜色显示模式

2) 视口通道显示选择器

(1) 通道选择图标：用于选择在哪一个贴图通道显示和绘制，包括以下选项。

- Vertex colors(顶点颜色)：在视窗中显示顶点颜色通道。
- Vertex alpha(顶点透明通道)：在视窗中显示和绘制顶点透明通道。
- Vertex Illum(顶点光)：在视窗中显示和绘制顶点光通道。
- Map Channel(贴图通道)：可定义一个贴图材质ID号。

(2) “贴图通道显示”微调器。

在此控件中可以选择上面列出的4个常规通道以外的通道，并仅供显示。如果所选通道当前用于贴图坐标，会看到与UVW值对应的红色/黄色/绿色。

可选择标准通道 Vertex colors、 Vertex alpha和 Vertex Illum包含的一般用于纹理贴图的贴图通道。但需要跟踪自己的约定和/或使用“通道信息”工具跟踪已为每个对象分配的内容。

“贴图通道显示”微调器仅在“贴图通道”显示按钮可用时可用。如果分配新的顶点绘制修改器或创建新层，并且选择特定的数字贴图通道，然后选择“贴图通道”显示，微调器将变为可用。

(3) 锁定按钮。

锁定按钮，使显示通道设置不可用，并自动设置显示通道的任何ID，保持打开的状态下，可以确保一直显示绘制过程。

如果想在另一个通道观察显示效果，无需停止当前的绘制，只要关闭锁定，然后切换显示通道。完成后切换回原来的通道，并再次激活锁定。

3) 绘制工具控件

用来控制绘制和颜色的相关操作，如图4-48所示。可以从色板或场景中选择颜色，选择和调整笔刷大小，或设置绘制压力和灵敏度等。

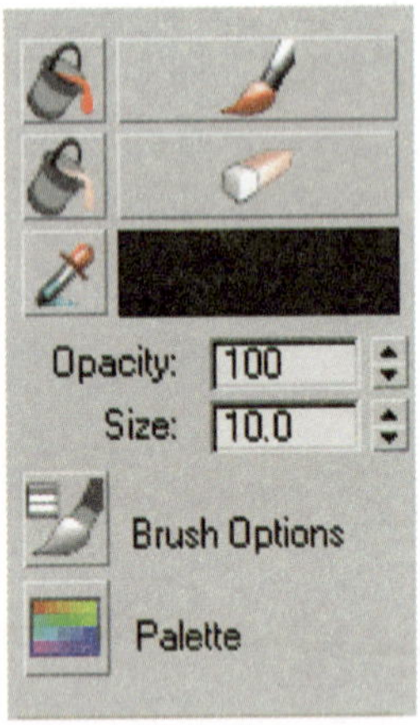

图4-48 绘制工具控件

- 全部绘制：在当前对象或子对象选择上执行常规的画满操作。对于子对象选择(顶点、面和元素)，将画满对应选择。对于软选择，“绘制全部”将基于软选择设置执行“着色”画满，缓慢降低不透明度。
  至于“绘制”按钮，如果已在“修改”面板上打开当前层，则在当前层上绘制；否则，通过将选定对象实例化创建新的顶点层。
- 绘制：开始绘制处理。启用该命令后，通过在视口中的对象上移动，可开始在当前选择上进行绘制。
  如果在“修改”面板中高亮显示了“顶点绘制”修改器，将绘制到该层中。但如果对于选定对象，当前未在“修改”面板中高亮显示顶点绘制层，那么会出现一个对话框，用于创建新的修改器。这会将所有选定对象实例化。
  除非设置了适当的显示模式，否则看不到绘制笔触的结果。确保显示模式与绘制目标匹配。例如，如果在Alpha通道上进行绘制，应确保正在显示Alpha通道。如果正在颜色通道上进行绘制，应显示颜色通道。笔刷笔划将使用“绘制”按钮下方的紧邻的色板中指定的颜色。

- 全部擦除：通过当前的VertexPaint(顶点绘制)修改器，擦除应用于当前选定对象的所有绘画。这样，将能看到对象顶点的基本色。此基本色可能是对象的原始顶点颜色，也可能来自修改器堆栈中它下方的紧邻顶点绘制层。这还支持软选择。
- 擦除：打开一个橡皮擦，可以擦除当前选定的对象颜色。擦除模式实际上是将绘制到当前选定对象的任何颜色从当前绘画层擦除。
- 从对象上选择颜色：用于从当前选择对象选择颜色。颜色可以从一个顶点、面的子对象上选择。通过单击这个按钮可以离开此模式，也可以通过单击其他按钮将其关闭。
- 色板：色板的颜色表示目前绘画时使用的颜色。单击色板可以进入标准颜色选择面板，如图4-49所示。在此处可更改下一个笔刷笔划使用的颜色。它提供标准的“色调”、“饱和度”和“亮度”选择，以及“红色”、“绿色”、“蓝色”选择、数字条目。
- Opacity(不透明度)：控制单个笔刷笔划中(实际上，松开鼠标的任何时候)的当前选定对象所应用绘画的不透明度。此值代表混合到选定对象所应用颜色的新颜料的百分比。连续的笔刷笔划将继续添加此颜色，直到它完全盖住基本色。最大值是100%，最小值是0%。值为50%时，将在单个笔划中均匀混合基本顶点色(在松开鼠标前)。

  笔刷不透明度用于限制每个笔刷笔划的整体效果。如果拾取低不透明量，那么无论移动多远，单个笔刷笔划都只具有较低效果。这会改进颜色浓度的控制，使绘制的所有顶点具有平均浓度。
- Size(尺寸)控制笔刷的直径。值的范围从0~9 999 999。
- 笔刷选项：可以打开绘制选项对话框，从中可以访问高级画笔控件，如图4-50所示。下列选项是标准的“绘制界面”选项组。例如，在用于设置绘画权重的“蒙皮”修改器中，会看到相同选项。

  在此处可找到多种笔刷配置工具，用于更改笔刷笔划选择应用颜色的方式。包含用于镜像绘制模式和使用压力灵敏度的工具。
- 调色板：单击可显示调色板，如图4-51所示。用于创建、编辑和管理自定义的调色板。

4) Layer(层)组

(1) Mode(模式)下拉列表框：用于选择该绘画层的具体混合模式，如图4-52所示。通过选择不同模式，可以将选择对象本身与它下层对象的颜色光照及其他信息互相混合，生成新的颜色组合。这种模式不会破坏基本对象、绘画层以及下面层次的绘制内容。

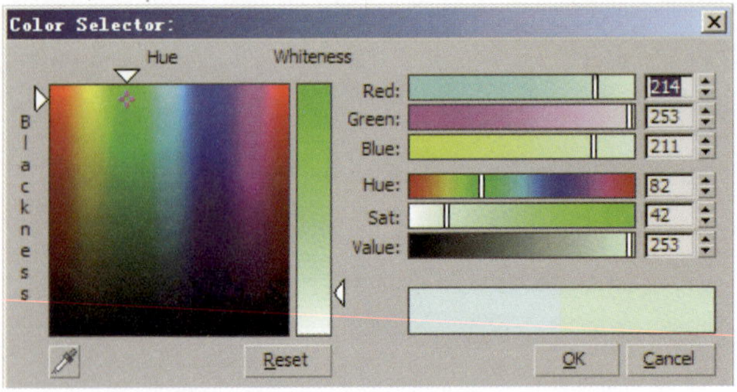

图4-49 颜色选择面板

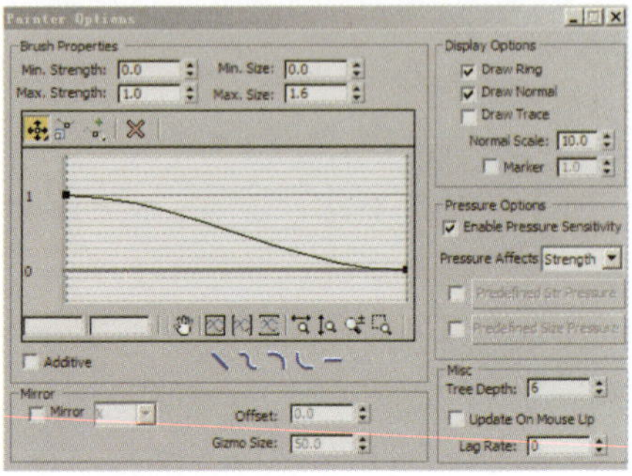

图4-50 绘制选项对话框

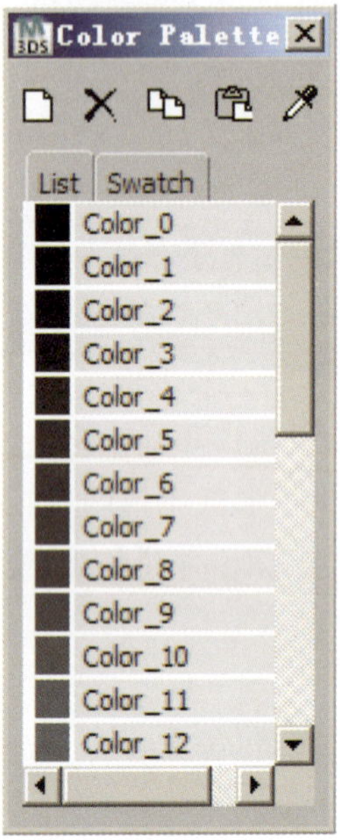

图4-51 调色板面板

图4-52 图层混合模式

下列混合模式可以应用于各个绘画层。

- Normal(正常)：层的颜色完全覆盖基色，默认模式。
- Overlay(叠加)：颜色投影向层颜色改变并可能增加对比色。

如果希望使用不同颜色但仍在相同照明环境下显示对象，可使用此模式。不过，完全明亮或完全黑暗通道永远不受影响，所以如果基础颜色中红色 =100% 而绿色 =0%，那么层颜色不影响红色或绿色通道。

- Screen(屏幕)：查看每个通道的颜色信息，并将混合色的互补色与基色复合，结果色总是较亮的颜色，这取决于该层的颜色。黑色在这种模式下是透明的。

- Multiply(正片叠底)：查看每个通道中的颜色信息并将基色与混合色复合，这取决于该层的颜色。结果色是较暗的颜色。任何颜色与黑色混合产生黑色，与白色混合保持不变。
- Lighten(变亮)：选择基色或混合色中较亮的颜色作为结果色输出。
- Darken(变暗)：选择基色或混合色中较暗的颜色作为结果色输出。比混合色亮的像素被替换，比混合色暗的像素保持不变。
- Color Dodge(颜色减淡)：模拟在暗房中减淡彩色洗印的效果；结果是至少与原来的颜色一样明亮(永远不会变暗淡)。

  对于每个 RGB 通道，如果层在该通道中具有最高值，则输出通道将具有最高值。即使层值低于最高值，输出在该通道中仍然显著变明亮。例如，中红层颜色将为输出添加明显的红色亮度。
- Color Burn(颜色加深)：模拟在暗房中“加深”彩色洗印的效果；结果是至少与原来的颜色一样暗淡(永远不会变明亮)。对于每个 RGB 通道，如果该层在该通道中为零，输出通道将为零。即使层值大于零，该通道中的输出也仍然明显变暗。例如，中红层颜色将明显减少输出中的蓝色和绿色亮度。

接下来的四个光模式基本上会提供“常规”模式的减弱效果与“重叠”模式的增强效果的折中效果。尝试使用降低饱和度的中间值层颜色，因为对于明亮生动的层颜色，照明模式可能过于具有破坏性。在任何照明模式下，灰色的中性层颜色是透明的。

- Soft Light(柔光)：与叠加非常相似，但更柔和，并且不会显著提高对比度。
- Hard Light(强光)：与“常规”模式而不是“叠加”模式更相似，在一定程度上改变颜色投射。和“常规”模式一样，该模式非常具有破坏性，特别是对于明亮的层颜色。
- Vivid Light(亮光)：更亮的层颜色生成“颜色减淡”效果，而更暗的层颜色生成“颜色加深”效果，该效果一般没有“减淡”或“加深”明显。
- Linear Light(线性光)：对于每个 RGB 通道，如果通道中的层颜色具有 50% 的亮度，输出将被调亮，如果层亮度低于 50%，输出将被调暗。例如，如果希望图像顶部具有两倍亮度，而底部具有一半亮度，请从顶部到底部使用从 75% 灰色到 25% 灰色的渐变。

接下来的四个模式用于控制RGB通道图像的通道值。

- Hue(色相)：用基色的亮度和饱和度以及混合色的色相输出结果色。
- Saturation(饱和度)：用基色的亮度和色相以及混合色的饱和度创建结果色。
- Color(颜色)：输出有基础颜色值，色调和色彩饱和度层。
- Luminosity(亮度)：用基色的色相和饱和度以及混合色的亮度创建结果色。

选择合适的混合模式后，单击“修改”面板中的堆栈结果按钮，可以查看当前绘画层与任何一层绘画层的笔触混合的最终结果。

(2) 不透明度滑块：用于设置当前顶点绘画层的不透明度，从0到100%。100%的不透明度意味着当前层是完全不透明的，即不能透过它看到下层的纹理。

图层的不透明度可以设置动画，只要开启Autokey自动关键帧按钮，再移动时间滑块，然后调整微调器的值，就可以记录一个关键帧。

(3) 不透明度文本框：用于输入一个不透明的值。范围= 0(完全透明)到100(完全不透明)。

(4) 新建层：单击可创建一个新的“顶点绘制”层。

(5) 删除图层：单击可删除当前的“顶点绘制”层。这会从堆栈中删除修改器。

(6) 压缩到单个图层：单击可将所有顶点颜色压缩到当前“顶点绘制”修改器中的单个层。使用此选项修改当前修改器中现有的顶点颜色。

压缩层操作包括两部分：首先，3ds Max 将新的“顶点绘制”修改器添加到堆栈中，根据上文介绍的设置，将直接应用的顶点与“可编辑网格/多边形”相结合，该堆栈来自于以前的“顶点绘制”层。然后，删除以前任何的“顶点绘制”修改器。

如果已为特定“顶点绘制”层启用“保留层”，其颜色将被烘焙到新的“顶点绘制”修改器中，但不会从堆栈中删除保留的层。

3. 顶点颜色贴图

顶点颜色贴图设置应用于可渲染对象的顶点颜色。可以使用顶点绘制修改器或指定顶点颜色工具指定顶点颜色，也可以使用可编辑网格顶点控件或者可编辑多边形顶点控件指定顶点颜色。

顶点颜色指定主要用于特殊的应用中，例如游戏引擎或者光能渲染器，可以使用它创建彩色渐变的表面效果，也可以使用它设计视觉效果：使用Vertex Paint(顶点绘制)修改器为风景添加不同的颜色以表示草地、灌木和停车场等，然后使用“顶点颜色”贴图在渲染的图像中应用顶点颜色。当使用地形对象的“按海拔上色”功能时，软件将指定一个使用了“顶点颜色”贴图的材质作为漫反射组件。

如果要查看视图中的顶点颜色，右击对象，在快捷菜单中选择“属性”命令，然后在弹出的对话框中启用“显示属性”选项组中的“顶点通道显示”。

使用顶点颜色贴图的方法为：为对象指定顶点颜色，再为对象指定材质，然后为材质漫反射组件指定一个“顶点颜色”贴图。如果要使用通道信息工具来操纵贴图通道，可以选择一个贴图通道或者子通道来进行渲染。最后渲染该场景。

顶点颜色材质参数设置界面如图4-53所示。

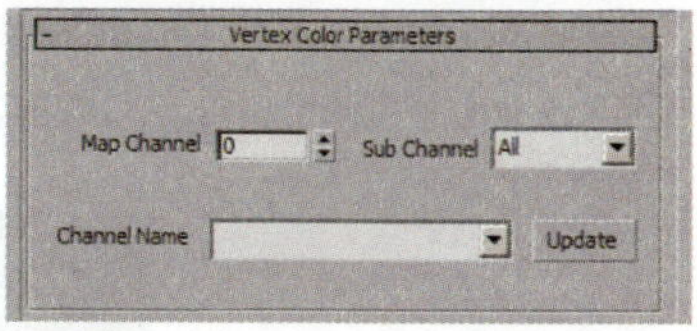

图4-53 顶点颜色参数设置界面

这些参数能够定义需要进行渲染的贴图通道或者子通道。其中一种应用是支持将“顶点颜色”贴图和通道信息工具结合使用。

这些设置都是互相链接在一起的，更改其中的一个参数，其他的两个参数也会随之发生更改。

- Map Channel(贴图通道)：可以指定需要使用的通道。范围从0到99，默认值为0。

  如果为一个不包含任何顶点上色数据的通道设置“贴图通道”，对其进行渲染时会出现“缺少贴图坐标”错误提示信息。此时，对通道应用顶点上色可以解决此问题。

  默认情况下，通过将 UVW 值转变成 RGB 值，贴图通道中的顶点上色将产生一个颜色渐变，这些颜色源于 UVW 纹理坐标。因此，如果UV= 0,0 (贴图的左下角)，此时颜色为黑色；如果 UV=1,0 ，颜色为红色；如果 UV= 1,1(右上角)，颜色为黄色(红+绿=黄)。可以使用一些工具来改变这些颜色，如顶点绘制修改器。

  不能将贴图通道设置为负值，因此贴图不支持顶点照明(-1)渲染或顶点 Alpha(-2)通道渲染。

- Sub Channel(子通道)：可以指定贴图使用指定贴图通道的“红色”子通道、“绿色”子通道还是“蓝色”子通道，或者使用所有的子通道。

- Channel Name(通道名)：将带有顶点颜色贴图的材质指定到带有已命名贴图或顶点颜色通道的对象后(请参见通道信息工具)，可以单击更新按钮，然后从此下拉列表框中选择对象的已命名贴图通道。

- Update(更新)：更新通道名下拉列表框的内容。在为对象使用材质或者在为对象添加了通道以后使用更新按钮。如果将“顶点颜色”贴图的材质指定给不同名称的“贴图通道”(一个通道名将显示在另一个通道名前)，将会产生冲突。

4.3.4　3ds Max中顶点着色的基本操作

在游戏开发中，顶点着色的技术在网络游戏开发场景中应用非常广泛。下面通过一个具体的在3ds Max中顶点着色的实例来探索顶点着色的奥秘。

此范例采用一个制作完成的游戏室内场景，此场景只是完成了基础的材质效果。其中细节的环境效果需运用Vertex Color顶点着色的技巧来进行完善。

1．场景文件的导入

(1) 打开场景文件jianyu_max8-all.max文件，存放于“光盘\第4章\工程文件\场景模型”目录下。观察场景的基本结构和材质效果。在没有任何光照的情况下，整体场景看起来比较平淡，如图4-54所示，接下来就运用顶点着色技术对此场景的环境氛围进行细节刻画。

图4-54 场景最初的材质效果

(2) 选中模型文件。进入3ds Max(工具)面板，然后单击Utilities卷展栏下的More按钮，如图4-55所示，接着在打开的对话框中选择需要调用的Assign Vertex Colors(顶点着色)选项，如图4-56所示。

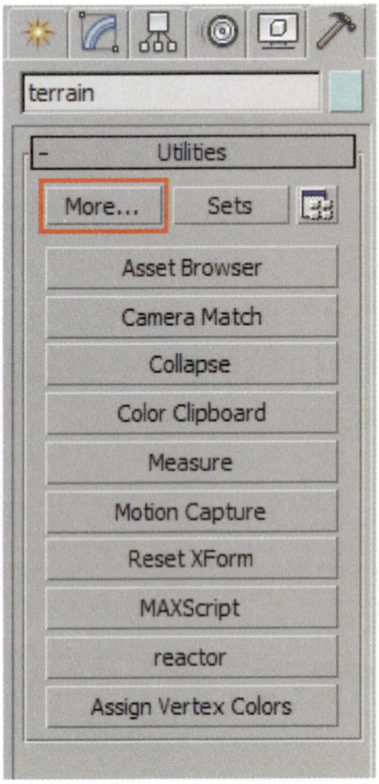

图4-55 进入工具面板

图4-56 选择顶点着色工具集

(3) 打开Assign Vertex Colors卷展栏，单击选中要绘制顶点色的场面中大门部分的模型。单击Assign to Selected按钮，把顶点颜色工具指定给模型，如图4-57所示。

(4) 进入“修改”面板，同时弹出VertexPaint(顶点绘制)颜料盒，开始进入顶点色的编辑工作，如图4-58所示。

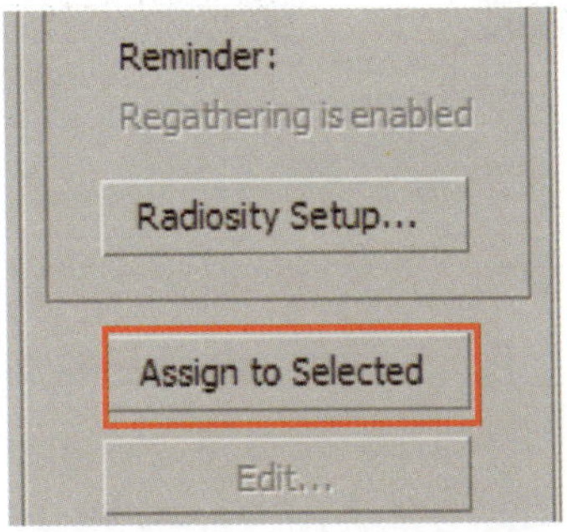

图4-57　指定顶点颜色工具给模型

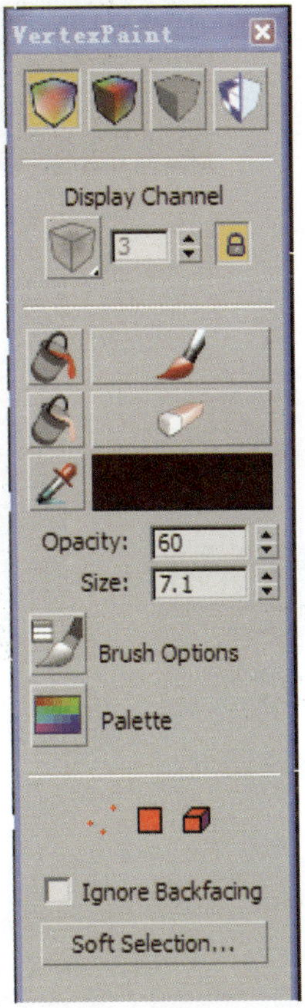

图4-58　顶点绘制颜料盒

(5) 打开已经指定好材质的游戏场景模型。观察其中的监狱大门处只是一些比较普通的材质效果，在没有设置灯光的情况下不能显示真实的环境氛围，如图4-59所示。

(6) 开始对场景中的物件进行材质纹理光影的细节刻画。首先单击按钮进入无阴影显示的顶点颜色显示模式，再激活绘制工具，如图4-60所示调节绘制的设置。再激活吸色笔工具，接着进入色彩面板，选择需要绘制材质光影的色彩，如图4-61所示。

图4-59 监狱大门缺少灯光表现真实环境氛围

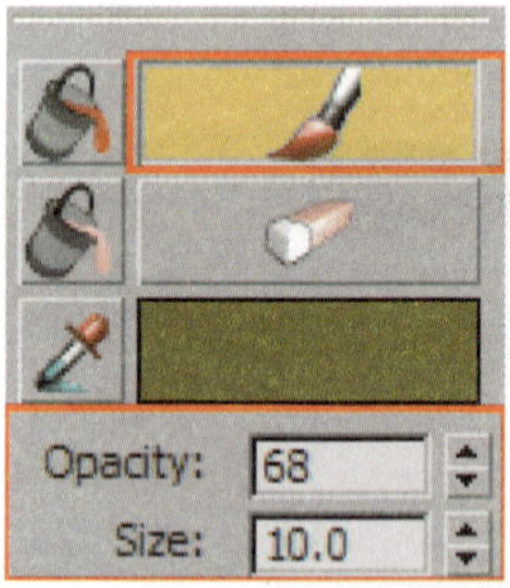

图4-60 设置绘制参数

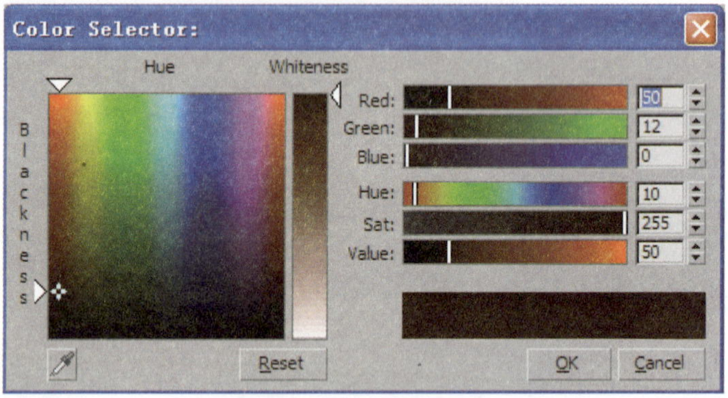

图4-61 选择绘制的颜色

(7) 运用绘制工具在3ds Max场景中进行色彩的绘制，在绘制的时候要尽量考虑到游戏场景中自然的光与影的色阶变化规律。逐步调节色彩的变化，以更好地体现环境氛围。绘制顶点色效果如图4-62所示。

(8) 按照前面的绘制顶点色的基本方法，进一步对场景的大门进行细节刻画。注意调整门框及墙体部分的底部与中间部位材质色彩变化，细节调整效果如图4-63所示。

(9) 为了更好地丰富场景中的环境氛围，需要对场景中一些附属道具也进行顶点色的刻画，如图4-64和图4-65所示。

(10) 根据主体场景的环境氛围变化，对与墙壁呼应的火盆也相应地进行顶点颜色的调节。注意把握整体场景氛围的节奏变化，观察火盆底座的顶点色彩变化，绘制效果如图4-66所示。

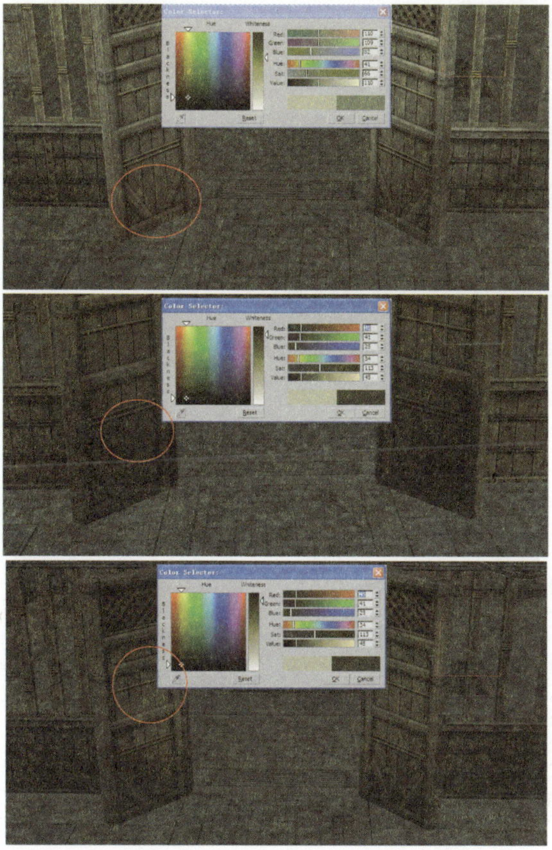

图4-62　绘制监狱大门的效果

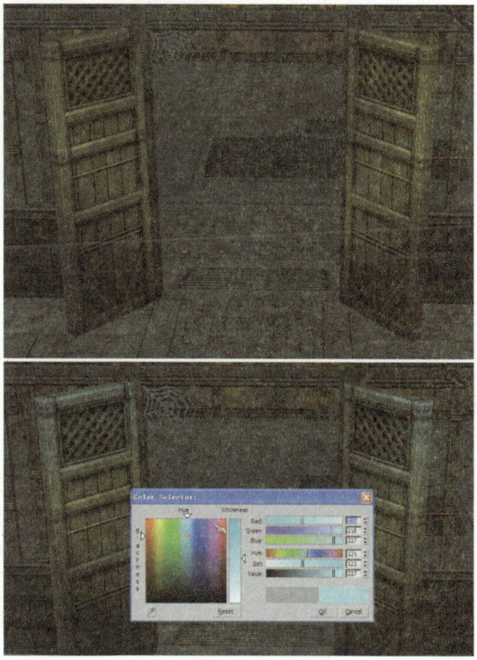

图4-63　绘制大门细节

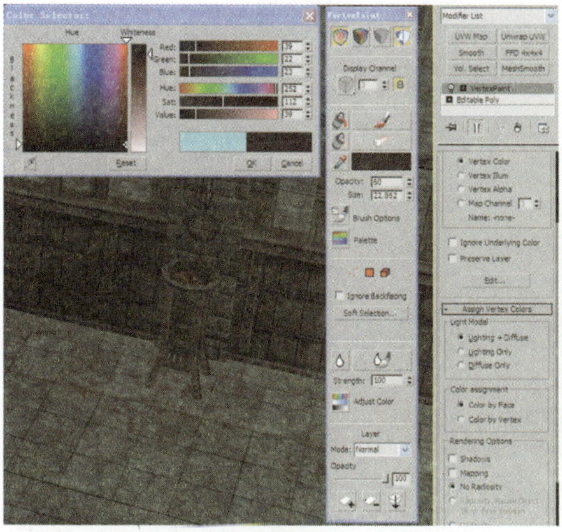

图4-64　绘制场景道具的颜色(1)

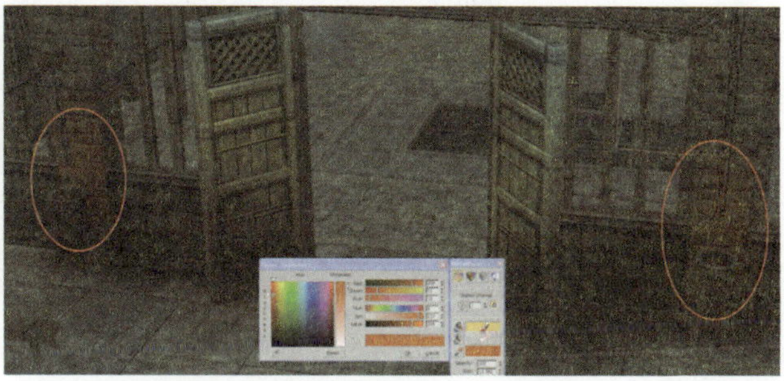

图4-65　绘制场景道具的颜色(2)

图4-66 绘制火盆的颜色细节

(11) 调节火盆顶部的细节顶点色彩变化，这样就可以真实地模拟出环境光影变化，如图4-67所示。同时打开前面绘制的墙体色彩，运用绘制色彩调节火盆与墙体的衔接。这样就得到一个比较完整的顶点色彩的环境氛围效果，如图4-68所示。

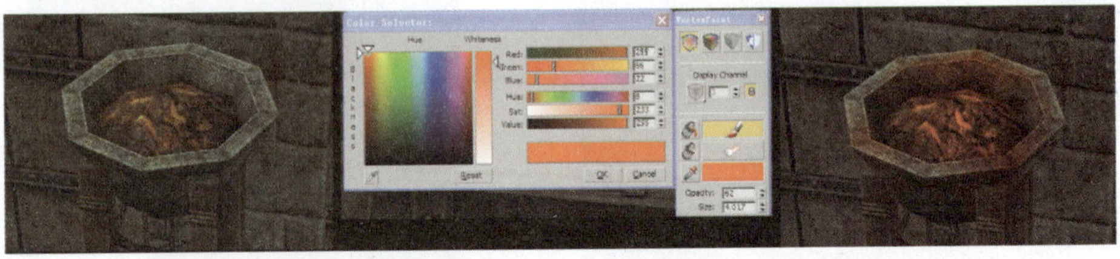

图4-67 绘制火盆底部颜色

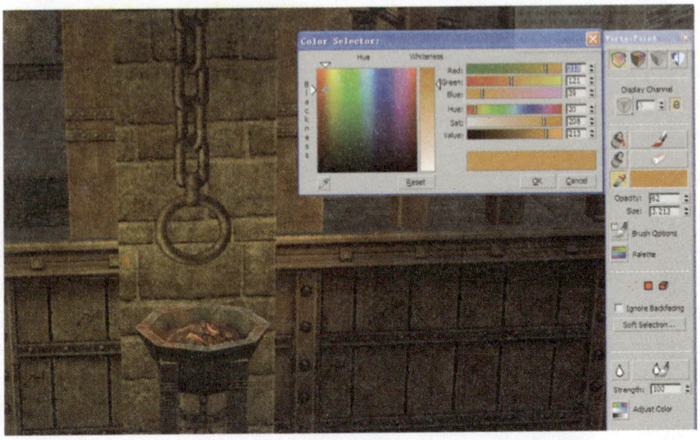

图4-68 绘制墙壁被火照亮的颜色

(12) 根据游戏整体的模型结构布局，按照前面同样的制作原理，绘制地面和其他一些场景装饰物的颜色搭配，注意整体环境氛围的把握，这样我们就得到了一个环境光影比较完整的游戏场景，如图4-69和图4-70所示。

图4-69 顶点颜色绘制后的场景最终效果(1)

图4-70 顶点颜色绘制后的场景最终效果(2)

4.3.5 ZBrush中顶点着色的基本操作

顶点着色基于多边形的顶点进行显示(也可以说是面)。面越多，显示的效果就越好，但是这种显示只是在ZBrush里看到的一种实时预览的画面效果，要在其他软件中使用该贴图，只有将顶点着色转换为常见的图片格式才行。

利用ZBrush顶点映射来制作模型贴图并配合Photoshop进行细节刻画会达到令人满意的效果。很多网络游戏及次世代游戏的开发都应用这种制作材质纹理的方法，而且逐步成为很多游戏开发技术人员的制作利器。

(1) 将分好UV的模型导入ZBrush-Projection Master中绘制贴图，如图4-71所示。

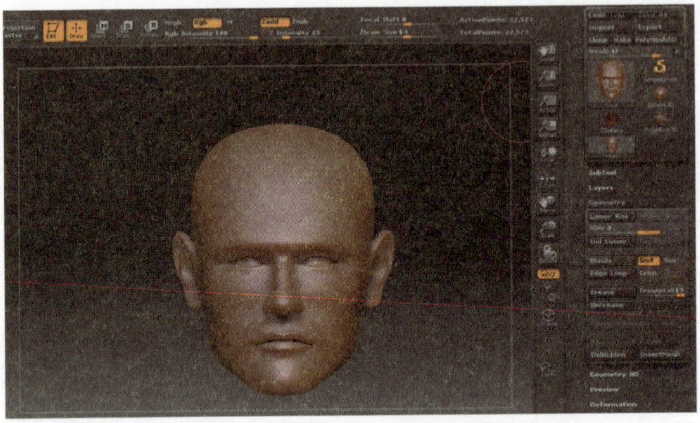

图4-71 导入模型

(2) 新建一张空白的Texture(贴图)，设置大小为2048×2048像素，然后单击New按钮生成新纹理，如图4-72所示。

(3) 单击Projection Master按钮，在弹出的面板中选择Colors选项，同时设置fade(衰减)模式，如图4-73所示。

图4-72 新建空白纹理

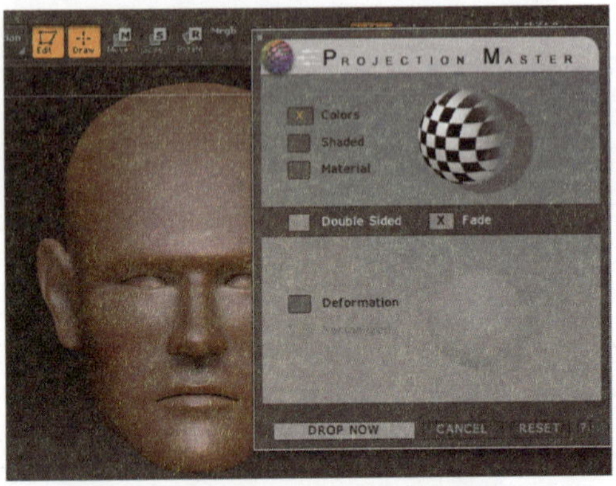

图4-73 设置Projection Master参数

(4) 在Tool面板中选择一个Plane3D，如图4-74所示，在视图中创建一个平面网格，然后单击左侧工具栏中的Texture(纹理)按钮，导入在Photoshop中制作好的人体贴图，如图4-75所示。

(5) 在正式开始绘画之前，注意要将Zadd的Z Intensity(强度)值改为0，这样就可以得到一个边缘比较柔和的Alpha笔刷，然后把一张完整的人物贴图直接赋予模型，再拖曳笔刷并关闭Alpha即可开始绘制，如图4-76所示。

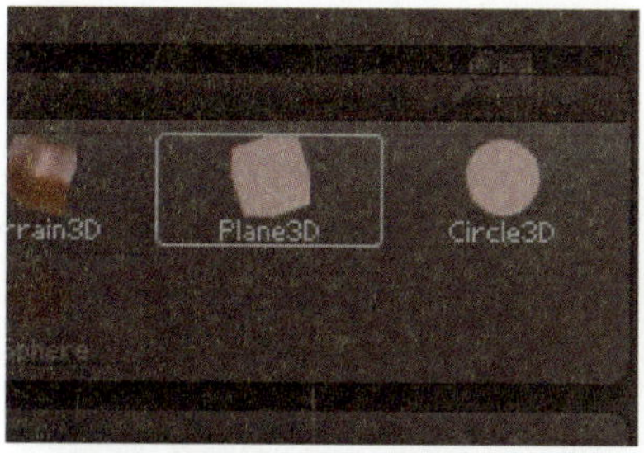

图4-74 选择平面网格工具

图4-75 导入纹理

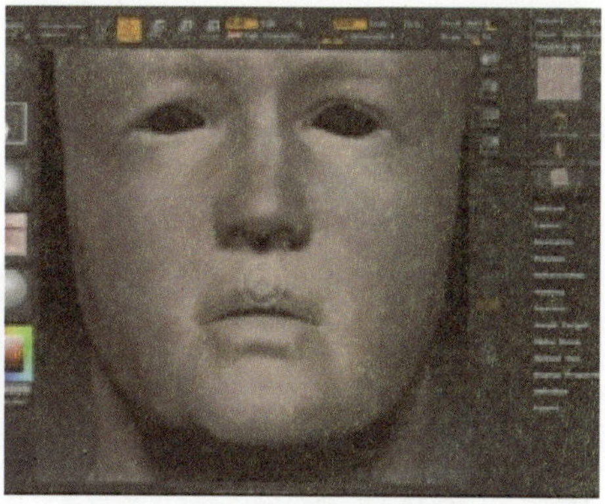
图4-76 调整笔刷进行绘制

(6) 在完成一部分后，单击Pickup Now(拾取)按钮将绘制的颜色拾取到贴图纹理，如图4-77所示。然后反复使用相同的方法完成整个头部绘制，效果如图4-78所示。

(7) 再次从Texture中导入嘴部的图片，然后将Rgb的Intensity(强度)值调整到最大，接着使用笔刷移动图片，与嘴部模型的位置匹配，使用移动工具时，要将鼠标指针放在紫色的位置垂直拖动，如图4-79所示。

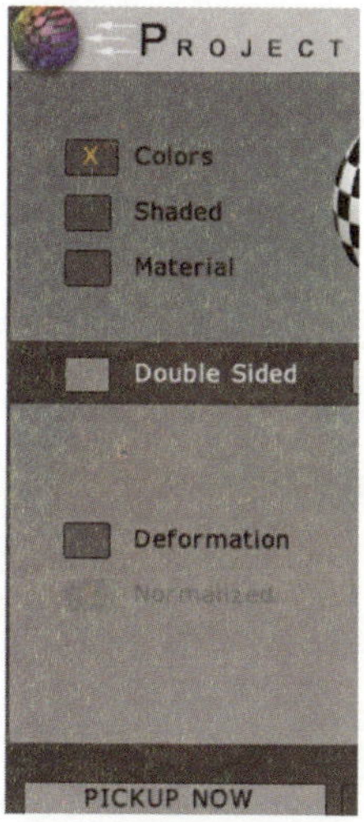

图4-77 拾取颜色

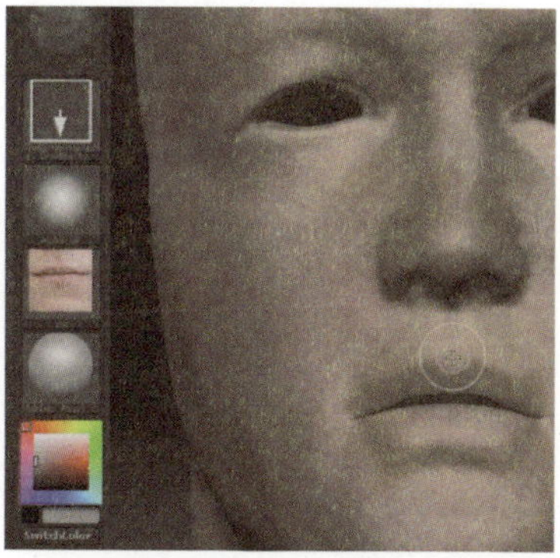
图4-78 完成头部的绘制效果

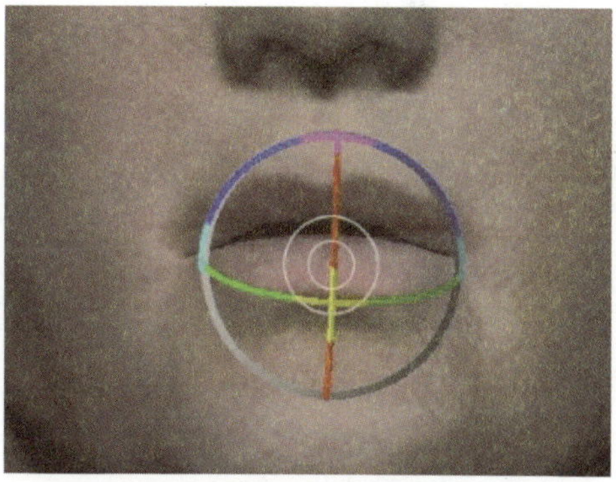
图4-79 移动嘴部图片

(8) 调节好图片的位置后，进入Edit模型，然后使用Move(移动)工具调整嘴部图片的形状，使图片中的像素与模型完全匹配。

(9) 用相同的方法绘制出眼睛，如图4-80所示，然后可以用反转贴图工具制作出另外一只眼睛，如图4-81所示。

(10) 取消选中Zadd按钮，使用SimpleBrush(标准笔刷)绘制工具在脸部贴图上补充性地绘制一些皮肤颜色，如图4-82所示。

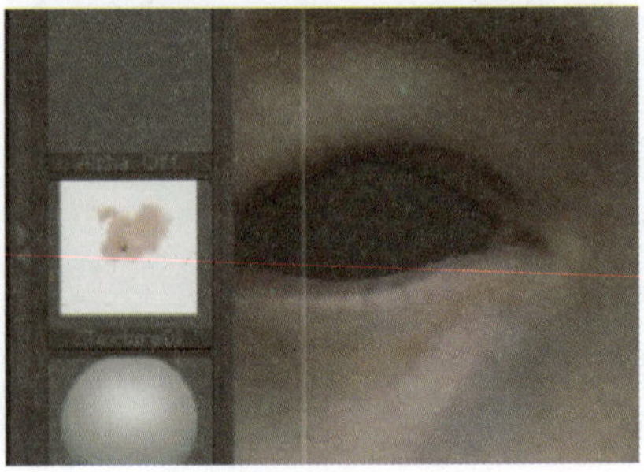

图4-80 绘制出眼部贴图

图4-81 反转贴图

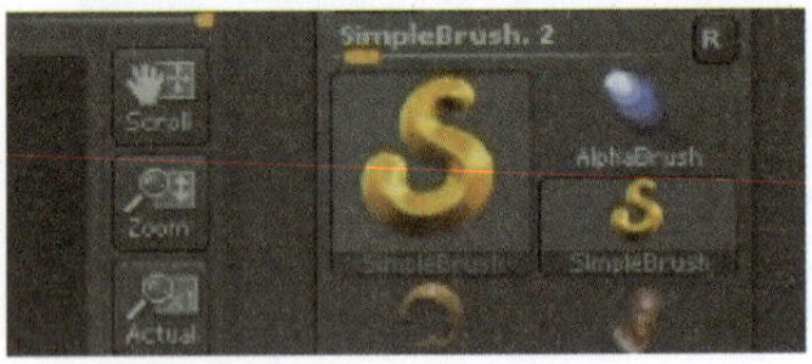

图4-82 切换SimpleBrush

4.4 本章习题

一、填空题

1. 次世代贴图是由________、________、________、________组合而成的一整套贴图。

2. 使用顶点绘制颜料盒面板可以控制顶点颜色在视图中的显示模式，这些模式包括________、________、________、________。

3. 要查看视图中顶点的颜色，需要在对象属性对话框中选中________复选框，并确认下拉列表框中的选项设置为________。

二、简答题

1. 简述法线贴图的原理和作用。

2. 简述次世代贴图的制作标准。

3. 简述顶点着色的基本概念。

三、操作题

根据本章节中介绍的内容，使用3ds Max 2010中的指定顶点颜色工具为一个场景模型添加适当的光影效果。

第5章

次世代游戏模型综合案例制作分析

章节描述

一直以来，次世代游戏凭借着画面真实，性能卓越而牢牢吸引着一大批高端玩家追随。随着硬件差距被不断缩短，次世代游戏的高端制作技术也越来越多地应用到网络游戏的研发过程中。这决定了未来网络游戏的美术制作是游戏创作中重要的一个环节。游戏美术制作人员的工作在整个游戏创作中是非常重要的，也是非常具有挑战性的。本章主要通过一个具体的制作实例，完整地讲解了3ds Max与ZBrush相结合完成次世代游戏角色模型的详细过程。讲解过程中还穿插了大量的游戏制作技巧和小知识，介绍了使用ZBrush和3ds Max生成法线贴图的不同方法，同时也较为详细地讲解了Maya建模基础以及Maya、3ds Max、ZBrush等软件在制作中的转换。

通过本章的学习，读者可以完整清晰地了解和掌握当前次世代游戏制作技术的核心知识。

教学目标

- 了解次世代游戏模型制作的特点及一般制作流程。
- 掌握法线贴图的基础应用方法。

教学重点

- 掌握次世代游戏模型的制作方法。

教学难点

- 掌握法线贴图的基础制作方法。

5.1 次世代游戏模型制作基础

"次世代"是由日语原字"次世代"进入中国而来。其字面意思就是"下一代"。"次世代"游戏的叫法来自"次世代"主机。这是个相对的概念，比如说2000年时，PS2、XBOX和GAMECUBE就被称作"次世代主机"。最近常常被称作次世代主机的是索尼PS3、微软XBOX360和任天堂Wii，如图5-1所示。

图5-1 次世代游戏主机

由于索尼公司的Play Station 3和微软公司的XBOX 360游戏机都是八核心高速处理器，所以在游戏品质上比传统PC游戏更是上了一个大台阶，也使游戏进入了高画质高品质的时代，如图5-2所示的《战争机器》系列、《生化危机》系列等游戏。

图5-2 次世代游戏截图

性能决定了次世代游戏能更好地模拟人物，画面效果也更加真实。但随着PC机的最新升级，八核CPU的出现，使XBOX360和PS3对于高端游戏的主宰已经成为过去。现在"次世代游戏"指代和同类游戏相比更加先进的游戏，即"下一代游戏"。而现在在网络上许多使用高端游戏引擎制作的PC游戏都称为"次世代游戏"，比如图5-3所示的《战地之王》。

图5-3 次世代网游《战地之王》游戏画面

5.1.1 次世代游戏模型制作的特点

对于目前市场上琳琅满目的网络游戏来说，每款游戏都有其自身的特色。每一位选择游戏的玩家，第一件事便是要了解该游戏的特色，随后才能根据自己的喜好而尝试进入游戏。如今，这种次世代游戏开发的技术已经开始进入网络游戏的开发，从而会吸引更多的玩家对新鲜的网游形式产生兴趣。

次世代网游在物体细节表现上具有非常高的提升，画面特征是：更接近自然的真实画面重现、高清晰度的贴图、现实特效、物理仿真碰撞解算、实时的光照技术。所以游戏美术是游戏创作中重要的一个环节。游戏美术制作人员的工作在整个游戏创作中是非常重要的，也是非常具有挑战性的。

次世代模型的制作主要有以下两个特点。

1．模型精度更高，细节更丰富

次世代游戏引擎的超强运算能力使开发者可以制作高面模型来充分地表现游戏细节，再加上软件技术的不断发展，使制作手段更加多样化，特别是ZBrush的模型雕刻功能能让设计师在模型上直接刻画纹理细节，并生成法线贴图。因此无论是角色还是场景、道具的制作，次世代游戏相较传统游戏来说，在模型精度和制作效率方面都有了大幅提升，效果如图5-4所示。

2．追求极致的画面效果

对于次世代游戏的模型来说，一张贴图已经无法满足要求，一般需要用法线贴图来描绘物体表面细节的凸凹变化；用颜色贴图来表现物体的颜色和纹理；用高光贴图来表现物体在光线照射条件下体现出的质感，如图5-5所示。对于一些比较难以做出的物体，如发光物体、半透明物体、流动性的物体，就需要更多特殊的贴图来描绘。所有这些贴图都是美术人员在软件的辅助下制作完成的，并且巧妙地运用节点编辑模式组合成材质，最终达到一个完美的效果。比起上一代游戏以大量手绘纹理为主的制作方式，次世代更讲究使用真实照片素材进行绘制，使得游戏的画面效果更好地达到3D世界的逼真还原，如图5-6所示。

图5-4 次世代模型

图5-5 不同的贴图类型

图5-6 次世代游戏枪械模型

中国的网络游戏从2D的传奇到目前3D的魔兽世界，经历了数次演变。玩家已经不再单单追求游戏的内容，更开始关注画面的质量，就如同我们现在看电影一样，人人都愿意看到真实、壮丽的场面。而次世代网络游戏也恰恰能够满足这些人的需求，这无疑是广大玩家翘首期盼的！

5.1.2 次世代游戏的一般制作流程

一款游戏的产生，离不开各个部门之间的紧密合作。由于次世代游戏对自身品质的高要求，因此在制作流程上也更为复杂和严谨，一般来说，次世代网游的美术生产流程主要由策划、概念设定、原画设计、三维造型、地图编辑几个部分组成，其中，三维造型阶段还包括重要的动作与特效制作，这与传统网游的流程基本一样，区别是3D设计师可以根据自身的理解和创作能力，对原画设计的内容进行再次加工，制作出更加符合三维造型的形象。程序部分则贯穿整个开发过程，包括光影、特效、碰撞等效果的实现以及游戏数据的导入与编辑。整体流程如图5-7所示。

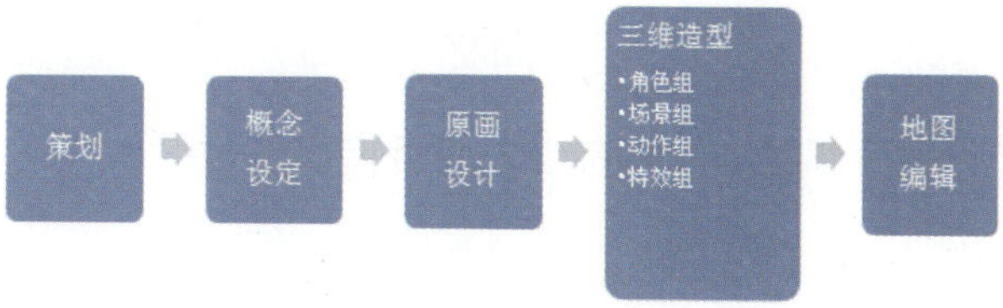

图5-7 次世代游戏美术生产流程

在具体制作上，次世代游戏模型的传统制作流程是先做好低精度模型，然后导入ZBrush中雕刻细节，生成高精度模型，并制作出法线贴图。但随着ZBrush的Topology(拓扑)功能的出现，设计师也可以直接在ZBrush中雕好高模，然后重新拓扑低模，并且雕刻出大量细节的高模还可以用来制作法线贴图。我们在后面的内容里会详细介绍和讲解关于次世代游戏的完整制作流程。

5.2 模型的制作——Maya与ZBrush结合应用的方式

次世代游戏美术的标志性技术就是法线贴图被大规模运用到游戏开发中。比起上一代游戏以大量手绘纹理为主的制作方式，现在次世代更讲究使用真实照片素材进行绘制。这样使得游戏的画面效果更好地逼真还原3D世界。大量的新技术(比如ZBrush雕刻高模技术、Normal 贴图的接缝处理、使用ZBrush 3.1拓扑工具高低模转换等)和新软件(比如ZBrush、Bodypaint、Crazybump等)被广泛地用于游戏设计与开发中。本节通过Maya结合ZBrush制作怪物的实例为大家演示次世代游戏模型的完整制作流程。

5.2.1 在Maya中进行低模的制作

与3ds Max一样，Maya是一个强大的动画制作软件。Maya有许多突出的功能，如完整的建模系统、强大的程序纹理材质和粒子系统、出色的角色动画系统以及MEL脚本语言等，被广泛应用于三维和视觉效果的制作领域。本例中的低模制作部分在Maya 2008中完成，读者可以通过本节内容了解和掌握Maya在游戏建模方面的基本方法。本例中怪物的制作效果如图5-8所示。怪物模型的制作分为身体制作和头部制作两部分。

1．怪物身体的制作

在进行模型的制作之前，首先要对怪物的基本结构进行分析。通常，游戏中怪物NPC的基本形态特征多为结合了动物和人类的共同特点，但可能与正常的人体比例不同，在美术表现上也比较大胆，模型各部分的比例关系对后面的骨骼绑定、动画制作的影响很大，所以我们要严谨对待、灵活掌握这部分制作内容。

在创建模型之前要根据原画内容，仔细分析角色的形体、服饰及性格等因素，充分了解角色的设计构思，再给角色划分出基本的结构图，如图5-9所示。以便在制作时能够准确地把握角色形体，更好地表现细节特征。

图5-8 怪物的模型制作效果

图5-9 怪物的形体结构

本例中怪物角色的原画设定为某变异生物，皮肤布满角质和颗粒状的隆起，具有较强的防御力，满身的尖刺和面部的长牙表现了怪物的邪恶，需要通过实体模型来表现细节。而胸腹位置的结构可以简单处理，在制作后期通过贴图来表现角质的分布。

怪物的身体制作思路是先从制作怪物的躯干模型开始，然后挤出腿部造型，再挤出尾巴造型。具体操作如下：

(1) 启动Maya 2008，单击工具栏中的(Polygon Cube)按钮，然后按下Shift键的同时在Persp视图拖动鼠标左键，在(0,0,0)位置创建一个立方体，接着单击(Scale Tool)工具缩放立方体，效果如图5-10所示。

(2) 在立方体上右击，在弹出的快捷菜单中选择Edge命令，再松开鼠标右键，进入Edge层级，如图5-11所示，然后选择立方体的一条边，在按下Ctrl键的同时右击，在弹出的快捷菜单中选择Edge Ring Utilities→To Edge Ring and Split命令，如图5-12所示，在立方体上添加一条边。接着使用同样的方法，在立方体上陆续添加两条边，如图5-13所示。

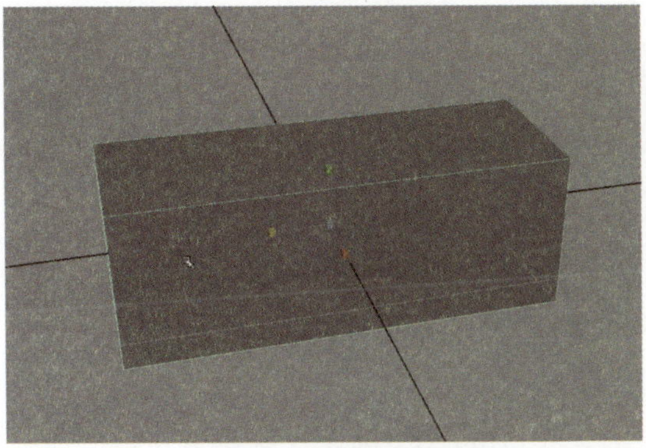
图5-10　创建立方体

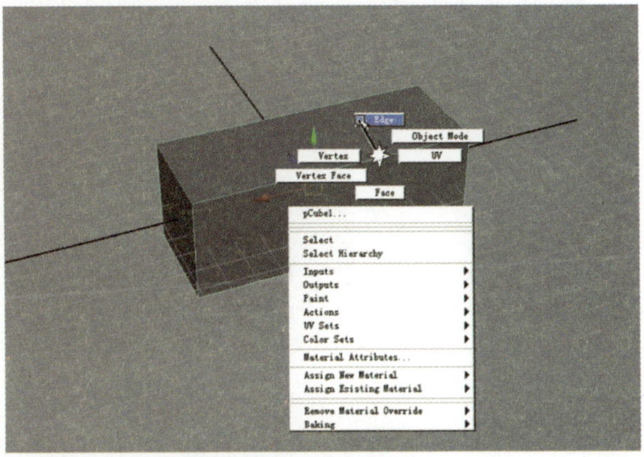

图5-11　进入Edge层级

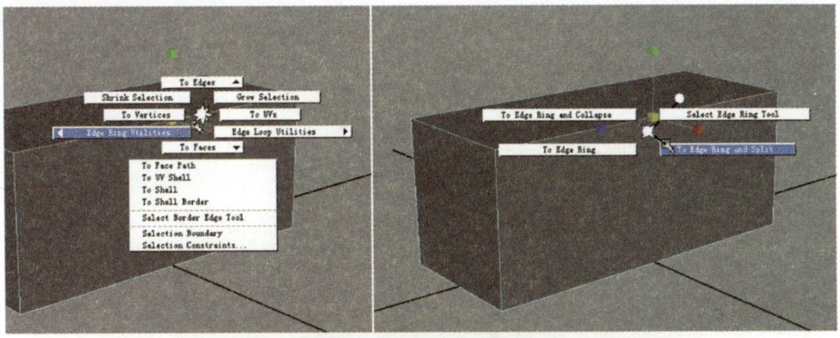

图5-12　选择分边命令

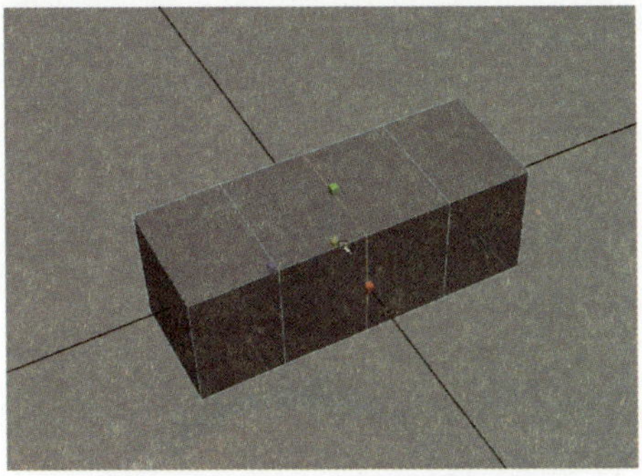
图5-13　为立方体分边的效果

提示：Maya 2008视图操作中，使用Alt+鼠标右键可以放大视图，使用Alt+鼠标左键可以旋转当前视图，使用Alt+鼠标中键可以平移视图，使用鼠标中键可以平移被选择的物体。

(3) 调整身体造型。选择立方体中间部分的边，再使用(Scale Tool)工具调整立方体的造型，如图5-14中A所示，然后参照步骤(2)，继续在立方体上添加边，效果如图5-14中B所示。

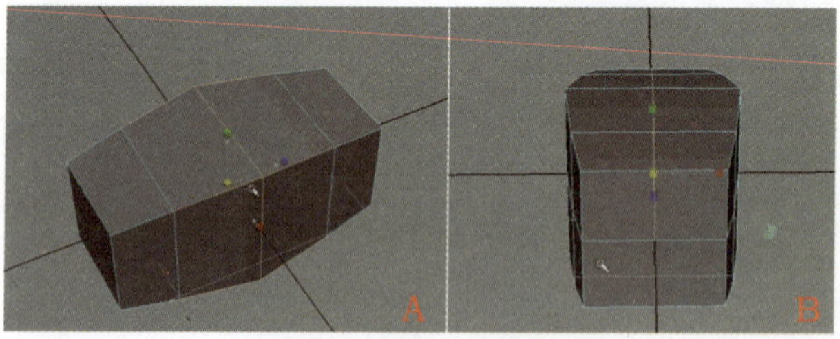

图5-14 调整身体造型

(4) 优化模型。方法：利用右键菜单进入Face层级，在Front视图选择身体模型左侧的面，按下Delete键删除，如图5-15中A所示，然后进入Object Mode层级，单击Edit菜单中Duplicate Special右侧方形按钮，再选择Instance(关联)选项，复制出另一半参考模型，效果如图5-15中B所示。

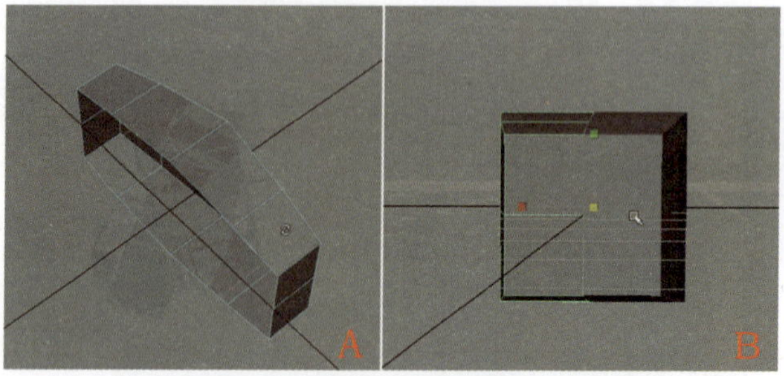

图5-15 优化模型

提示：复制参考模型后，只需调整一侧的模型，另外一侧的参考模型会随之相应变化，这样可以节省制作时间，极大地提高了制作效率。

(5) 继续在模型上添加边，然后在Vertex和Edge层级，使用(Move Tool)工具和(Scale Tool)工具调整模型的造型，效果如图5-16所示。

(6) 参照原画中的怪物造型特征，深入刻画怪物身体上的起伏造型，效果如图5-17所示。

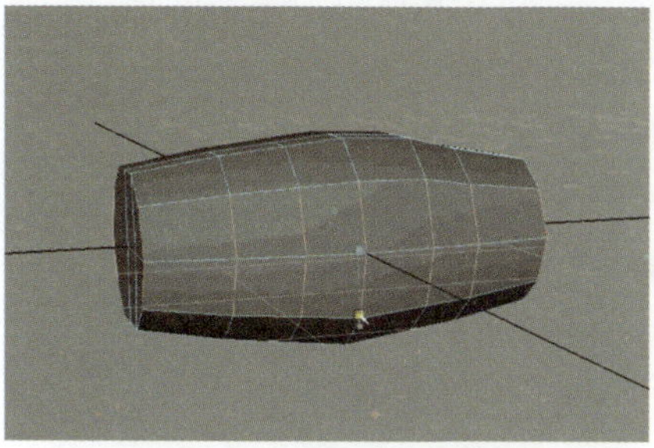

图5-16 调整身体造型

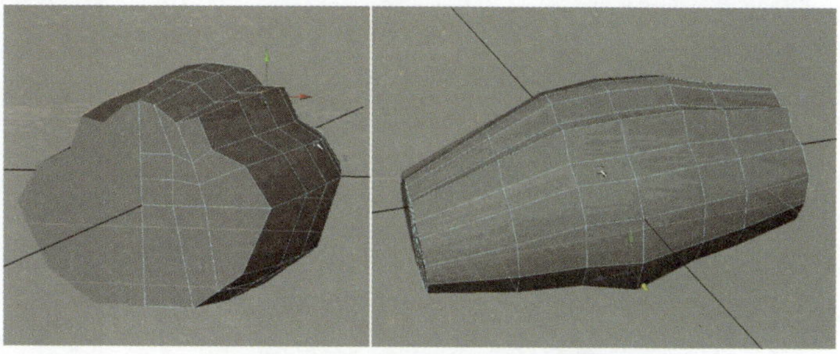

图5-17 刻画怪物身体的起伏造型

(7) 在Face层级，选择四肢根部的面删除，如图5-18标红处所示，然后单击(Select Object)工具按钮为身体模型添加ffdlattice修改器，并调整好修改器的参数，身体模型外出现一个“5×5×5”规格的线框，效果如图5-19所示。

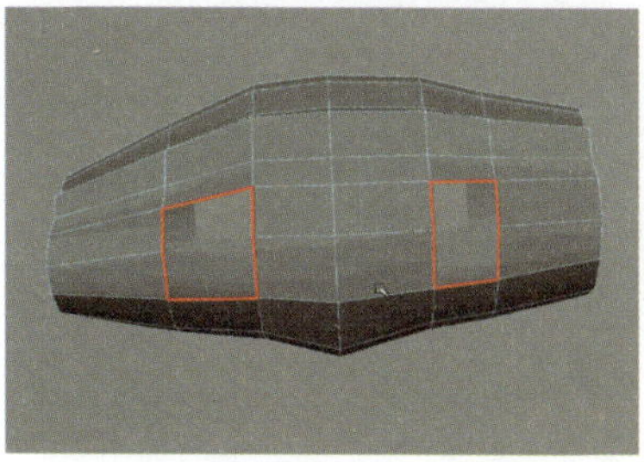

图5-18 删除四肢根部的面

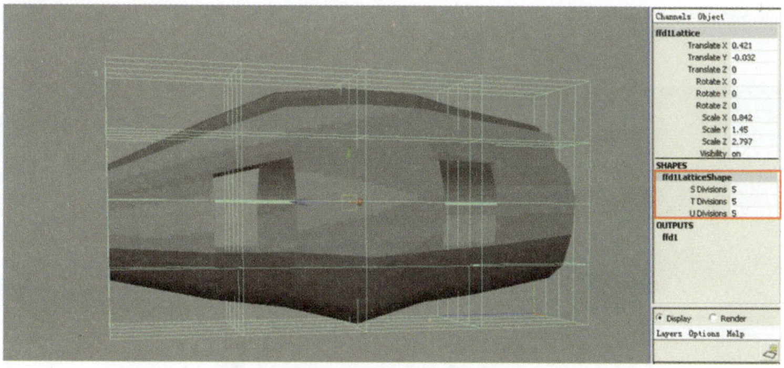

图5-19 添加ffd Lattice修改器

(8) 选中线框，再单击鼠标右键，然后在弹出的快捷菜单中选择Lattice Point命令，接着调整线框上的顶点修改怪物身体的基本造型，如图5-20所示，调整的时候注意把握整体造型，细节部分将在ZBrush中制作。调整完的效果如图5-21所示。最后执行菜单中的Edit | Delete By Type | History命令，清除前面操作的历史记录。

提示： 使用Maya制作模型时，应该随时清除历史操作，这样可以避免很多不必要的程序错误。清除历史操作的快捷键为Alt+D。也可以按下Ctrl+Shift+鼠标左键，将删除历史操作的菜单命令创建到工具栏中，以方便操作。使用这个方法可以把一些常用的菜单命令创建到工具栏上，定制自己的工具栏。

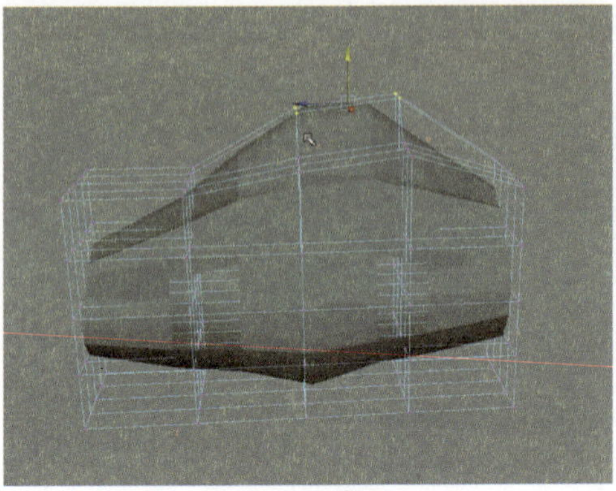

图5-20 调整线框的顶点

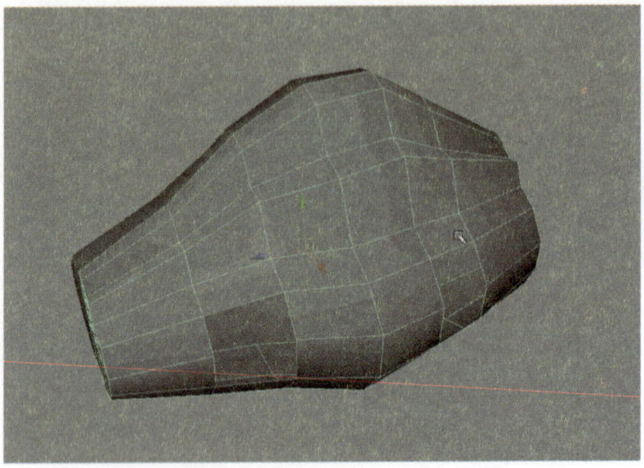

图5-21 完成身体躯干部分的造型调整

(9) 参照以上的步骤，调整出脖子的造型，效果如图5-22所示。然后挤出尾巴的造型，效果如图5-23所示。在调整的过程中，可以在Vertex层级下，适当调整一些顶点的位置，使模型的整体造型看起来比较自然合理。

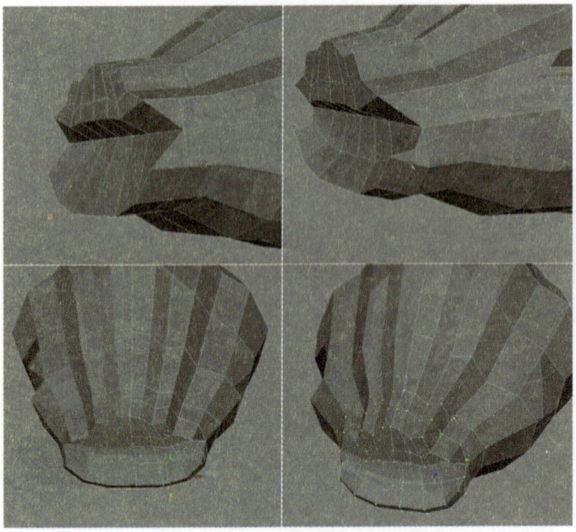

图5-22 调整脖子的造型

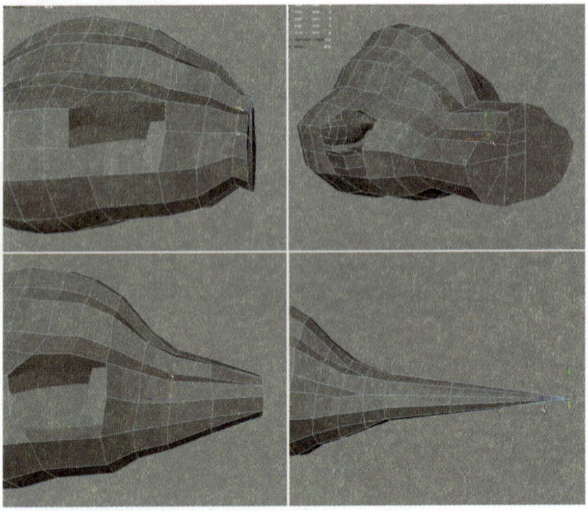

图5-23 调整出尾巴的造型

提示：步骤(1)~(9)操作详见“光盘\第5章\动画文件\shou_dm_01.avi”视频文件。

(10) 挤出怪物的四肢。方法：选择怪物躯干上用于挤出四肢的边，如图5-24中A所示，再单击(fill the hole)工具按钮补出面，如图5-24中B所示。然后使用(Split PolyGon Tools)工具在面上添加边，如图5-25所示，再用(Move Tool)工具进行调整。接着进入Face层级，选择挤出腿部的面，再单击工具栏中的(Extrude)按钮，转换挤出操作杆后，沿X轴挤出一段腿部造型，如图5-26所示。

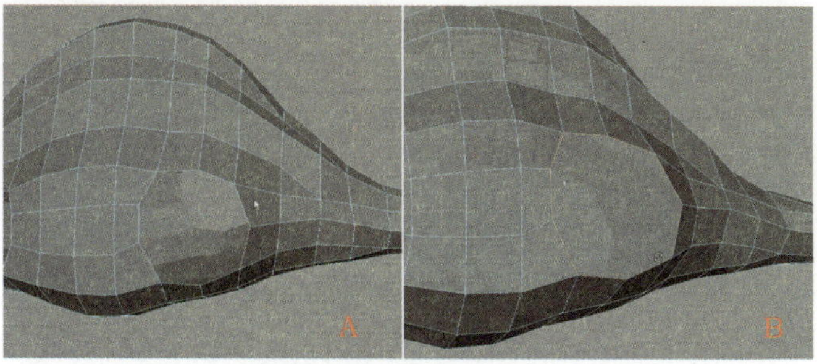

图5-24　补出腿部的面

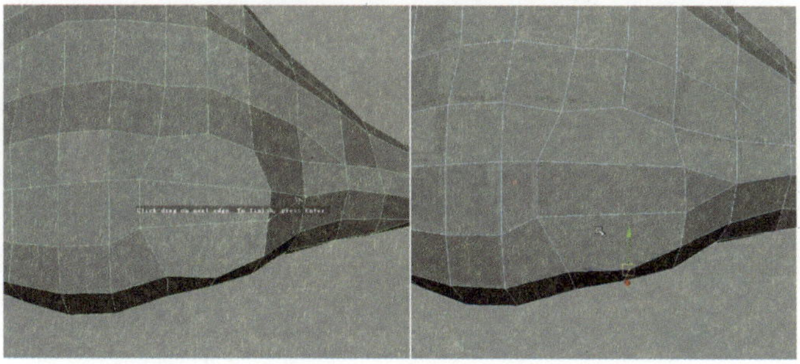

图5-25　在面上添加边

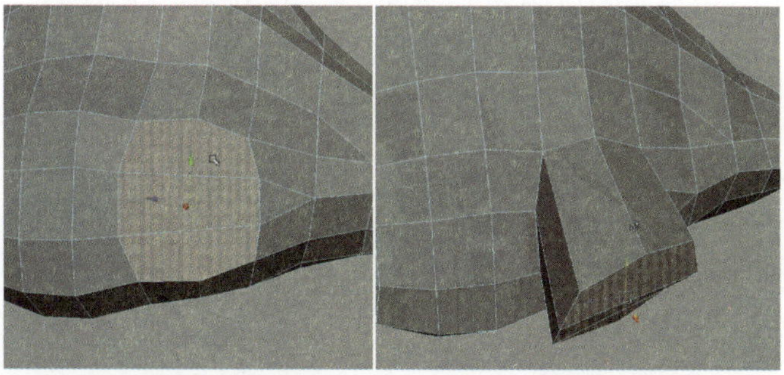

图5-26　挤出一段腿部造型

(11) 使用(Split Polygon Tool)工具在挤出的腿部添加细节，再进入Face层级，使用(Move Tool)、(Rotate Tool)和(Scale Tool)工具调整腿部的造型和位置，然后继续向下拉出腿部造型，如图5-27所示。

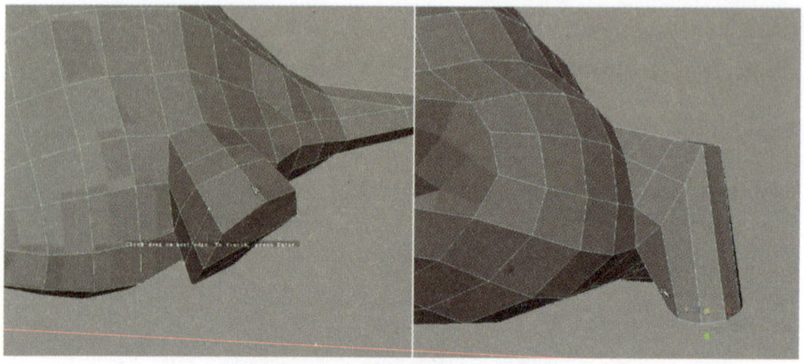

图5-27 向下拉出腿部造型

(12) 使用(Move Tool)工具在不同视角调整腿部造型，特别要注意腿部与怪兽造型的衔接，这时可以在Vertex(顶点)、Edge(边)、Face(面)任何层级下进行调整，效果如图5-28所示。

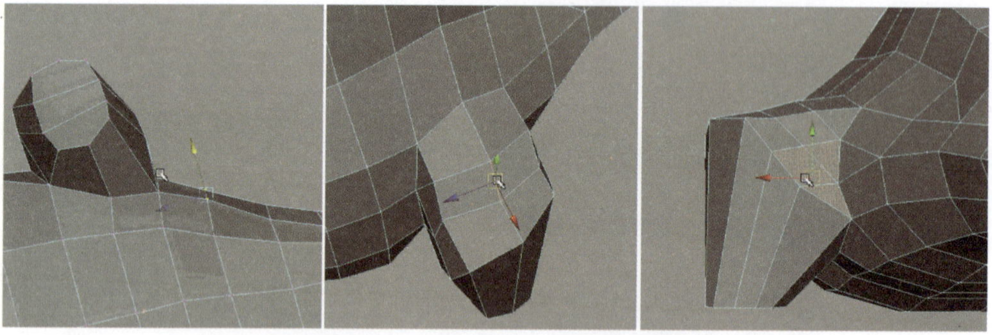

图5-28 在不同层级下调整腿部模型

(13) 使用(Split Polygon Tool)工具添加细节，再进入Vertex子物体模式，使用(Move Tool)工具调整外形结构，具体操作请参照相关视频，效果如图5-29所示。

(14) 继续挤出腿部造型，然后参照原画，在不同的层级下调整腿部的结构，调整过程中可以使用(Split Polygon Tool)工具在局部添加细节，最终效果如图5-30所示。

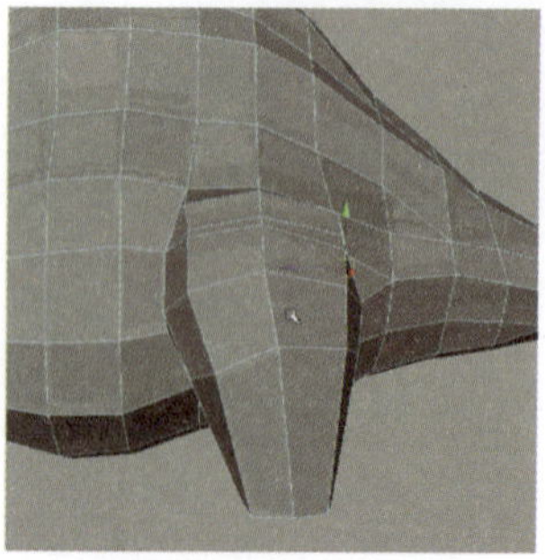

图5-29 细化腿部造型

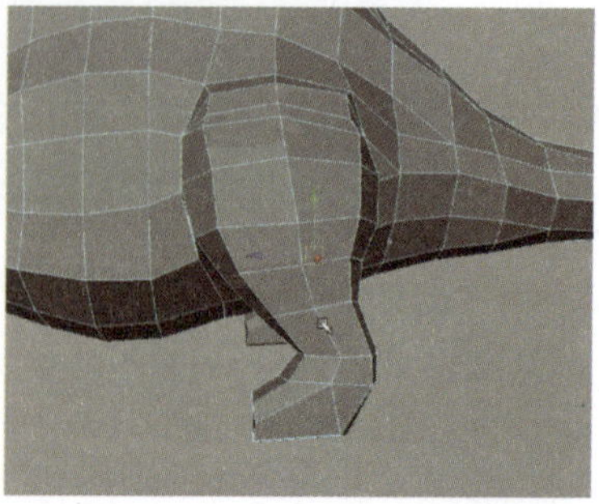

图5-30 完成腿部造型的调整

(15) 制作怪物尾巴的细节造型。方法：在Persp视图使用(Split PolyGon Tools)工具添加尾巴细节，如图5-31所示，然后分别进入Face和Vertex层级，使用(Move Tool)工具调整出尾巴的结构，如图5-32所示。最终完成制作出尾部盔甲造型，如图5-33所示。

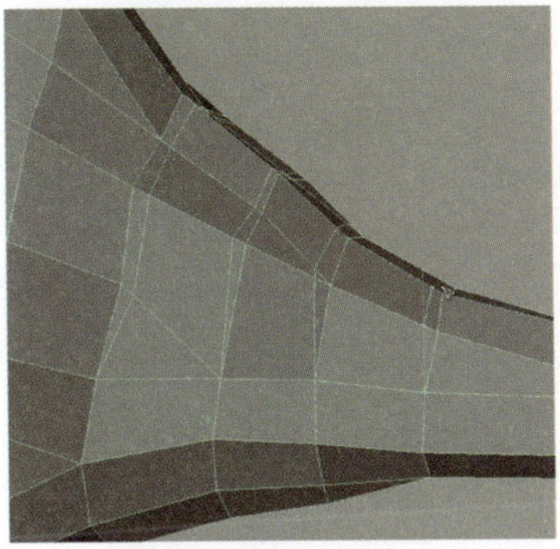

图5-31 添加尾巴细节

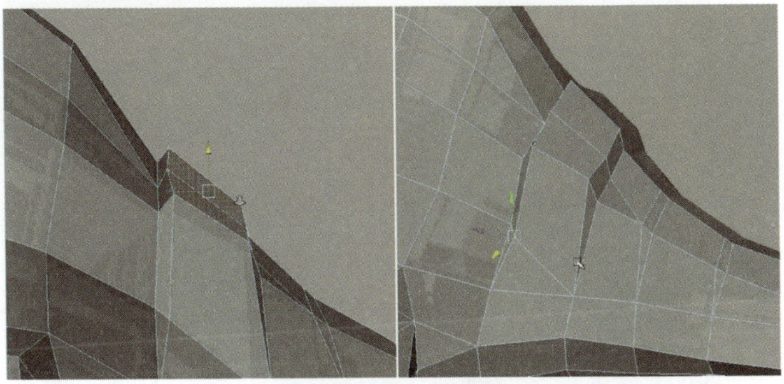

图5-32 调整尾巴的细节造型

(16) 制作出前腿的造型。参照后腿的制作方法，制作出前腿的造型，效果如图5-34所示。

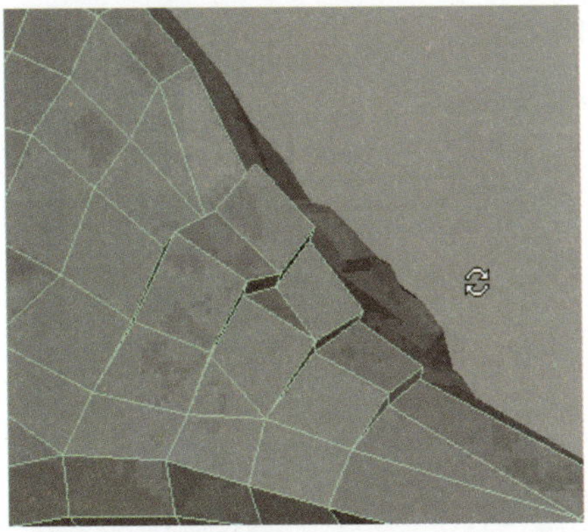

图5-33 尾巴盔甲造型

图5-34 制作出前腿造型

提示：步骤(10)~(16)操作详见“光盘\第5章\动画文件\shou_dm_02.avi”视频文件。

(17) 制作脚部造型。方法：在Face层级下，使用(Extrude)工具从腿部挤出脚部造型，然后使用(Split PolyGon Tools)工具添加细节，接着使用(Move Tool)、(Scale Tool)、(Rotate Tool)工具调整出脚趾的简单造型，基本过程如图5-35所示。

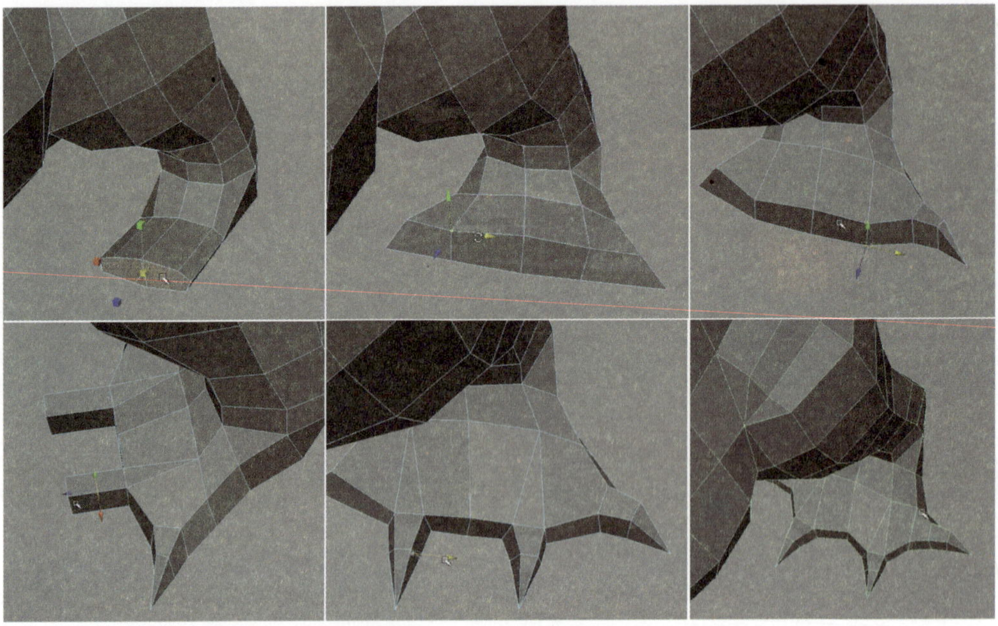

图5-35 制作出脚部的模型

提示：在制作模型的过程中，要不断对比原画来修改模型的整体造型。并使用(Split PolyGon Tools)工具在模型上添加边来增加细节，同时清除多余的点和边，使模型的整体布线更加合理。

(18) 复制脚掌。方法：在Face层级下，选择后脚模型的面，再单击工具栏中的(Duplicate Face)按钮复制选择的面，如图5-36所示。然后把复制出来的脚掌匹配到前腿的位置，再同时选中身体模型和前脚模型，接着单击(Combine)按钮把这两部分模型合并，再进入Vertex层级，使用(Merge Vertices)按钮融合连接处的顶点，最后使用(Move Tool)、(Scale Tool)、(Rotate Tool)工具调整好前脚造型，过程效果如图5-37所示。

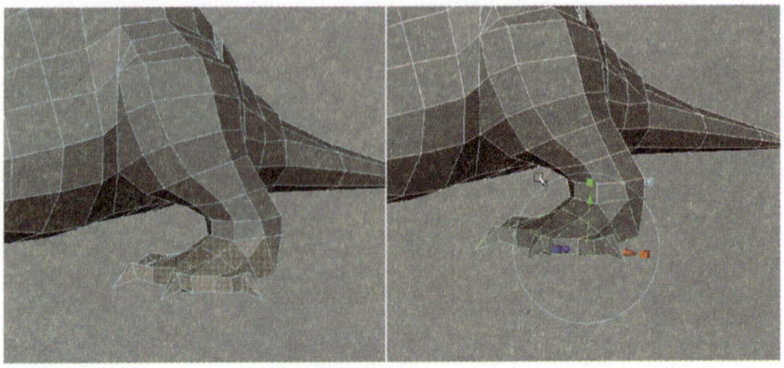

图5-36 复制后脚掌

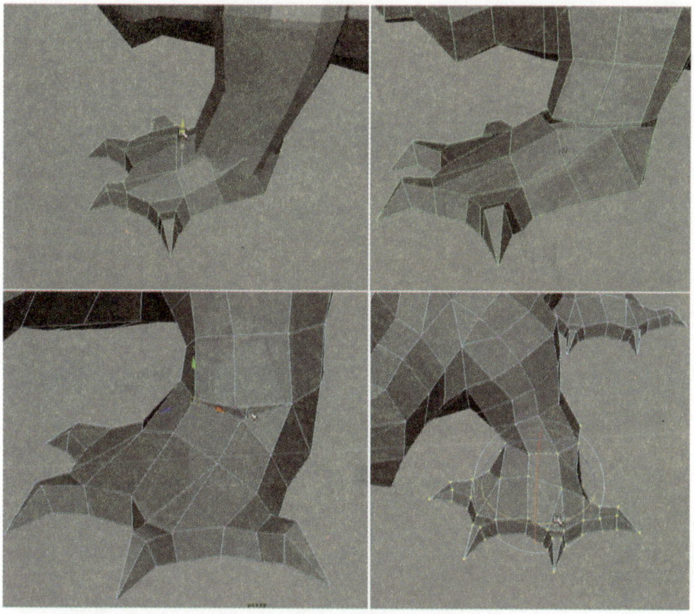

图5-37　调整前脚造型

提示：步骤(17)~(18)操作详见“光盘\第5章\动画文件\shou_dm_03.avi”视频文件。

2．怪物头部的制作

(1) 使用(Split PolyGon Tools)工具在怪物脖子部位添加边，如图5-38所示，然后在Vertex层级，使用(Move Tool)工具调整脖子部位的凹凸结构，效果如图5-39所示。

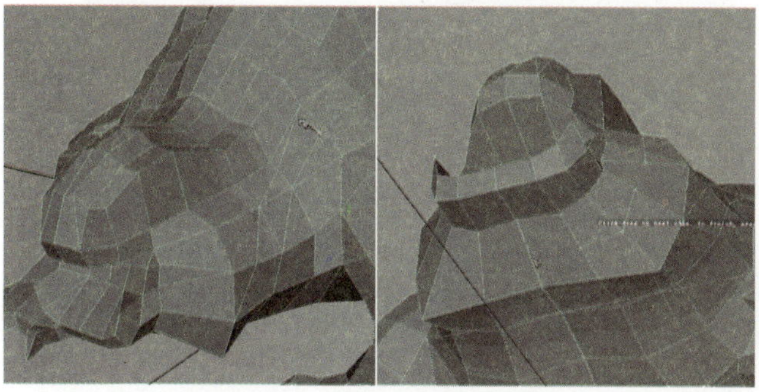

图5-38　添加脖子部位的细节

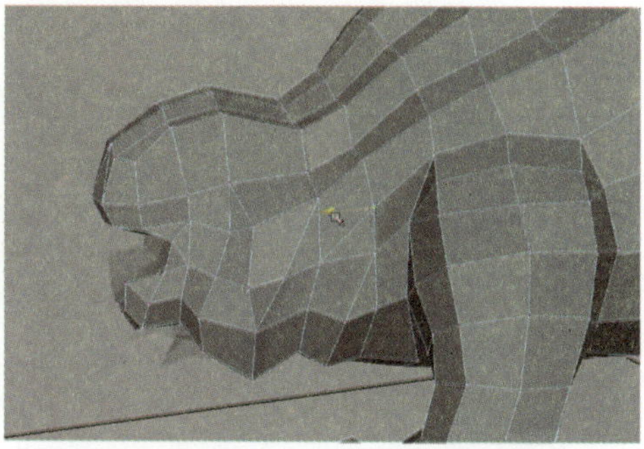

图5-39　调整出脖子部位的凹凸结构

(2) 仔细观察原画，发现怪物的头部结构比较简单和规则，细节主要集中在上颚部位，因此只需要按照原画中的结构进行布线即可。首先在头顶、上颚部位添加边，如图5-40所示。然后在Vertex层级调整出怪物上颚部位的轮廓造型，如图5-41所示。

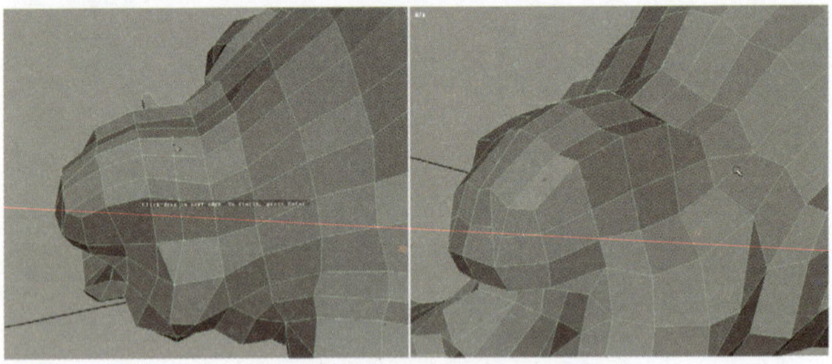

图5-40 添加头部的细节

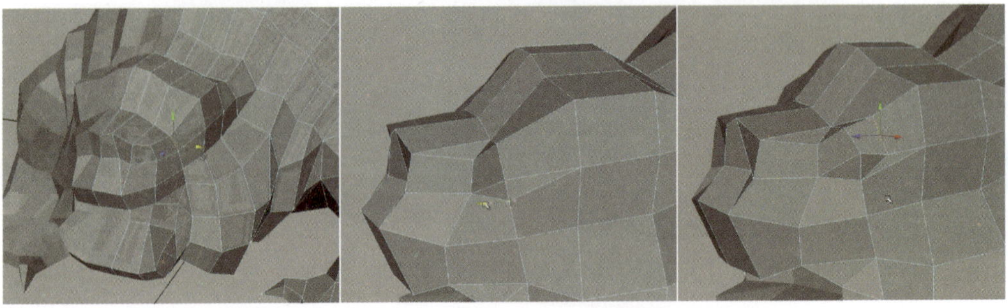

图5-41 调整怪物头部的轮廓造型

(3) 继续深入调整怪物的五官，刻画出鼻梁、眼睛、鼻孔等细节，效果如图5-42所示。然后整体观察模型，在Vertex层级下进行细微的调整，最终效果如图5-43所示。

图5-42 刻画出五官的细节

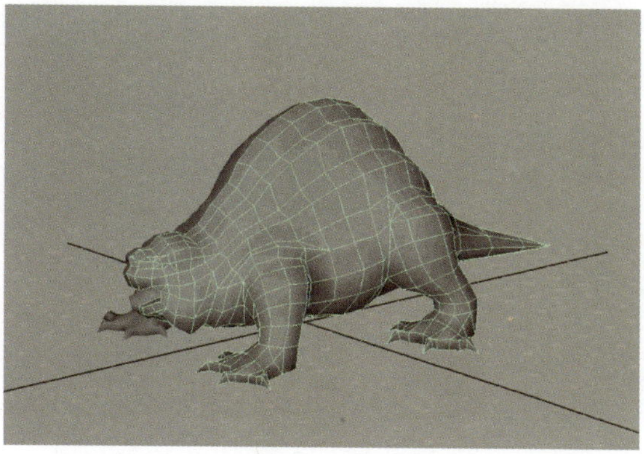

图5-43 整体观察并调整怪物的身体造型

提示：步骤(1)~(3)操作详见“光盘\第5章\动画文件\shou_dm_03.avi”视频文件。

(4) 制作牙齿。牙齿是本例怪物的突出特征之一。从门牙的形状可以看出怪物的鼠类特征，而从怪物两侧伸出的长牙却表现出变异怪物的邪恶之处。首先在场景中创建一个立方体，设好分段数，然后进入Vertex层级，使用(Move Tool)、(Scale Tool)、(Rotate Tool)工具调整立方体的造型和位置，如图5-44所示。接着复制调整好造型和位置的上门牙，制作成下牙，效果如图5-45所示。

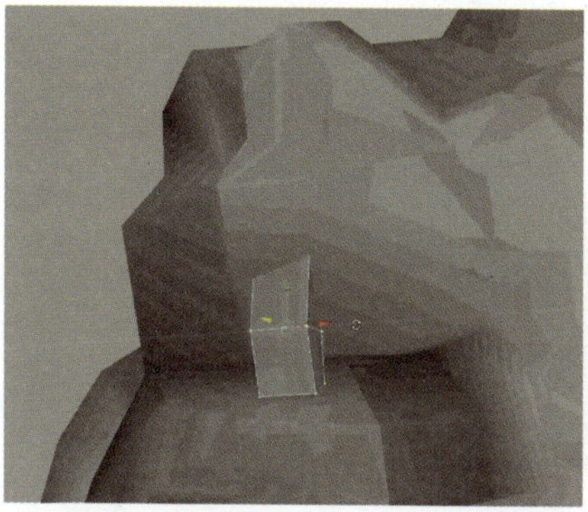

图5-44 调整立方体的造型和位置

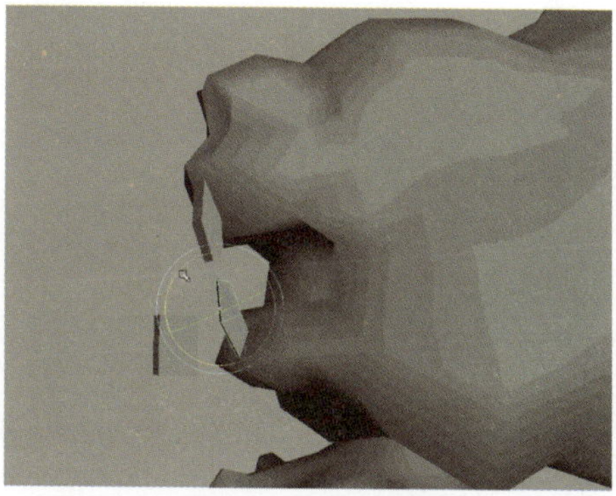

图5-45 制作下牙

(5) 再次创建一个立方体，分段数设为1，然后使用(Move Tool)、(Scale Tool)、(Rotate Tool)工具调整立方体的造型和位置，再进入Vertex层级，使用(Merge Vertices)工具按钮合并底部的顶点，制作成两侧犬齿的造型，如图5-46所示。同理制作出两侧变异的犬齿，并摆放到合理的位置，如图5-47所示。

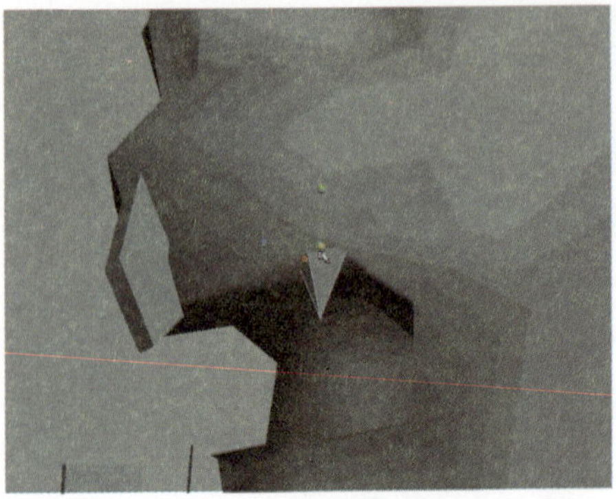

图5-46 制作犬齿

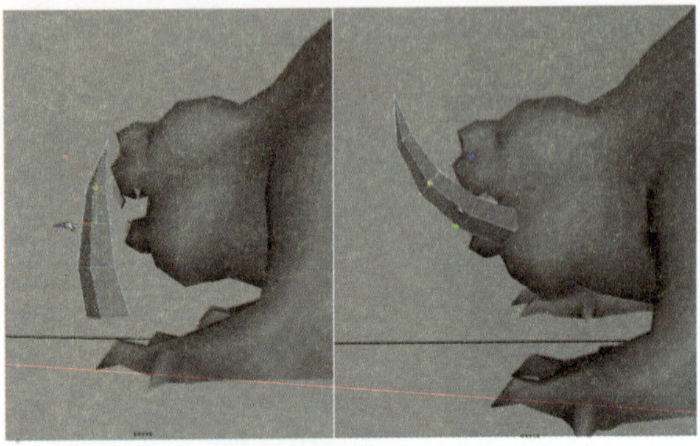

图5-47 制作变异的犬齿

(6) 因为怪物的变异牙齿和背部的尖刺造型相似，所以我们复制犬齿，再使用(Move Tool)、(Scale Tool)、(Rotate Tool)简单地调整造型和位置，来制作背部的尖刺，效果如图5-48所示。

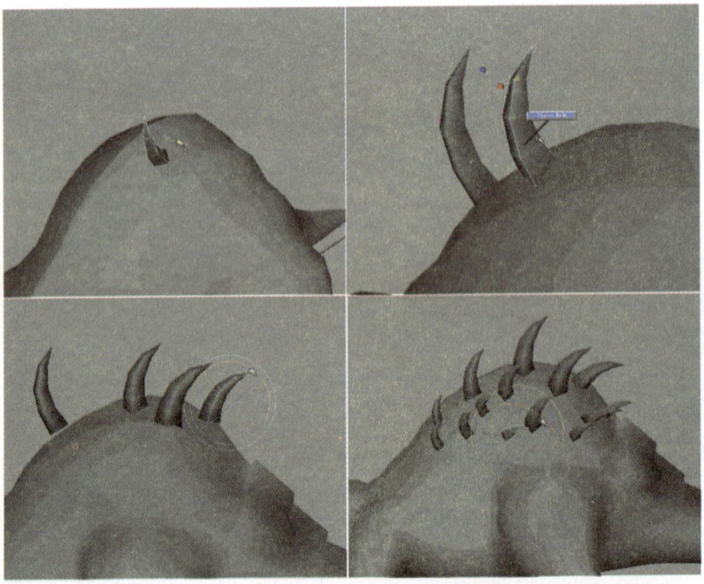

图5-48 制作背部的尖刺

(7) 至此，怪物的低精度模型就完成了，细节纹理将使用ZBrush的雕刻功能进行处理。分别选择怪物身体模型和尖刺模型，再单击菜单中的File | Export Selection命令右侧方框，在弹出的对话框中设置文件类型为OBJexport，然后单击Apply按钮，如图5-49所示，将模型导出，设置保存导出文件的路径为“光盘/第5章/工程文件/角色模型”，保存的文件名分别为shou_a.obj、shou_b.obj。

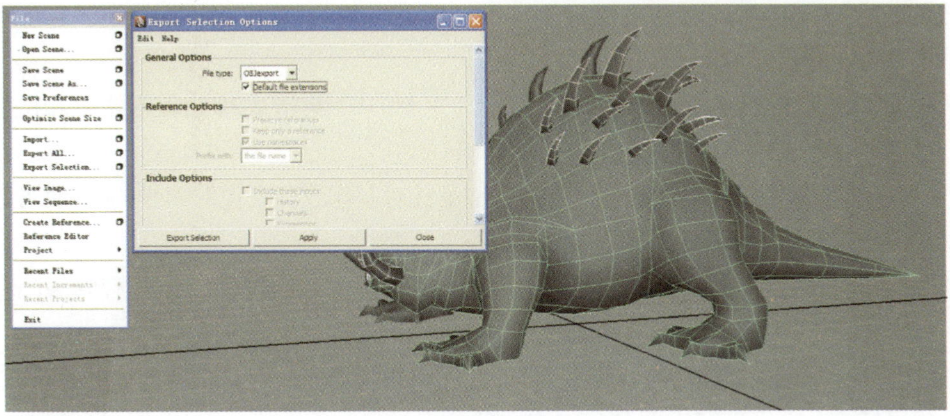

图5-49 导出OBJ文件

提示1：步骤(4)~(7)操作详见“光盘\第5章\动画文件\shou_dm_04.avi”视频文件。

提示2：obj文件格式能够保存贴图坐标，因此是非常受欢迎的3D文件格式，大多数3D软件(3ds Max、Maya、ZBrush)都能导出/导入Obj格式的模型。

3．模型UV的展开

UV主要是多边形(Polygon)表面的一个元素，同时又是确定2D材质纹理的坐标点。它控制材质纹理在模型上的对应关系，这里的材质纹理主要是指2D的纹理。模型上的每个UV直接依附于模型上的每个顶点，位于某个UV的像素点将被放置在模型上这个UV所依附的顶点之上，如图5-50所示。

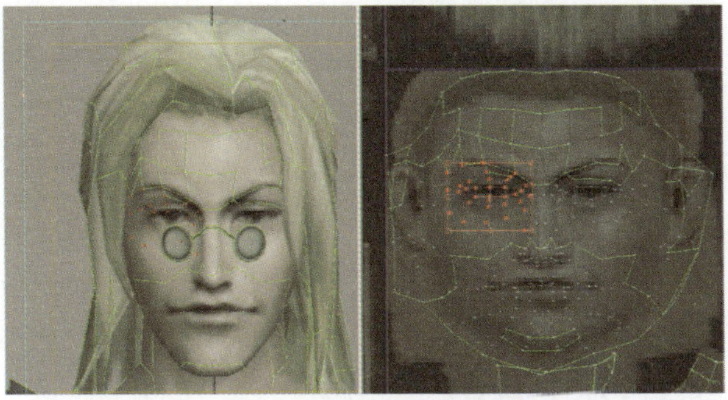

图5-50 UV与模型的关系

最佳的UV排布要取决于使用的纹理类型以及模型应用的场合，所以UV编辑有多种方法，但在这些方法之上还有一些基本原则需要遵守。

(1) UV(使用相同纹理)应避免重叠。这是因为重叠的UV会造成2D纹理的错位和拉伸，以及Bump纹理显示的错误。

(2) 尽可能减少UV块的划分。保持UV的完整是针对制作纹理来说的，少的UV块可以避免大量材质接缝的处理。

(3) UV的接缝摆放位置应为摄像机注意不到以及不易觉察的部位，如头后侧部、臂与腿的内侧。

(4) 保持UV在0~1象限空间内。数字0～1的范围内为纹理空间，这个空间内的纹理在UVW编辑器中是无限重复的，即0～1空间和1～2空间的纹理是完全相同的。因此，如果模型的UV超出这个空间，就会使用相同的纹理。

(5) 尽可能利用0~1纹理平面空间。这是因为纹理是根据UV为坐标参照，在模型表面上进行分布的，同时这个贴图纹理会参与渲染。如果我们制作了一个纹理，但没有充分利用纹理空间的话，就会造成纹理空间像素的浪费，造成绘制出来的贴图因为像素数量过少而不够清晰。

烘焙贴图之前，要对怪物模型的UV进行编辑。我们在3ds Max中进行UV的展开和编辑，编辑过程中，UV不要分得太散，要避免出现太多接缝。并且UV的边界要尽量切在隐蔽的位置，比如后颈，头顶等位置。另外注意测试纹理——棋盘格贴图的方格图案是否均匀。一般鼻子、下巴部位很容易产生拉伸，需要仔细调整，不然在画贴图的时候很容易出现纹理的拉伸。

编辑怪物UV的方法为：首先在前视图中将模型删除一半，然后分别指定头部、躯干、腿部、脚掌的UV坐标，调整好以后再使用“附加”命令合并模型，接着进行整体调整，处理UV的拉伸和摆放。最后复制已经调整好UV坐标的模型，完成整体UV贴图的制作。下面进入整体编辑过程。

(1) 启动3ds Max 2008，执行两次“文件”|“导入”菜单命令，先后导入shou_a.obj和shou_b.obj文件，如图5-51所示。选择怪物身体模型，单击工具栏中的(材质编辑器)按钮，进入材质编辑器。然后选择一个空白的材质球，单击“漫反射”颜色框右侧的方块，从弹出的“材质/贴图浏览器”对话框中选择“棋盘格”，如图5-52所示，单击“确定”按钮。接着将UV平铺值调整为U：10，V：20。现在被选中的材质球就变成了黑白相间的棋盘格，最后将材质球上的贴图赋予模型，效果如图5-53所示。

(2) 选中身体模型，指定UVW贴图修改器，在参数卷展栏中选择平面，在对齐选项组里选择X轴，再单击“适配”按钮，使贴图自动匹配坐标。激活Gizmo，利用(选择并均匀缩放)工具，将棋盘格调整为均匀的正方形，如图5-54所示。

图5-51 导入怪物模型

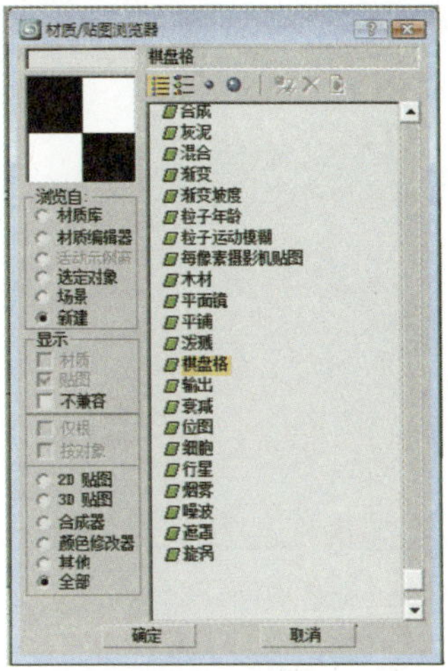

图5-52 选择“棋盘格”贴图

图5-53 把材质赋予模型

图5-54 身体的UV适配

(3) 执行菜单中的UVW展开命令，单击参数栏里的“编辑”按钮，进入编辑UVW对话框。然后激活选择模式下的(顶点子对象模式)按钮，选中全部顶点，利用编辑UVW工具栏中的(旋转)工具调整UV坐标，如图5-55所示。

(4) 把UV坐标摆满整个象限内(蓝色方框)内，这样可以充分利用UV空间，因此把身体的UV利用编辑UV菜单中的“工具”|“断开”命令分离成几个部分，如图5-56所示。然后继续调整打断的UV坐标，最后将调整好的UV坐标塌陷保存。

(5) 在编辑UVW对话框中激活选择模式中的(边子对象模式)按钮，然后在透视图中全部选中如图5-57所示的边，执行编辑UVW菜单中的“工具”|“断开”命令，再激活(顶点子对象模式)按钮，使用编辑UVW工具栏中的(移动)工具调整身体UV坐标，调整时同步观察模型，手动修改棋盘格图案有拉伸的地方，最终编辑效果如图5-58所示。最后塌陷UV进行保存。

图5-55 旋转头部UV坐标

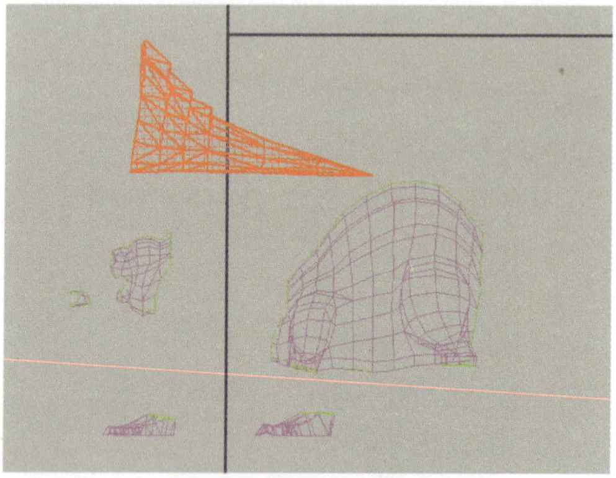

图5-56 打断分离UV

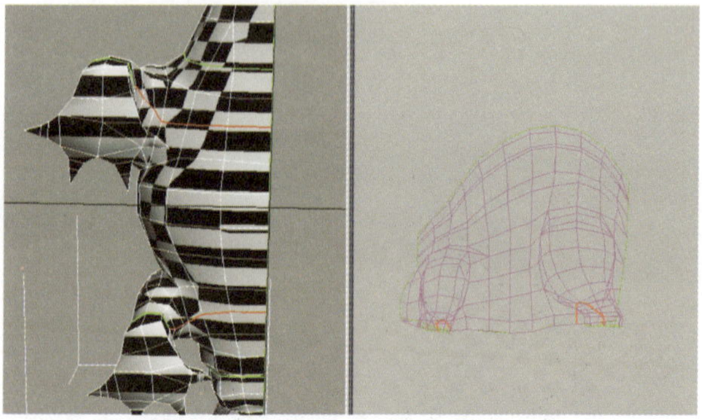

图5-57 需要选中的边

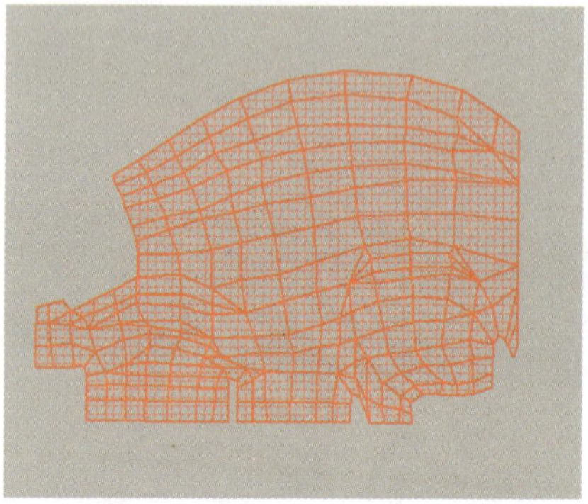

图5-58 编辑身体UV坐标

(6) 同理，编辑好头部、尾巴的UV，效果如图5-59所示。再塌陷UV。

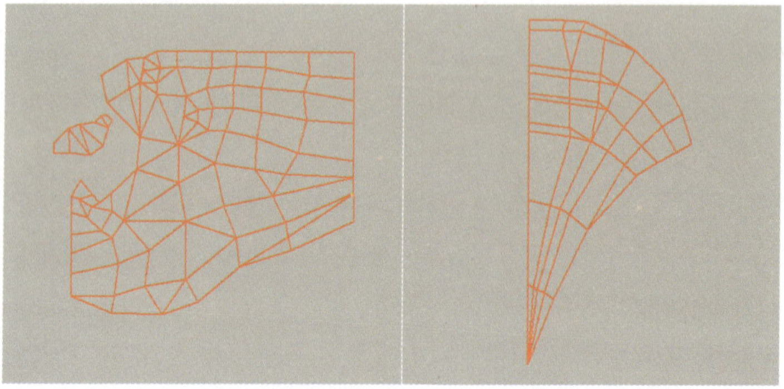

图5-59 编辑好头部、尾巴的UV

(7) 因为脚掌的UV轴向错误，所以需要重新指定UV坐标。方法：为脚掌模型指定UV贴图修改器，参数确定为平面贴图坐标，选择沿Z轴对齐，然后单击“适配”按钮。接下来激活Gizmo，使用(选择并均匀缩放)、(选择并旋转)工具，将棋盘格调整为均匀的正方形，如图5-60所示。

图5-60 为脚掌指定UVW贴图修改器

(8) 为脚掌模型指定“展开UVW”修改器，然后单击“编辑”按钮，进入“编辑UVW”对话框。接着激活(面子对象模式)按钮，在视图中选择需要断开的面执行编辑UVW菜单中的“工具”|“断开”命令，将脚掌模型的UV分离，如图5-61所示。最后激活(顶点子对象模式)按钮，手动修改贴图拉伸的地方，效果如图5-62所示。塌陷保存UV坐标。

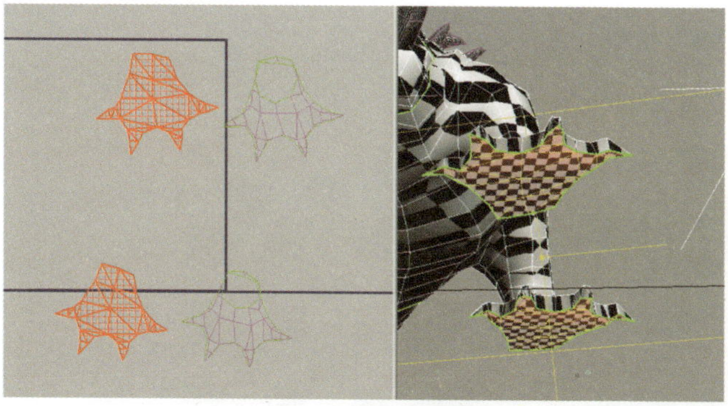

图5-61 分离脚掌UV

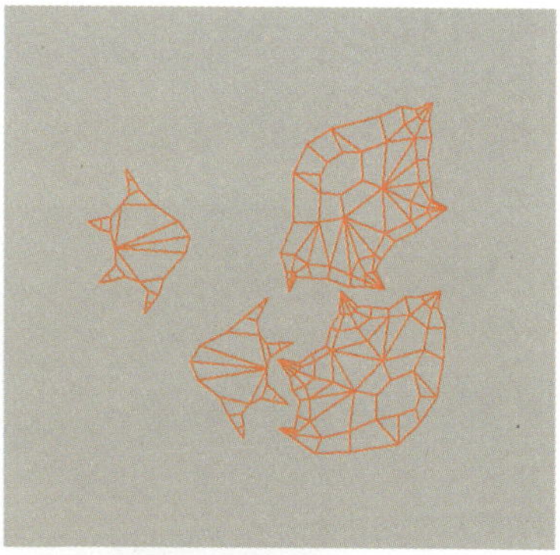

图5-62 编辑脚掌UV

(9) 编辑身体上尖刺的UV坐标。方法：为尖刺整体模型指定UVW贴图修改器，参数确定为平面贴图坐标，选择沿X轴对齐，然后单击“适配”按钮。接着进入“编辑UVW”对话框，发现尖刺的UV摆放如图5-63所示。由于全部尖刺的模型是由一个尖刺复制出来的，UV坐标是一样的，所以我们可以激活(顶点子对象模式)，使用“编辑UVW”工具栏中的(移动)工具先把所有尖刺的UV重叠摆放到一起，再同时调整UV坐标，可以大大提高编辑效率，效果如图5-64所示。

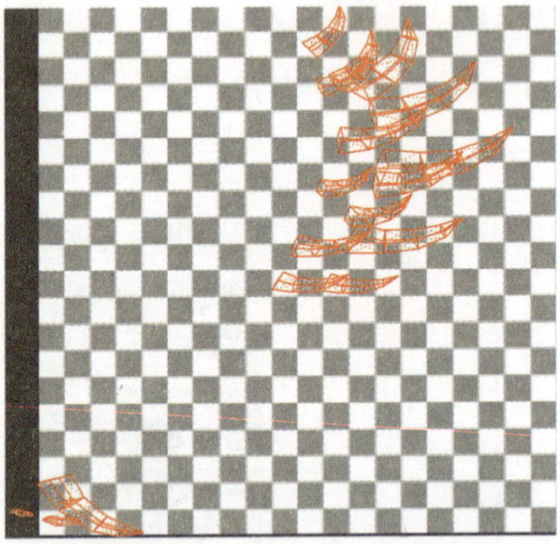

图5-63 尖刺的UV分布

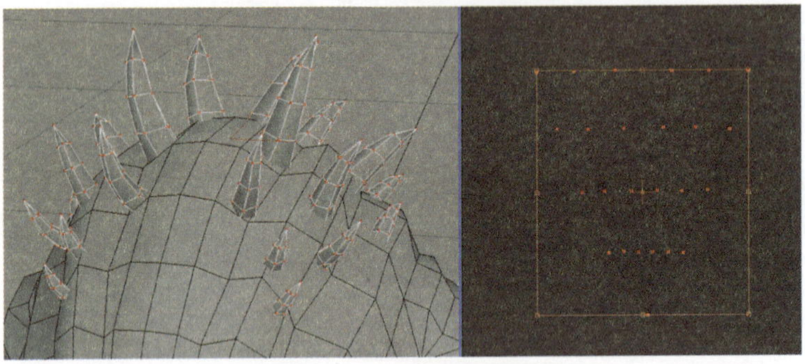

图5-64 编辑重叠尖刺的UV

(10) 同理，调整好牙齿的UV，效果如图5-65所示。塌陷保存UV坐标。

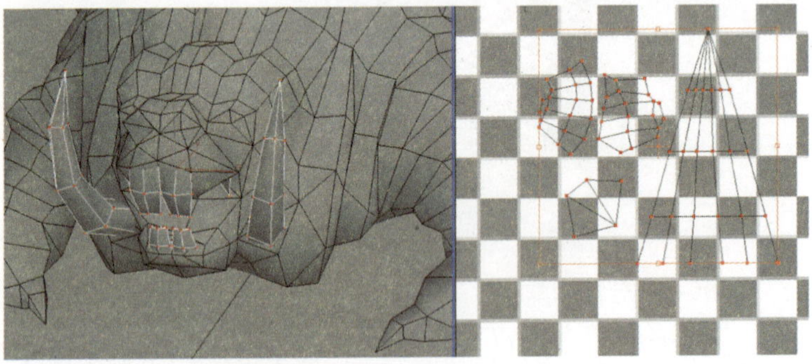

图5-65 牙齿UV的编辑效果

(11) 使用右键菜单中的“附加”命令，将怪物各部分模型合并在一起。然后执行修改器中的“UVW展开”命令，单击“编辑”按钮进入“编辑UVW”对话框，将怪物各部分UV坐标线框合理排放在象限范围内，效果如图5-66所示。

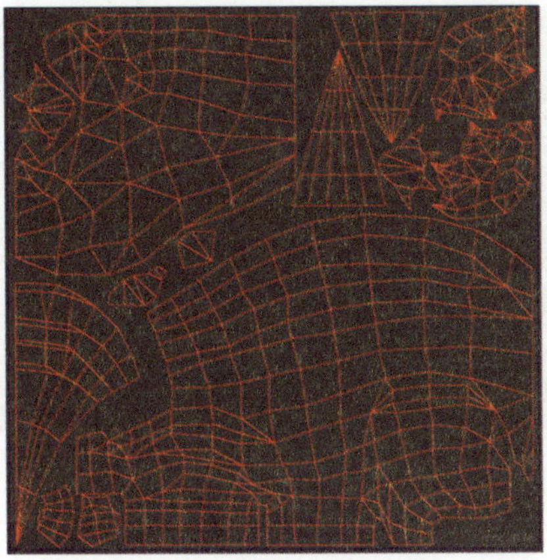

图5-66 编辑好怪物的UV

(12) 调整好模型的UV之后，使用“修改”面板中的分离命令将怪物的模型打断为导入Maya 2008时的状态，然后执行两次“文件”|“导出选择物体”菜单命令，先后将身体和尖刺的模型导出为shou_a.obj和shou_b.obj文件，并覆盖原来的文件。

5.2.2 在ZBrush中进行高模的数字雕刻的制作

本节把在Maya 2008中编辑好UV的低模导入ZBrush雕刻高模。雕刻高模的时候需要把握整体感觉，特别是怪物体表覆盖的角质的造型分布和质感，以及角质结构之间的层次。

(1) 启动ZBrush 3.1，执行菜单中的Tool | Import命令，先后导入shou_a.obj和shou_b.obj文件，如图5-67所示。然后按下Make PolyMesh3D按钮把模型转换为3D网格物体，再使用Append按钮添加到SubTool调色板中，如图5-68所示。

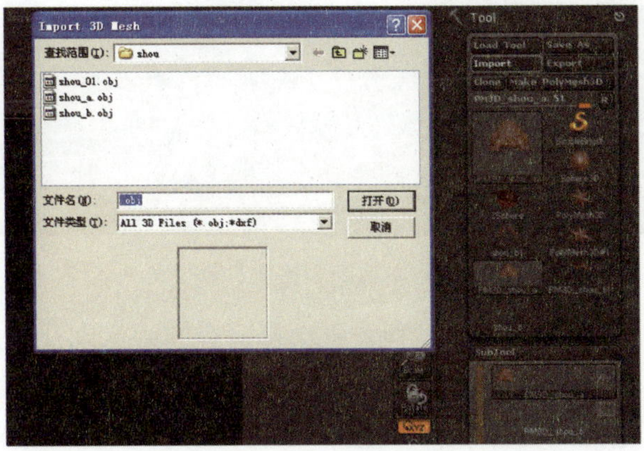

图5-67 导入模型文件

图5-68 添加模型到SubTool调色板中

提示：由于背部的尖刺会妨碍雕刻背部细节，因此需要把尖刺和身体分成两个部分进行导入，这样在刻画背部细节时，就可以把尖刺隐藏。

(2) 在ZBrush视窗中按下鼠标左键并拖动，先后拖出怪物身体和尖刺的模型，如图5-69所示。然后按T键，进入模型的编辑模式，再按Ctrl+D快捷键细分模型，对模型进行4级细分，参数设置如图5-70所示。绘制细节时，我们设置画笔的镜像参数，如图5-71所示，这样，只需编辑模型的一边，另一边也会随之变化。

图5-69 在视图中拖出模型文件

(3) 在画布左侧的工具栏设置材质类型，再选择适合的画笔以及笔触和纹理，如图5-72所示。然后单击鼠标右键，在弹出的快捷菜单中设置画笔大小以及凹凸强度参数，如图5-73所示。

(4) 绘制的过程主要是雕刻怪物的细节造型，因此要多参考原画，保证形体符合设定的造型之后，再刻画怪物体表的细节，如图5-74所示。

图5-70　细分模型

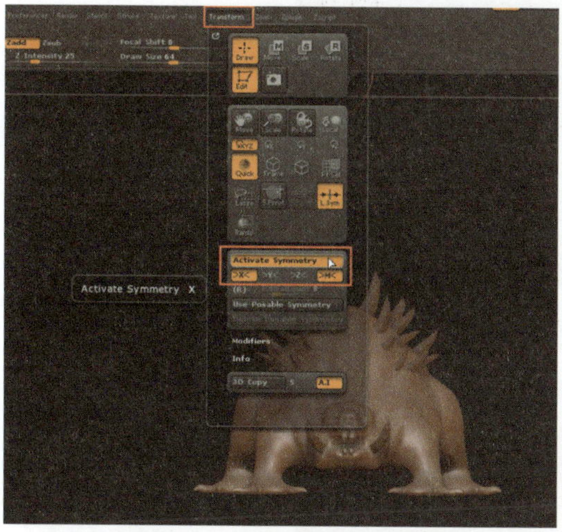

图5-71　设置画笔镜像

图5-72　选择材质和画笔类型

(5) 根据材质效果变化，使用画笔工具对整个身体添加纹理细节，进一步完善角色皮肤的凹凸变化，绘制不同的部位要不断调整合适的笔刷大小和硬度，绘制效果如图5-75和图5-76所示。

(6) 进一步的刻画需要在5级细分的条件下进行，这时模型表面的网格更加细腻，有利于进行更加细致的雕刻工作，雕刻中可以尝试使用不同的笔刷绘制，比如Glay就是个不错的笔刷。每种笔刷都有其各自的特点，只有在不断地创作和练习当中，才能体会到它们的优势。5级细分后的雕刻更加细致，主要是刻画腿部、头部的一些细节，效果如图5-77所示。

图5-73 在右键菜单中设置画笔参数

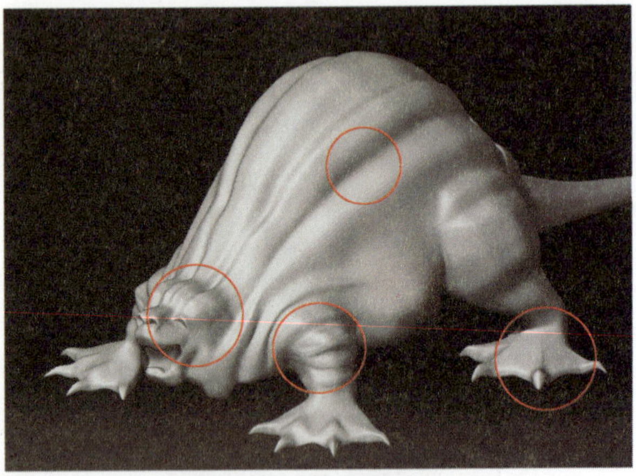

图5-74 绘制身体结构

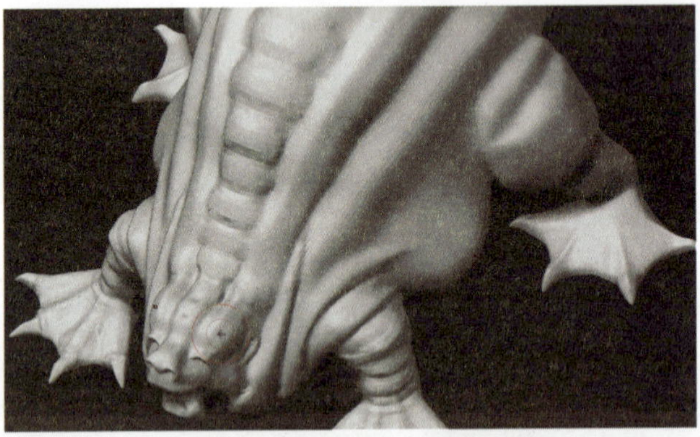

图5-75 绘制怪物体表的凹凸细节

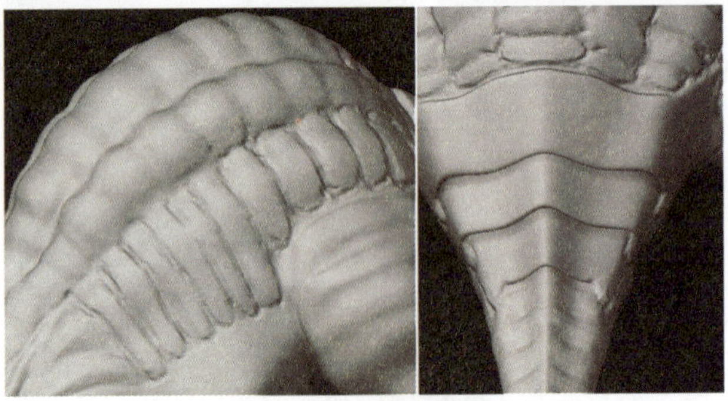

图5-76 雕刻怪物体表细节

(7) 刻画腿部时应该注意，因为怪物腿部外侧的角质护甲比较厚实，因此纹理比较明显，腿部内侧的角质比较薄，因此纹理不要刻画得太明显，如图5-78所示。避免造成整体节奏的失衡。

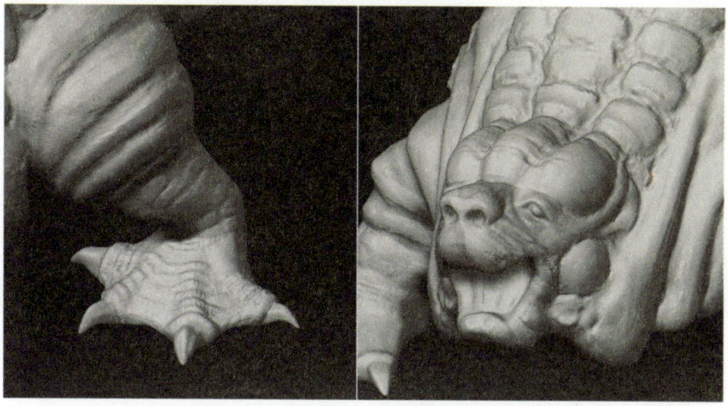

图5-77　雕刻腿部和头部的细节

提示：步骤(1)～(7)操作演示详见“光盘\第5章\动画文件\shou_01.avi”视频文件。

(8) 为了使绘制的效果更加细腻，我们缩小笔刷，再选择35#Alpha纹理，绘制各个部位之间的结构，使结构之间的缝隙更加清晰，如图5-79所示。

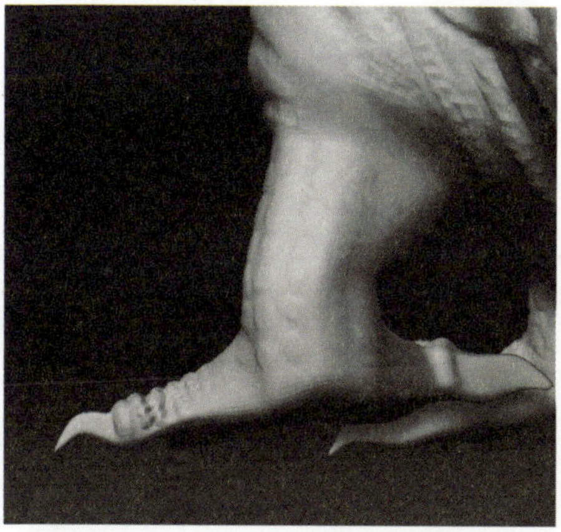

图5-78　腿部内侧的节奏处理

图5-79　绘制结构线

(9) 在体表添加更多的小细节，如图5-80所示，同时修改局部错误的纹理，如图5-81所示。

(10) 最终刻画的体表效果如图5-82～图5-84所示。

(11) 怪物的体表除了分布凹凸不平的角质外，更有一些细小的蒙尘与划痕等纹理，也需要仔细刻画出来。方法：选择标准笔刷，再选择58#Alpha纹理进行绘制，为了使划痕效果比较自然，不宜过于密集。因此绘制时要使用比较大的笔刷，绘制效果如图5-85所示。

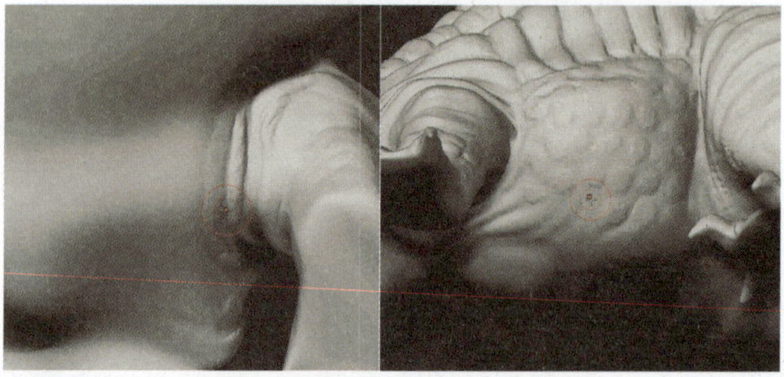

图5-80 添加体表的结构细节

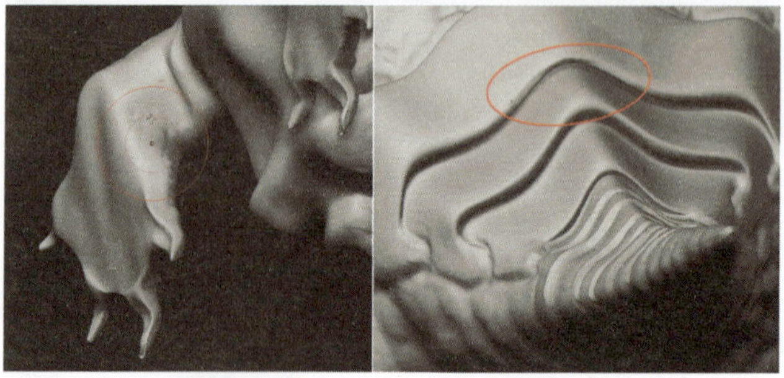

图5-81 修正局部的错误

图5-82 刻画怪物体表的最终效果(1)

图5-83 刻画怪物体表的最终效果(2)

提示：步骤(8)~(11)操作详见“光盘\第5章\动画文件\shou_02.avi”视频文件。

(12) 将文件保存到“光盘/第5章/工程文件/角色模型/”目录下，保存文件名为a_10.ZTL。

图5-84 刻画怪物体表的最终效果(3)

图5-85 绘制体表的划痕纹理

5.3 法线贴图的制作

法线贴图(Normal Map)烘焙是目前游戏美术制作中被广泛使用的贴图制作技术。使用这种技术制作出来的贴图使游戏模型具有更加真实的表现效果，多用于次世代游戏的制作过程。随着网络平台技术的不断成熟，烘焙贴图技术也逐渐应用到次世代网络游戏的研发中，所以对于游戏美术来说，制作法线贴图的烘焙方法是必须了解和掌握的。

5.3.1 烘焙的基本操作

目前在游戏中需要烘焙生成的贴图类型包括灯光贴图(Light Map)、法线贴图(Normal Map)、环境光阻光贴图(Ambient Occlusion Map)等，个别特殊贴图类型还会依据具体游戏项目的需要在游戏引擎中直接生成。

1. 烘焙技术的概念

所谓“烘焙”就是将模型渲染生成的效果映射到一张对应的贴图上，从而可以在游戏引擎中通过Shader编辑处理，并将多种效果的贴图类型叠加到一起，最终实现具有逼真效果的角色模型和场景模型。

对于游戏公司的美术制作人员来说，因为公司需要可能使用不同的制作软件，但制作的核心原理和方法都是一样的，所以不必担心发生冲突。ZBrush与3ds Max结合生成法线贴图的方法主要有两种：一是在ZBrush中直接生成法线贴图，另一种是利用3ds Max中的“渲染到纹理”功能面板中的“投影”功能烘焙出法线贴图。本节主要介绍这两种生成法线贴图的方法。如果大家以后进入一些比较知名的游戏公司，就可以接触到实际游戏引擎中对于烘焙贴图的具体实现方法。

2. 烘焙命令面板

运行3ds Max 2008，执行菜单中的“渲染”|“渲染到纹理”菜单命令(快捷键为数字键0)，就会弹出“渲染到纹理”对话框，用于制作烘焙贴图。下面进行简要介绍。

(1) “渲染到纹理”对话框中包含5个卷展栏，分别为“常规设置”、“烘焙对象”、“输出”、“烘焙材质”和“自动贴图”，如图5-86所示，具体选项说明见表5-1。

表5-1 “渲染到纹理”对话框中卷展栏的说明

中文名称	英文名称	功能说明
常规设置	General Settings	该卷展栏具有当前场景的纹理烘焙控件。它可以控制烘焙纹理、贴图大小、渲染设置的自动展开以及渲染纹理保存的位置
烘焙对象	Objects to Bake	该卷展栏具有用于单个对象纹理烘焙的控件。使用该卷展栏可以选择纹理将使用的贴图通道、渲染的元素，以及所采用的大小。还可以控制文件名生成，并且指定所渲染纹理元素的格式
输出	Output	根据在“烘焙对象”卷展栏中选定的元素，可能显示此卷展栏。该卷展栏用于禁止保存该特定元素贴图的某些场景组件
烘焙材质	Baked Material	材质烘焙运行在整个“渲染到纹理”流程中。不对单个对象进行设置。注意：使用“网络渲染”时，禁用“渲染到烘焙材质”选项
自动贴图	Automatic Mapping	指定“渲染到纹理”自动展平 UV 或选择烘焙纹理的贴图大小时所表现的行为

(2) “常规设置”卷展栏如图5-87所示。具体选项说明见表5-2。

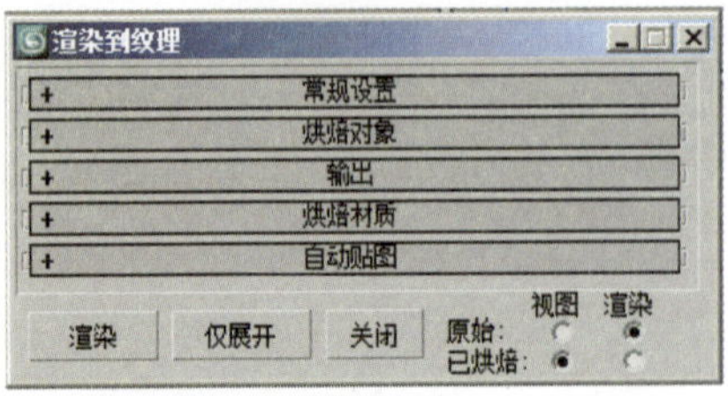

图5-86 “渲染到纹理”对话框

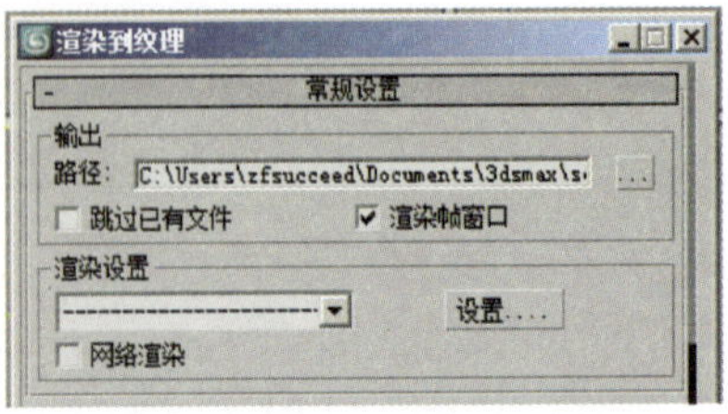

图5-87 “常规设置”卷展栏界面

表5-2 “常规设置”卷展栏界面选项说明

选 项 组	中文名称	英文名称	功 能
输出(Output)	路径	Text field	指定保存渲染纹理的文件夹
	省略号按钮	…	单击此按钮显示一个对话框，在该对话框中可以浏览到要保存渲染纹理的目录
	跳过已有文件	Skip Existing Files	使用此复选框不覆盖已渲染保存的纹理
	渲染帧窗口	RenderedFrame Window	启用此复选框后，当元素被渲染时，在渲染帧场景中显示完整的贴图
渲染设置(Render Settings)	下拉列表框	Drop menu	在此下拉列表框中可以选择加载预设
	设置	Setup	单击该按钮显示“渲染场景”对话框，在其中可以调整产品设置、草图设置
	网络渲染	Network Render	启用该复选框后，可以将渲染任务指定给服务器系统

(3) “烘焙对象”卷展栏如图5-88所示，各选项说明见表5-3。

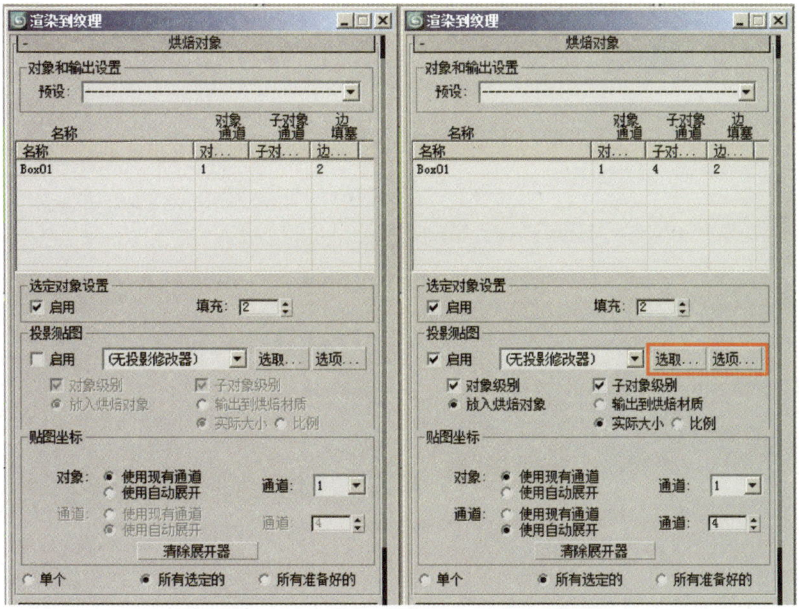

图5-88 “烘焙对象”卷展栏界面

表5-3 “烘焙对象”卷展栏界面选项说明

选项组	中文名称	英文名称	功能
投影贴图 (Projection Mapping)	启用	Enabled	启用该复选框之后，将使用投影修改器启用法线凹凸投影
	“修改器”下拉列表框	Modifier drop-down list	选择对象之后，此列表显示投影修改器。如果指定多个投影修改器，则其名称也显示在列表中
	选取	Pick	单击此按钮即可选取投影修改器，并以此生成高分辨率的法线对象
	选项	Options	单击可显示“投影选项”对话框，其中包含各种法线凹凸投影设置
贴图坐标 (Mapping Coordinates)	对象	Object	这些控件用于使渲染的纹理基于源对象的对象层级
	使用现有通道	Use Existing Channel	选中该单选按钮之后，将使用现有贴图通道
	通道	Channel	当“使用现有通道”处于活动状态时，使用该选项可以选择要用于展开的通道

(4) “投影选项”对话框如图5-89所示，各选项说明见表5-4。

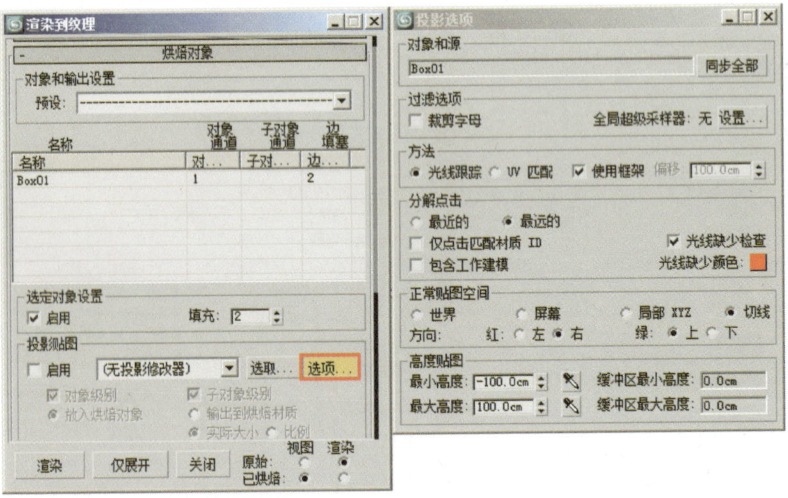

图5-89 “投影选项”对话框

表5-4 "投影选项"对话框中的选项说明

选项组	中文名称	英文名称	功能
正常贴图空间(Normal Map Space)	世界	World	使用世界坐标方式进行法线投影。此选项主要适用于不移动或变形的对象；否则，带有世界投影法线的移动对象将显示为通过纹理"游动"
	屏幕	Screen	使用屏幕坐标方式进行法线投影，即在 Z 轴方向上的平面投影。此方法主要适用于只能从一个角度看到的固定对象
	局部XYZ	Local XYZ	使用对象局部坐标方式进行法线投影。此方法可用于固定的对象或移动的对象，但是不可用于变形的对象
	切线	Tangent	从切线方向投影到目标对象的曲面。这是适用于移动和变形对象的方法，如设置动画的角色
	方向	Orientation	方向设置确定红色和绿色在法线贴图中所表示的含义，方向设置与切线方法不同，红色和绿色的设置是否正确取决于用于查看贴图的硬件明暗器或纹理的种类。不同的明暗器具有不同的要求。"法线凹凸"贴图具有用于翻转红色和绿色的控件；如果使用默认"X"和"Y"或"左"和"右"设置创建贴图，则"法线凹凸"纹理可以正确运行，但是如果使用不同的设置创建贴图，则更改"法线凹凸"设置，以便正确进行贴图渲染，而不是渲染整个新贴图
	红	Red	可以是"左"或"右"。默认设置是"右"
	绿	Green	可以是"上"或"下"。默认设置是"下"

(5)"输出"卷展栏如图5-90所示，选项说明见表5-5，烘焙贴图类型如图5-91所示，具体说明见表5-6。

表5-5 “输出”卷展栏界面选项说明

选项组	中文名称	英文名称	功能
输出列表(Output List)	元素名	Element Name	显示与贴图相对应的元素
	大小	Size	显示贴图大小
	添加	Add	单击该按钮可显示图5-90所示的“添加纹理元素”对话框，从中选择要添加到列表中的一个或多个元素类型
	删除	Delete	单击该按钮可从列表中移除当前高亮显示的元素
选定元素通用设置(Selected Element Common Settings)	启用	Enable	启用此复选框将渲染选定元素。如果禁用此复选框将禁用此元素的渲染。默认设置为启用
	目标贴图位置	Target Map Slot	包含可以指定给选定对象的材质的所有贴图类型。如果选定多个对象，则将列出所有选定对象公用的所有贴图类型
	使用自动贴图大小	Use Automatic Map Size	选中该复选框之后，将使用“常规设置”卷展栏中的值自动设置纹理大小。如果禁用此复选框，将由该卷展栏中的下列控件指定纹理大小。默认设置为禁用状态
	宽度和高度	Width和Height	用于指定纹理的自定义分辨率，范围为0～8192。默认值256
	重置分辨率按钮	Preset Resolution Buttons	单击其中一个按钮即可为纹理指定重置分辨率

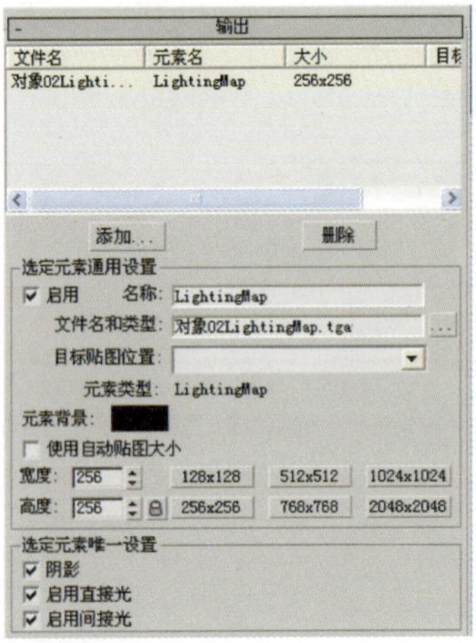

图5-90 “输出”卷展栏

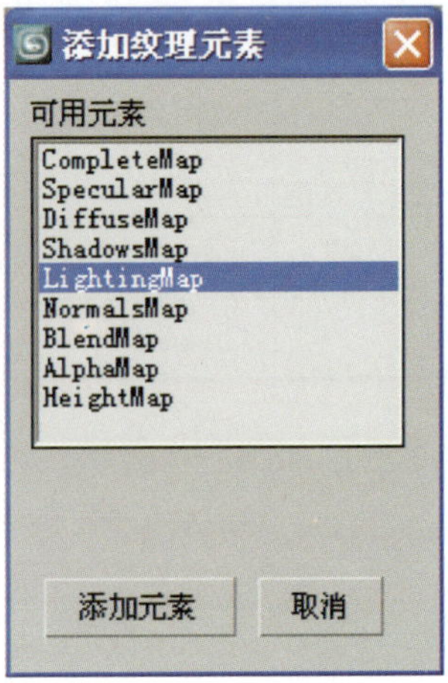

图5-91 烘焙纹理贴图类型

表5-6　烘焙贴图纹理类型说明

选 项 组	中文名称	英文名称	功　能
可用元素 (Available Elements)	完整贴图	CompleteMap	完整贴图可以保存所渲染对象的大多数曲面属性：照明、漫反射颜色、高光颜色、反射、阴影、环境光颜色、自发光颜色、折射
	高光贴图	SpecularMap	高光贴图只保存对象的高光颜色
	漫反射贴图	DiffuseMap	漫反射贴图只保存对象的漫反射颜色
	阴影贴图	ShadowsMap	阴影贴图只保存投射到对象的阴影
	照明贴图	LightingMap	照明贴图只保存投射到对象的灯光
	法线贴图	NormalsMap	法线贴图保存表示对象曲面法线方向的颜色渐变。使用法线贴图，Direct3D 渲染可以使简单的几何体显得更加复杂
	混合贴图	BlendMap	混合贴图与完整贴图类似，不同之处在于其所有组件(不仅仅是阴影)都是可选的
	Alpha 贴图	AlphaMap	Alpha 贴图只保存所渲染对象的 Alpha 通道
	高度贴图	HeightMap	高度贴图是使用法线投影进行渲染时存储源对象相对高度的灰度贴图，可以将高度贴图作为目标对象上的位移贴图。这是向低分辨率对象的边缘添加细节的方式，因为边缘本身不受法线凹凸贴图的影响

3. 烘焙整体思路

烘焙对象纹理的具体操作步骤如下。

(1) 选择对象。理想情况是，对要选择的对象指定好纹理、灯光及阴影效果等。

(2) 执行菜单中的“渲染”|“渲染到纹理”命令(快捷键为数字0)。

(3) 在弹出的“渲染到纹理”对话框中展开“输出”卷展栏。

(4) 单击“添加”按钮，然后在弹出的“添加纹理元素”对话框中，选择要渲染的元素(烘焙贴图的类型)。

(5) 设置“目标贴图窗”(用于设置贴图路径，可以不设置)。

(6) 单击“渲染”按钮。这样，所选的要渲染的元素就被渲染到文件，并且显示出烘焙纹理。

4. 烘焙法线贴图

次世代游戏的场景制作中，烘焙技术的应用非常广泛，比较常用的有灯光和法线贴图的烘焙。而在游戏角色制作中，法线贴图主要用于表现物体的结构和纹理；而灯光烘焙主要用于表现漫反射贴图的明暗节奏变化。本节介绍使用3ds Max投影功能烘焙法线贴图的方法。

(1) 在3ds Max 2008中导入怪兽模型，使用“附加”命令把各部分模型合并，再导入在ZBrush中3级细分的怪物模型，把两个模型完全匹配，如图5-92所示。

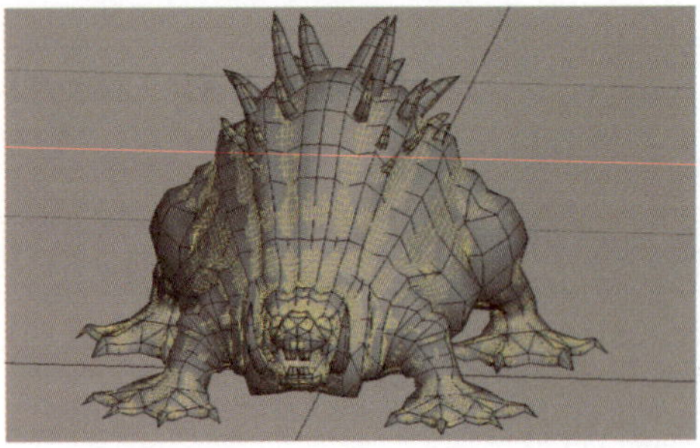

图5-92 匹配怪物的高模和低模

(2) 选中怪物低模，再执行“渲染”菜单中的“渲染到纹理”命令，设置基本参数，注意设置输出路径。然后单击投影参数面板中的Pick(拾取)按钮，再选择匹配好的高模，效果如图5-93所示。接着单击Render(渲染)按钮，生成烘焙的法线贴图(尖刺面积较小，所以没有烘焙)，如图5-94所示。

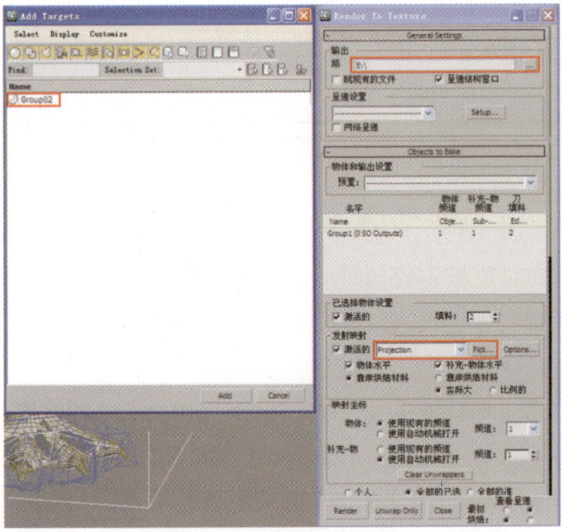

图5-93 设置投影参数

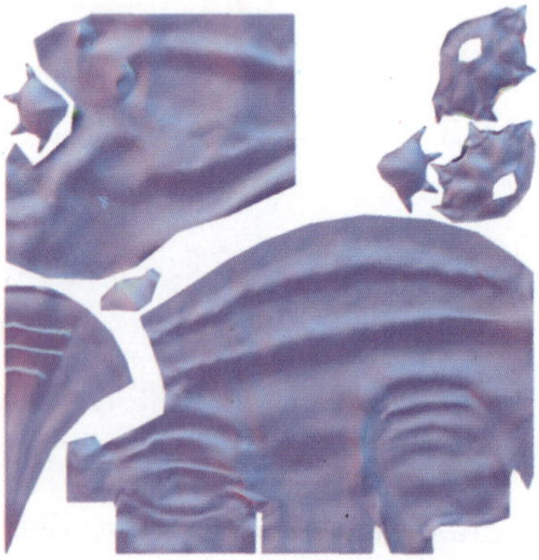

图5-94 烘焙生成的法线贴图

下面讲解运用ZBrush 3.1制作法线贴图的流程。因篇幅所限，此部分只对ZBrush制作流程进行分析，帮助大家了解法线贴图的制作原理，制作步骤和技巧不作重点介绍。

(1) 生成法线。方法：启动ZBrush 3.1，打开我们雕刻高模时保存的工具文件，将细分级别设置为1，如图5-95所示。在生成法线之前，需要对输出的参数进行设置，如图5-96所示。然后单击Create NormalMap按钮生成法线，效果如图5-97所示。

图5-95　调整细分级别为1

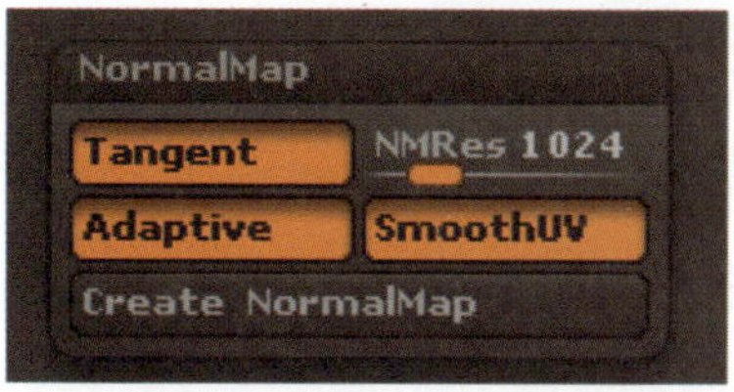

图5-96　设置生成法线的参数

图5-97　ZBrush生成法线的效果

(2) 输出法线。方法：单击左侧Alpha按钮，弹出纹理选择框，如图5-98所示。然后单击窗口下方的Export按钮，就可以将ZBrush中生成的法线贴图导出为PSD格式文件。

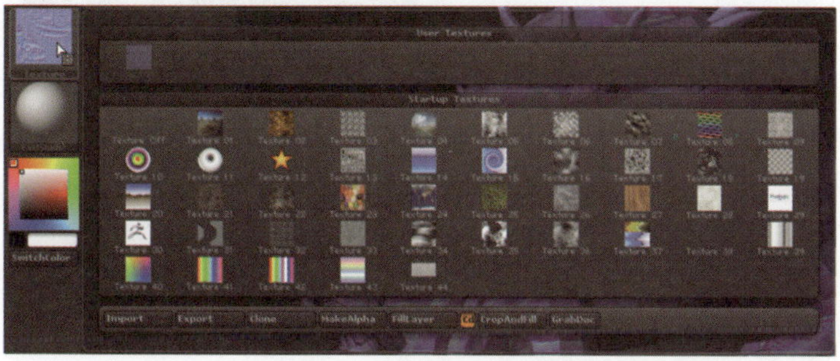

图5-98　输出法线贴图

5.3.2 法线贴图测试

按照次世代游戏的制作规范和标准，高级怪物要使用漫反射贴图、高光贴图及法线贴图。漫反射贴图我们使用已经制作完成的一张贴图，具体制作过程不在本书中过多叙述，但是要想表现更多真实的细节，还需要借助其他的贴图通道来实现，目前，用法线贴图来表现材质的真实质感，用高光贴图来表现材质的光照质感，是次世代游戏的主流制作技术。

(1) 在Photoshop中打开已经生成的两张法线贴图，比较观察两者的区别，如图5-99中A和B所示。由于贴图A的轮廓比较模糊，因此在为模型指定法线纹理时可以考虑选择贴图B。但是，ZBrush中生成的法线贴图轮廓仍然比较粗糙，只能用来表现模型的轮廓，无法表达具体的纹理细节。

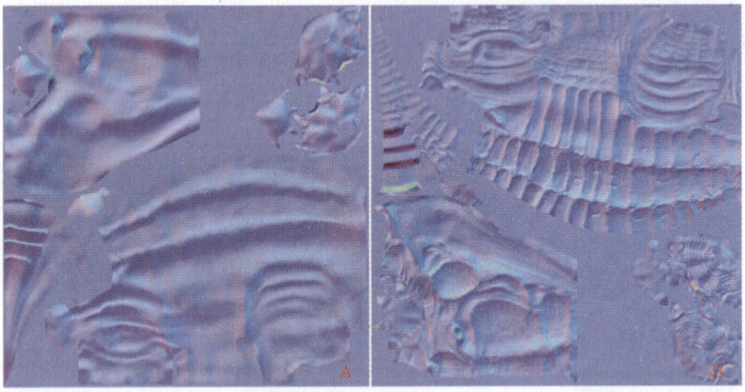

图5-99 比较法线贴图的不同效果

(2) 为了更好地表现高端模型的材质质感，在制作法线贴图时需要在贴图纹理上也制作出比较好的凹凸效果。首先，使用Photoshop法线转换(NVIDIA normal map)插件来把完成的模型漫反射贴图(wuminggguai_dif.jpg)纹理生成一张材质转换的法线纹理，参数设置如图5-100所示。

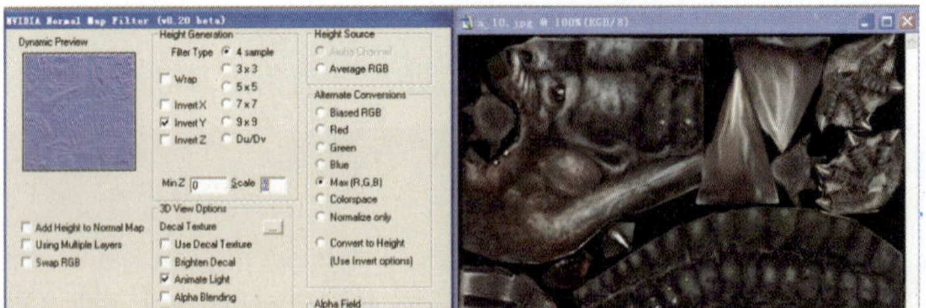

图5-100 漫反射贴图转换的法线效果

(3) 将Photoshop中生成的法线与用ZBrush生成的法线贴图进行融合，融合时选择“叠加”模式，转换合成的最后效果如图5-101所示。

> 提示：在ZBrush中生成的法线贴图是反向输出，因为与漫反射贴图的方向正好相反，所以在后面调整时就会变回正常，因此请认真阅读本章节中关于ZBrush输出法线的内容讲解。

(4) 打开前面制作完成的“漫反射贴图”，在Photoshop中转换为黑白纹理，如图5-102所示，再适当对暗部加深，亮部适当加亮。突出高光的显示模式，生成高光贴图，如图5-103所示。

图5-101　融合的法线贴图

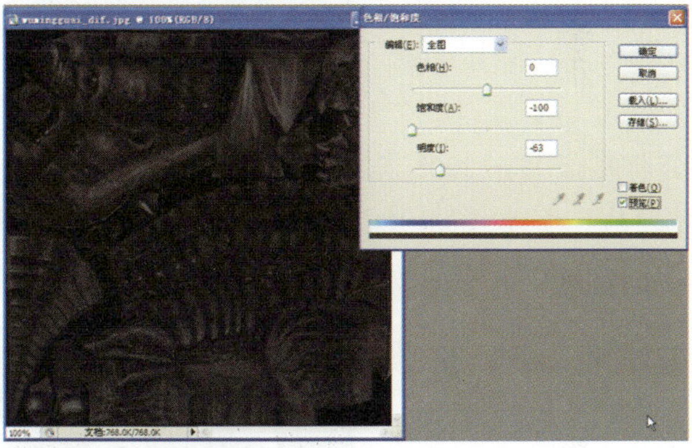

图5-102　转换高光贴图

图5-103　转换完成高光贴图效果

> 提示：将制作完成的不同贴图分别命名为wumingguai_dif.jpg(漫反射贴图)、wumingguai_spe.jpg(高光贴图)、wumingguai_nom.jpg(法线贴图)，保存到“光盘/第5章/工程文件/贴图”目录下。

(5) 完成整体法线的融合之后，进入3ds Max 2008，为了保证观察法线贴图的最佳显示效果，需要重新设置显示模式，设置方法如图5-104所示，将显示模式调整为Direct3D模式。

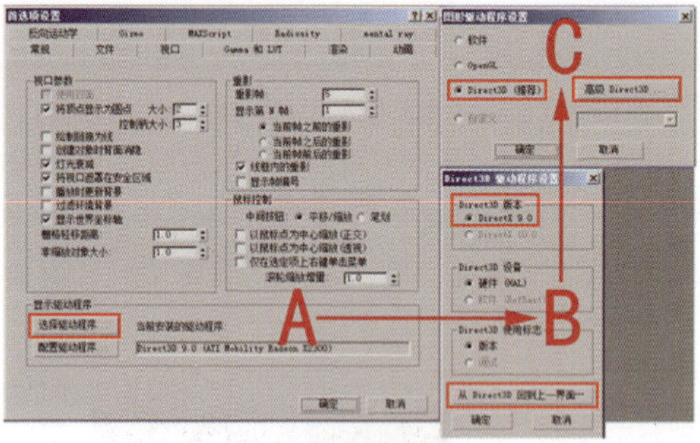

图5-104 设置Direct3D显示模式

(6) 打开3d Max 2008，在Direct3D显示模式下，进入材质编辑器，选择DirectX卷展栏下的“金属凹凸9”，如图5-105中A所示，再打开相应的“DirectX明暗器-金属凹凸9” 卷展栏，将制作完成的不同贴图材质分别指定给怪物模型的不同材质通道。

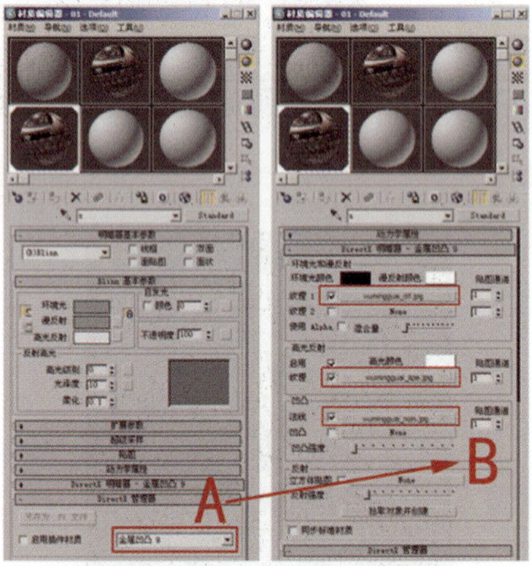

图5-105 将融合的材质赋予模型

(7) 在场景中创建一盏泛光灯，可以清晰地观察到怪物模型在指定不同贴图材质时的区别，效果如图5-106～图5-108所示。

(8) 在次世代游戏开发中，为了减少引擎对模型面数的计算，保证游戏画面和运行的流畅性，很多时候会为同一个角色制作不同面数的模型，通常有高、中、低三种规格，高模主要用于表现近距离的视觉效果和制作法线贴图纹理，而后两种模型由于面数较低，被用于表现中远距离的视觉效果，大多数玩家在游戏中看到的模型多为中、低两种规格的模型，而法线贴图的作用在于被赋予面数较低的模型后，可以通过真实的质感，来弥补模型面数的不足，从而提高游戏画面和运行速度的整体质量。

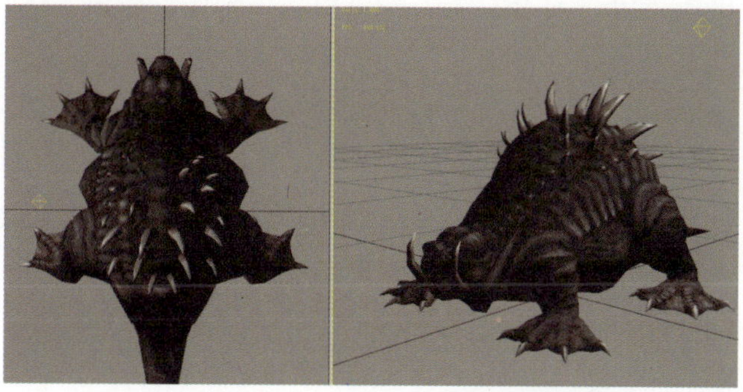

图5-106 赋予漫反射贴图的怪物显示效果

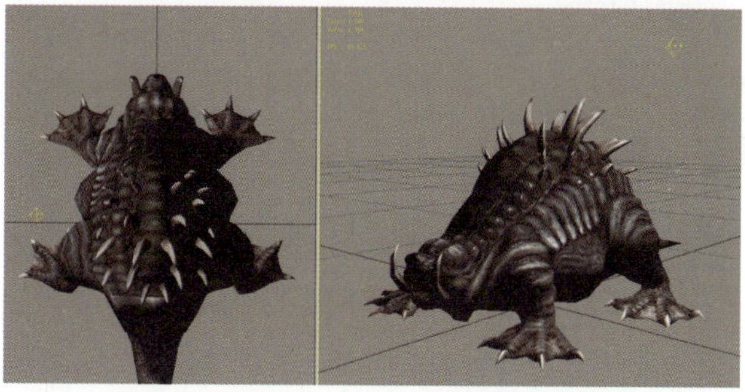

图5-107 赋予高光贴图的怪物显示效果

图5-108 赋予法线贴图的怪物显示效果

5.4 本章习题

一、填空题

1．Maya 2008视图操作中，使用________可以放大视图，使用________可以旋转当前视图，使用________可以平移视图，使用________可以平移被选择的物体。

2．3ds Max 2008中的“渲染到纹理”对话框中有5个卷展栏，分别为________、________、________、________、________。

3．为了保证观察________的最佳显示效果，需要重新设置显示模式，将显示模式调整为________模式。

二、简答题

1．简述次世代游戏的特点。

2．简述次世代游戏的制作流程。

3．简述进行烘焙的整体思路。

三、操作题

利用本章学习的内容，在ZBrush中为一个模型创建法线贴图并正确输出。

第6章 三维扫描技术应用基础

章节描述

三维扫描是集光、机、电和计算机技术于一体的高新技术，主要用于对物体空间外形和结构及色彩进行扫描，以获得物体表面的空间坐标。它的重要意义在于能够将实物的立体信息转换为计算机能直接处理的数字信号，为实物数字化提供了相当方便快捷的手段。而且由于游戏效果的实现对硬件和软件的要求不断提高，同时在影视行业里，存在大量的效果需求，这都使三维扫描技术得到了更加广阔的发展和应用。

教学目标

- 了解三维扫描的特点及一般制作流程。
- 了解三维扫描的基本设备。
- 了解三维扫描的常用软件。

教学重点

- 了解三维扫描的基本设备。
- 了解三维扫描的常用软件。

教学难点

- 了解三维扫描的特点及一般制作流程。

6.1 三维扫描概述

三维扫描最早出现在机械生产领域，随着计算机、微电子、信息和自动化技术的迅速发展，并在制造业中得到越来越广泛的应用，而先后出现了数控、柔性制造单元、柔性制造系统、计算机辅助设计/制造、计算机集成制造系统、制造资源规划、精益生产、敏捷制造、可重组技术、三维扫描技术、快速原型制造等多项先进制造技术与制造模式。

随着游戏动漫行业的崛起，三维扫描技术被广泛应用到三维动画影片的制作、3D游戏建模、三维游戏中三维模型的输入与建立当中，为整个数字媒体行业提供了可以发展的新领域。而且让制作更加简单，大大地降低了工作强度。

6.1.1 三维扫描仪概述

三维扫描(见图6-1)是集光、机、电和计算机技术于一体的高新技术，主要用于对物体空间外形和结构及色彩进行扫描，以获得物体表面的空间坐标。它的重要意义在于能够将实物的立体信息转换为计算机能直接处理的数字信号，为实物数字化提供了相当方便快捷的手段。

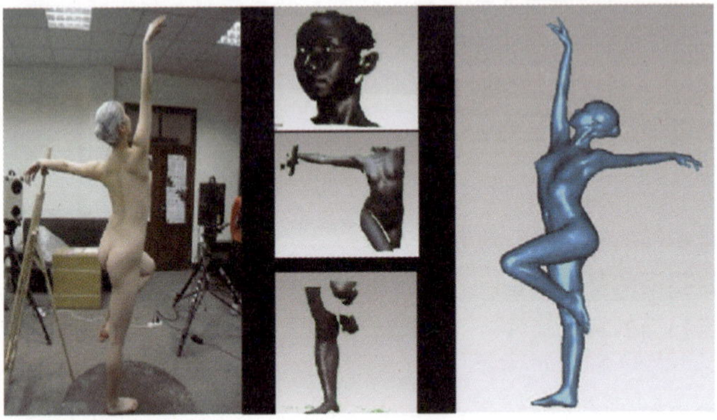

图6-1 三维扫描

三维扫描技术能实现非接触测量，且具有速度快、精度高的优点。而且其测量结果能直接与多种软件接口，这使得它在CAD、CAM、CIMS等技术应用日益普及的今天很受欢迎。在发达国家的制造业中，三维扫描仪作为一种快速的立体测量设备，因其测量速度快、精度高，非接触，使用方便等优点而得到越来越多的应用。用三维扫描仪对手板、样品、模型进行扫描，可以得到其立体尺寸数据，这些数据能直接与CAD/CAM软件接口，在CAD系统中可以对数据进行调整、修补、再送到加工中心或快速成型设备上制造，可以极大地缩短产品的制造周期。

三维扫描仪，在部分地区，比如两广，有的人叫抄数机。简单理解抄数就是抄下数据，主要用途是采集物体的三维数据，然后将三维数据用于逆向工程(逆向造型、逆向设计)、二次创作、产品设计、三维检测(质量检测领域)。

应用行业有很多，比如汽车、模具、珠宝、木雕(比如“凭祥”那里做红木家具，用三维扫描仪对红木家具进行扫描，然后将家具、木雕的三维数据与数控雕刻机结合进行直接加工，几个小时就能完成)，另外在雕塑、文物、飞机等领域都有使用。

国内目前比较知名的是“先临三维”的三维扫描仪，以下的例子多从他们的官方网站参考所得。

6.1.2 技术应用

三维扫描技术主要应用于以下几个方面。

(1) 逆向工程(RE)/快速成型(RP)。逆向工程(亦称反求工程)是在设计图纸不完整，甚至在没有设计图纸或CAD模型的情况下，按现有实物模型(或称为零件原形)，利用各种数字化技术及CAD技术重新构造原形CAD模型的过程，如图6-2所示。

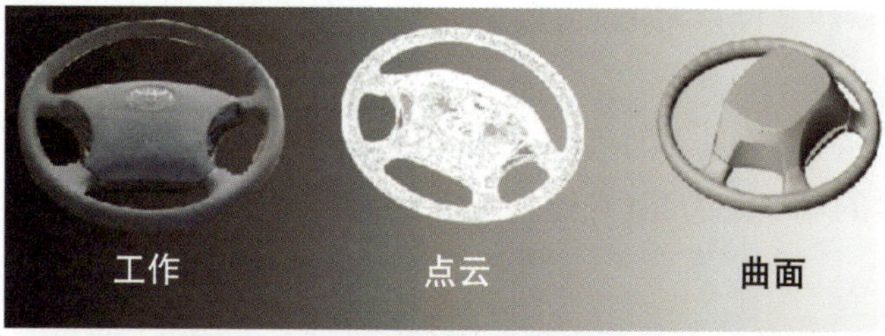

图6-2 模具逆向

早期设计师在进行产品的造型设计时，所采用的方法主要是正向设计法；这是一个从概念设计起步到CAD建模、数控编程、数控加工的过程，产品造型设计的正向设计流程：概念设计 → CAD/CAM系统 → 制造系统 → 新产品。

但对于复杂的产品，正向设计方法也显示出了它的不足，设计过程难度系数大、周期较长、成本高、不利于产品的研制开发。如果有方法改正在正向设计过程中所产生的局部问题自然是两全其美的事，正是在这样的背景下发展并形成了逆向设计的方法。

(2) 扫描实物，建立CAD数据；或是扫描模型，建立用于检测部件表面的三维数据。对于不能使用三维CAD数据的部件，建立数据，如图6-3所示。

图6-3 人体扫描

(3) 通过将竞争对手的产品与自己产品的确认与比较，创建数据库。

(4) 使用由RP创建的真实模型，建立和完善产品设计。

(5) 有限元分析的数据捕捉。

(6) 检测(CAT)/CAE。

(7) 生产线质量控制和产品元件的形状检测。例如：金属铸件和锻造、加工冲模和浇铸、塑料部件(压塑模、滚塑模、注塑模)、钢板冲压、木制品、复合及泡沫产品。

(8) 文物的录入和电子展示。

(9) 牙齿及畸齿矫正、整容及上颌面手术。

(10) 三维动画影片的制作、3D游戏建模、三维游戏中三维模型的输入与建立，如图6-4所示。

图6-4 游戏模型扫描

6.1.3　扫描设备的种类

1．拍照式

二代扫描仪(抄数机)采用高精度测量头，测量精度更高，点距更密。高速的扫描使得用户在很短时间内就能得到所需的数据，大大缩短了产品的开发周期，广泛应用于逆向工程、人体测量、质量检测及控制、艺术品制作复原及保护等各种领域，尤其适用于扫描小型物体，对物体细节的表现更加淋漓尽致。以天远三维扫描仪为例，扫描范围单面可扫描400mm×300mm，测量景深一般为300～500mm。精度最高可达0.015mm。优点：扫描范围大、速度快，精细度高，扫描的点云杂点少，系统内置标志点自动拼接并自动删除重复数据，操作简单，价格较低，如图6-5所示。

图6-5　拍照式三维扫描仪

2．关节臂式

以FARO测量臂为例：扫描长度可达3.7m。精度最高可达0.016mm。优点：精度较高，测量范围理论上可达到无限，如图6-6所示。

激光扫描头技术规格		
	V1	V2
测量速度	30,000点/秒	40,000点/秒
激光线长度	50毫米	100毫米
精度	0.025毫米	0.04毫米
景深	100-200毫米	100-200毫米
重量	360克	380克

图6-6　关节臂式扫描仪

3．三坐标(固定式)

扫描范围为指定型号的工作台面。扫描精度最高可达0.9μm。

4. 激光跟踪式

扫描范围可达70m；扫描精度可达0.003mm；精度较高，测量范围大，价格较高。

5. 激光扫描式

扫描范围比较小，扫描精度较低，扫描速度快。

6.2 三维扫描硬件安装

三维扫描技术是目前较前沿的技术，因此大家对于它的硬件和软件都不是很了解，希望通过下面的讲解，能够让更多的爱好者了解并懂得安装三维扫描的相关工具。

三维扫描的相关工具在安装的过程中必须符合光学角度，否则模型无法成形，或者不完整，图6-7所示为三台固定式三维扫描镜头，角度为三个可以完全拼合的面。

图6-7 扫描使用示意图

角度对于固定式三维扫描仪器尤为重要，图6-8所示为固定式三维扫描仪的平面布置示意图，其实固定式三维扫描仪并非一定要同时具备两台以上，只是两台以上可以确保采集的信息是同步的，当然如果能同时装配四到六台那就更加完美了。

固定式三维扫描仪除了在角度上有一定的规范外，高度上也要注意，尤其是扫描人物模型的时候，通常为了能够采集到同步的上半身和下半身的信息，一般会在同一个角度安装上下两台机器，如图6-9所示。而上半身采集镜头高度一般为160cm，下半身为80cm。

设备的连接和使用示意图如图6-10所示。1为采集镜头(四个)，2为信息处理器，3为信息交换器，4为电源，5为数据采集线，6为数据输出线，7为PC处理器，8为COM接口，9为火线。

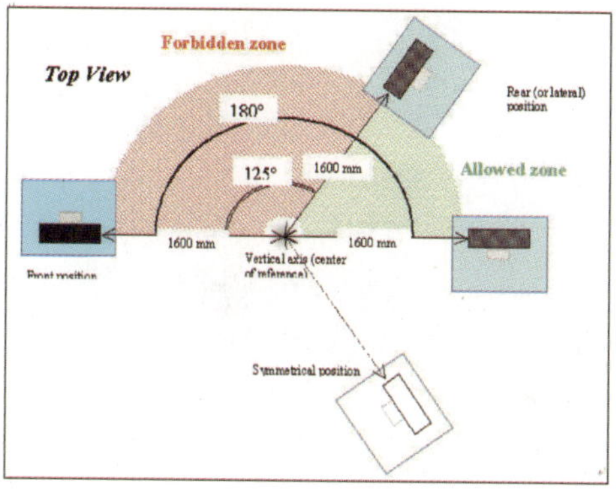

图6-8 平面角度布置图

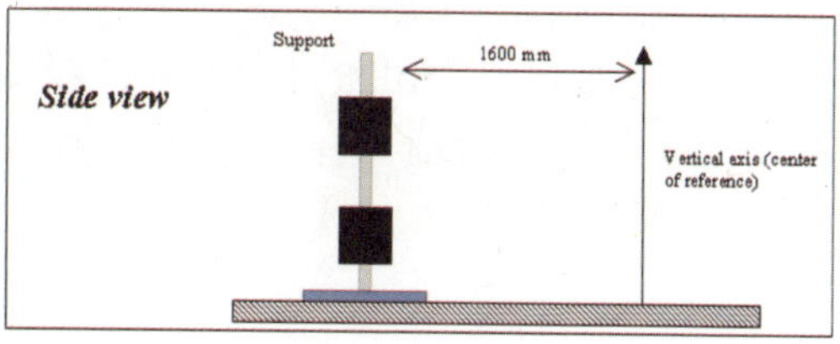

图6-9 立面布置图

图6-11所示为实物接线参考图，连接数据线的时候，要注意火线口与集线器的连接，火线直接连接设备与PC机是错误的，COM接口也必须通过接线器后再连接PC设备。

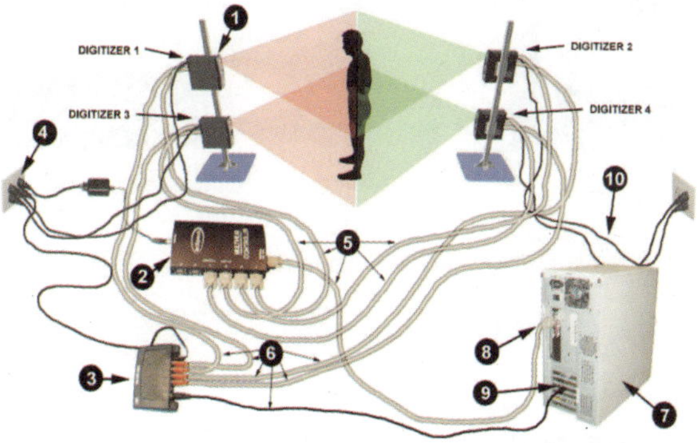

图6-10 设备连接示意图

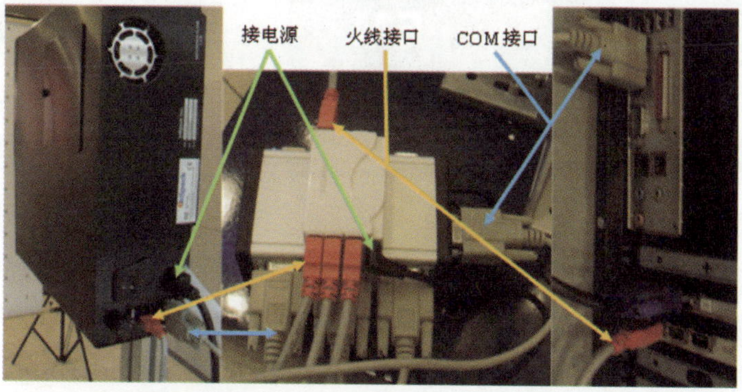

左：扫描仪 中：接线器 右：电脑机箱

图6-11 接线照片

6.3 三维扫描软件安装

下面将三维扫描仪驱动程序及软件安装好，以待后续的使用和检测。安装摄像头驱动程序 PGRFlyCapture1.4r025 (forFAPSv7.0)执行文件，如图6-12所示；安装扫描仪驱动程序 PixeLINK_Capture_OEM_621_setup，如图6-13所示。

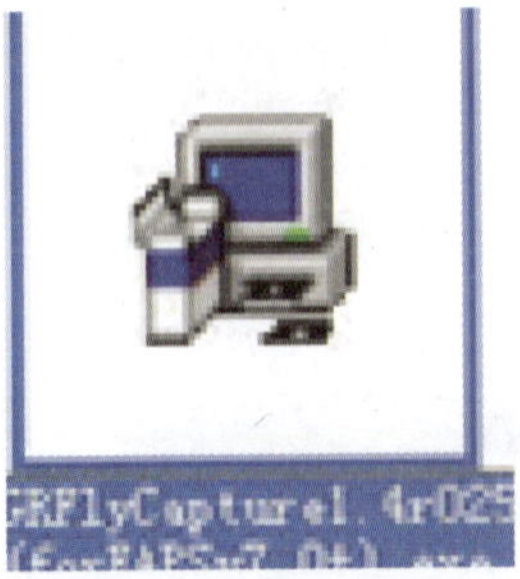

图6-12 摄像头驱动程序

图6-13 扫描仪驱动程序

安装扫描图像编辑程序 InSpeck EM\setup，如图6-14所示。插入加密狗，安装USB加密狗驱动程序 USB-Dongle\Install.exe，如图6-15所示。每换一个USB接口，就要重新安装一遍。

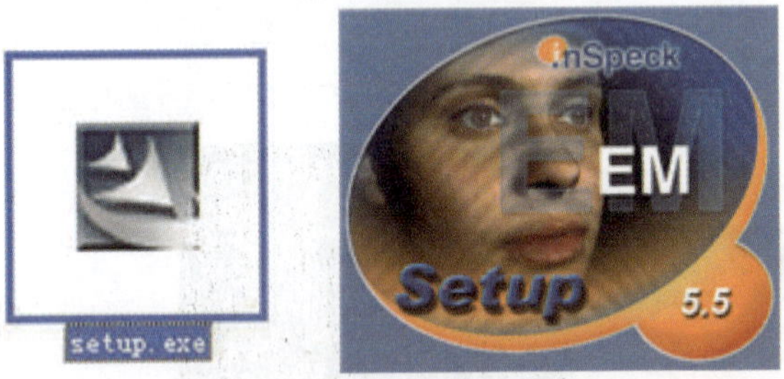

图6-14 扫描图像编辑程序

图6-15 加密狗驱动程序

安装扫描仪扫描程序 InSpeck FAPS\setup，如图6-16所示。如果安装了Photoshop程序，每次软件启动时会自动调用扫描仪或者摄像头的驱动程序，从而在Photoshop软件中实现扫描和拍照的功能，如果提示缺少三维扫描仪摄像头的驱动文件，将Mega Capturor II _or_MegaCapturorDF_or_MegaDFII\PimMegaApi.dll复制到提示位置即可。

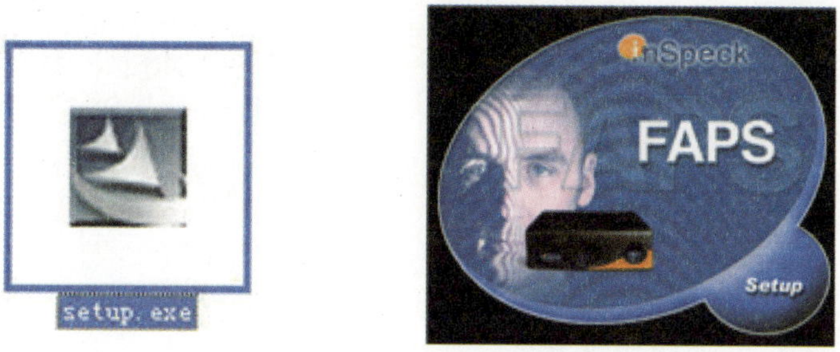

图6-16　安装扫描仪驱动程序

配置FAPS。首先运行软件，然后从菜单栏打开Options对话框，切换到Files and Directories选项卡，按图6-17所示进行设置，安装和设置完毕后单击OK按钮，就可以使用了。

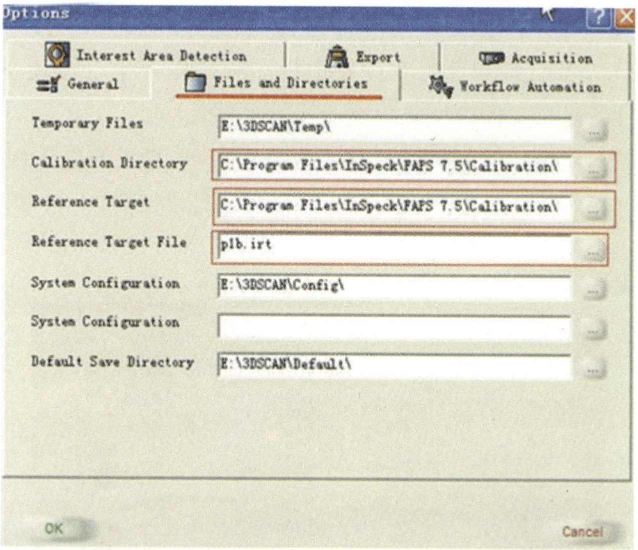

图6-17　设置Files and Directories 选项卡

6.4　三维扫描工作原理

扫描仪在扫描的同时用栅格灯将被扫描的物体照亮，这样被拍下来的图像就带有光线栅格。根据光线沿直线传播的原理，投射到不同距离物体上的光线栅格的间距也不同，计算机通过软件的控制自动处理明暗反差信息，计算出被扫描物体的空间信息。

每个扫描仪每次扫描都生成被扫描物体一个局部的空间信息，称为模型和贴图的面片，将各个角度的模型面片按照正确的关系拼接起来，就还原了整体，完成了对整个物体的三维扫描。

6.4.1 三维模型录入流程技术解析

扫描的速度非常快，只不过是拍摄若干张照片，几秒钟就完成了。计算机处理的速度也比较快，大约几分钟就能够计算出空间关系。但是得到的三维模型并不精确，无用的细节过多，比如说空间中的三个点可以确定一个面，那就没必要用三十个点来形容一个面，采用这样的模型会导致后续计算机处理时工作量剧增，耗时长甚至根本无法完成，所以必须经过经验丰富的模型师细致的手工修整，才能够满足游戏或者影视动画制作等生产对模型的要求，通常调整一个达到影视动画标准的完整的人物模型需要数十个小时的时间。

下面对于三维扫描仪器的工作流程，做一下简单的介绍。首先确保设备如图6-18所示正确安装并且能够正常运转，包括灯光设置，保证有足够的空间去放置需要扫描的物体或者人物。

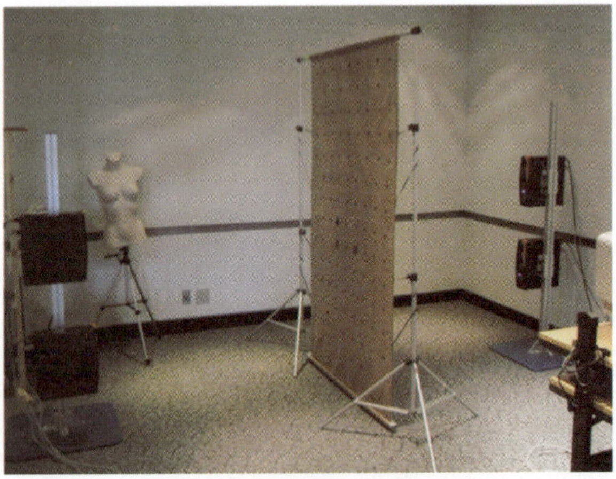

图6-18 设备安装参考照片

如图6-19所示为三维扫描设备的整体布置示意图。在进行扫描工作的时候，PC机器发出指令，相关三维扫描镜头工作，采集图像和空间信息。

(1) 采集上半身的模型数据。如图6-20所示开启相对高度较高的摄像机，采集上半身的相关信息，采集信息的时候被选人物需要将手臂尽量与身体分开。

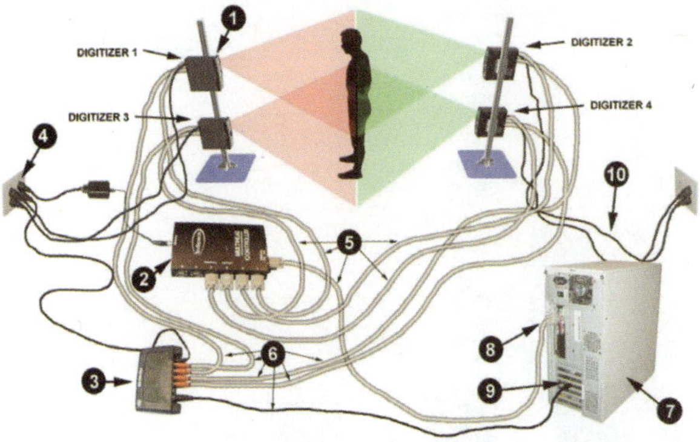

图6-19 整体设备示意图

图6-20 上半身扫描示意图

在软件中预览上半身的数据信息，确定位置正确，如图6-21所示。

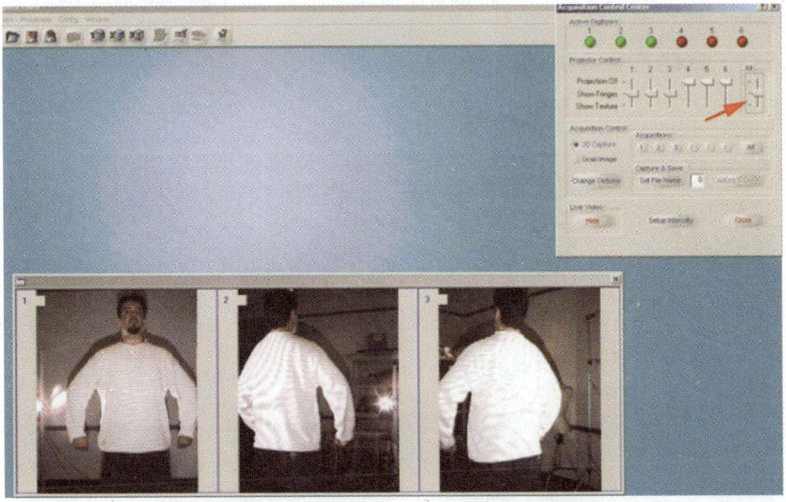

图6-21 在软件中进行上半身扫描

(2) 采集下半身的数据信息，重复上面的流程，预览确定采集位置和内容无误，如图6-22所示。

(3) 将所有采集的信息显示，并标记。标记的过程其实就是钢笔工具绘制边界的过程，边界编辑的细致程度决定了最后的模型精细程度，因此大家在编辑的过程中要尽量细心一点，以达到最完美的模型效果，如图6-23所示。

(4) 标记工作完成后，执行模型编辑命令，选择标记后的模型结构，进行拼合，如图6-24所示。

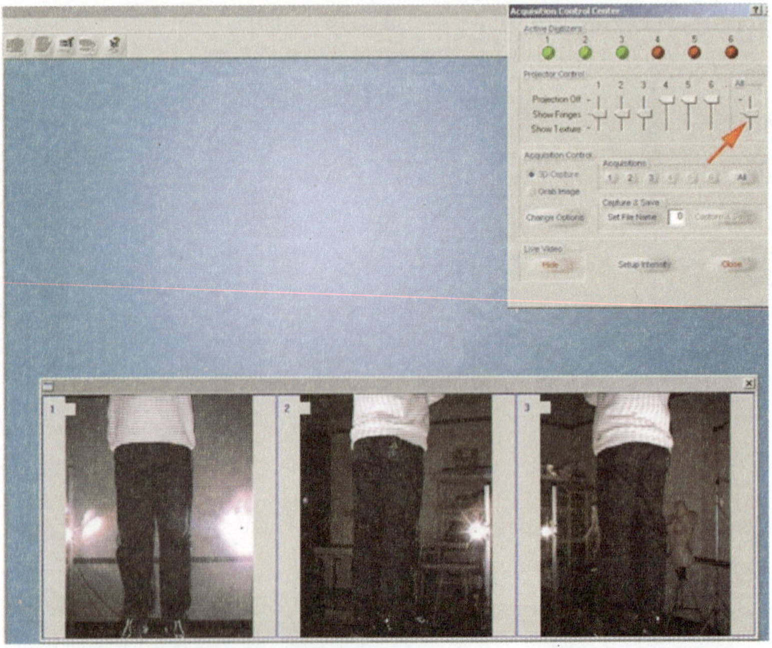

图6-22 在软件中进行下半身扫描

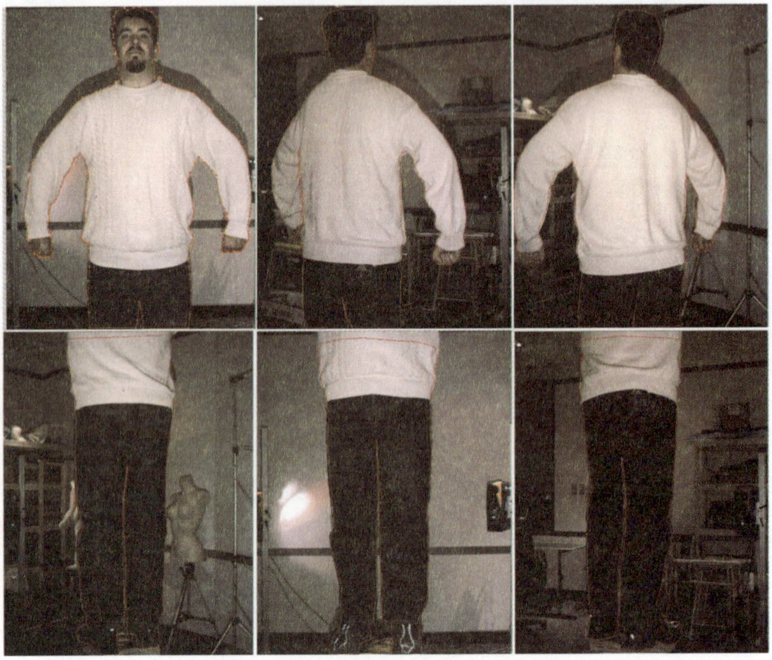

图6-23 标记半身扫描的有效区域

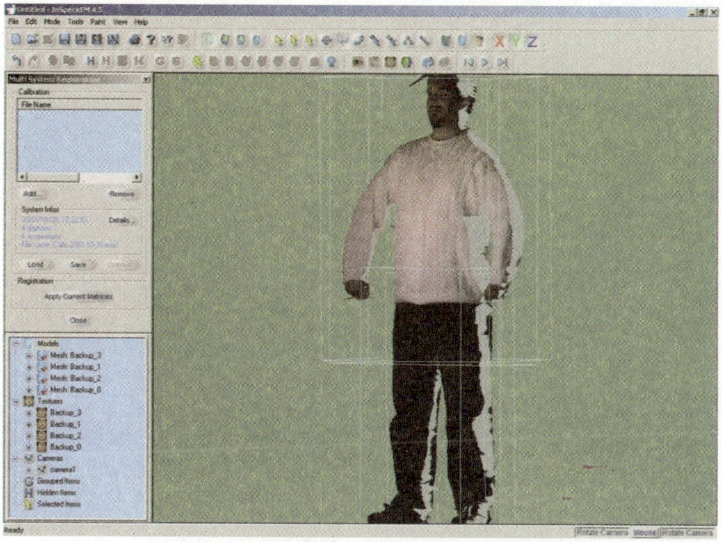

图6-24　在软件中对齐面片的空间位置

(5) 模型面片调整完成以后，保存结果，然后用Registration软件打开编辑过的文件，进行缝合处理，将模型缺少的部分补充完整，如图6-25所示。

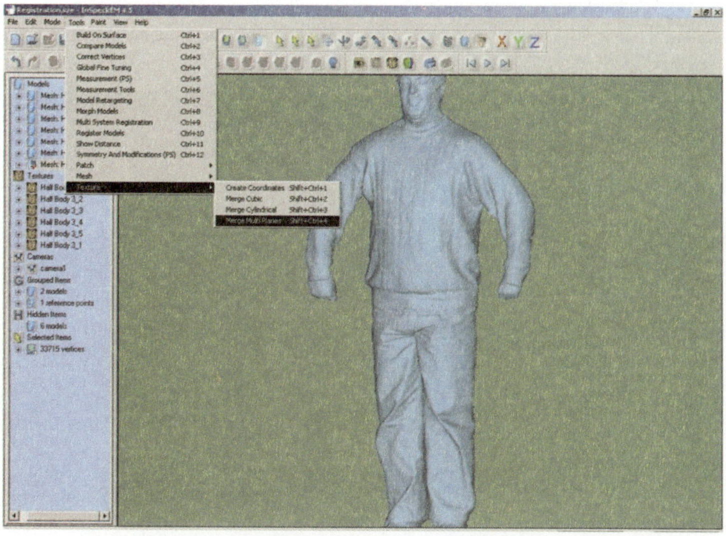

图6-25　缝合后的模型

(6) 模型缝合完成之后，赋予模型材质，如图6-26所示。材质制作的整个过程相对来讲比较复杂，在下面的案例中会再次做细节讲解。

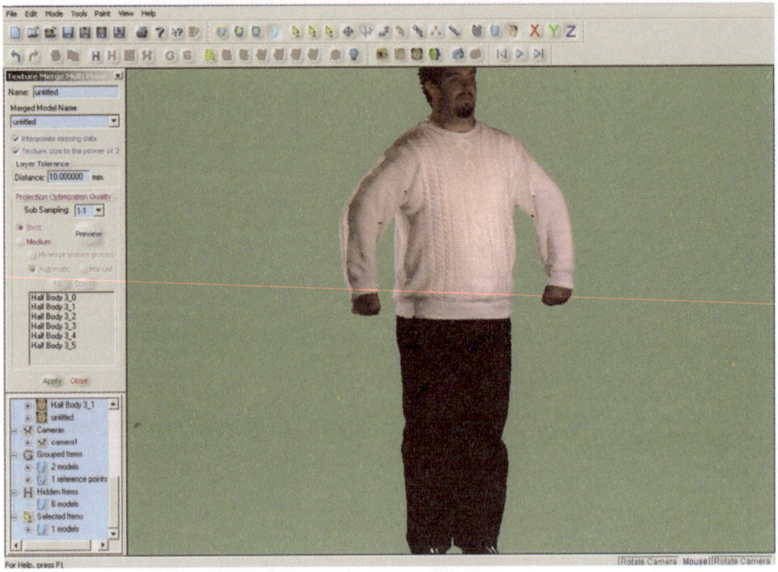

图6-26 全身扫描最终的结果

图6-27所示为头部材质和模型的不同角度的扫描结果，在制作材质的时候，需要将扫描的结果保存为图片格式，然后在二维修图软件中调整，将几个不同的角度缝合起来。

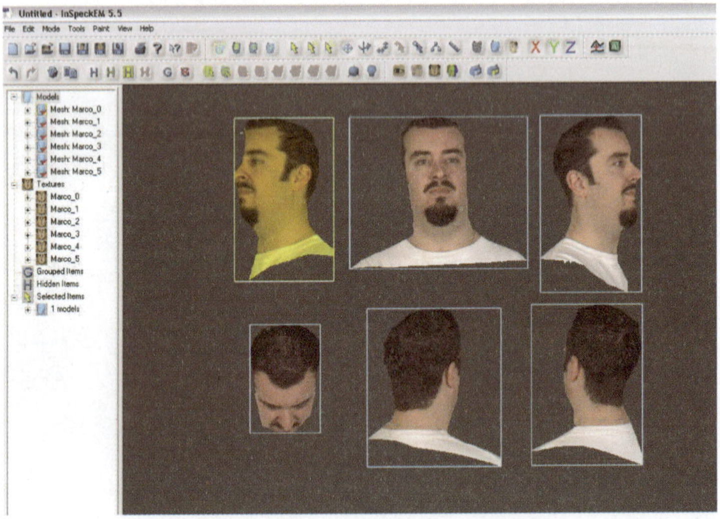

图6-27 六角度头部扫描处理前的信息

图6-28所示为多角度缝合的结果，一般正面位于中间位置，保证正面脸部的完整性，将不易察觉的位置放置在两边，或者颜色较重的放置于两边。

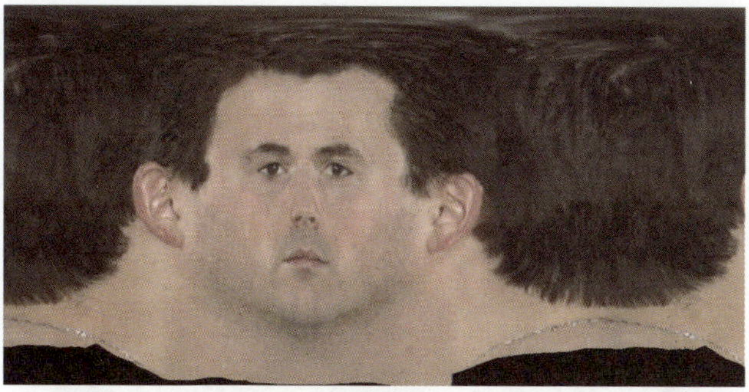

图6-28　头部扫描缝合后的贴图

在软件中将缝合好的材质赋予模型，如图6-29所示，在保证了角色脸部正面材质的完整性后，得到的效果比较可观。

一般情况，扫描得到的模型数据量是非常庞大的，通常需要简化，我们可以在相关三维软件中进行优化，当然配套软件一般都具备这样的功能，如图6-30所示。

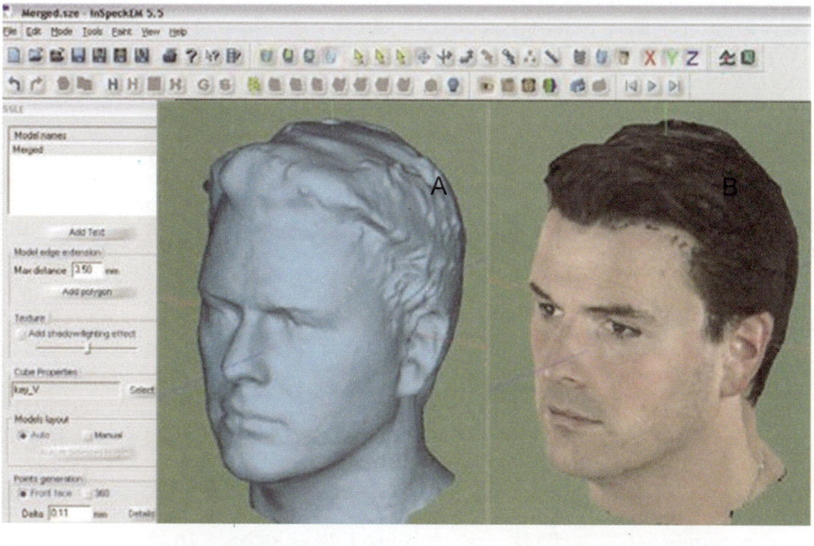

A：头部扫描缝合后的模型　　　　B：附加贴图的模型

图6-29　效果图

6.4.2　三维扫描仪位置标定

三维扫描仪的定位也是非常麻烦的事情，有的时候需要反复测试，将三维扫描仪硬件安装完成以后，打开全身扫描仪电源开关，然后打开集线器电源开关，接着运行FAPS软件。在工具栏中单击Select Systems 图标加载硬件，如图6-31所示。

左：扫描得到的空间网格结构　右：优化后的结果

图6-30 模型的扫描与优化

等待系统读取摄像头数据，按图6-32所示进行配置，可以找到对应摄像头的名称，方便观察摄像头设备的工作情况。

图6-31 单击Select Systems 图标

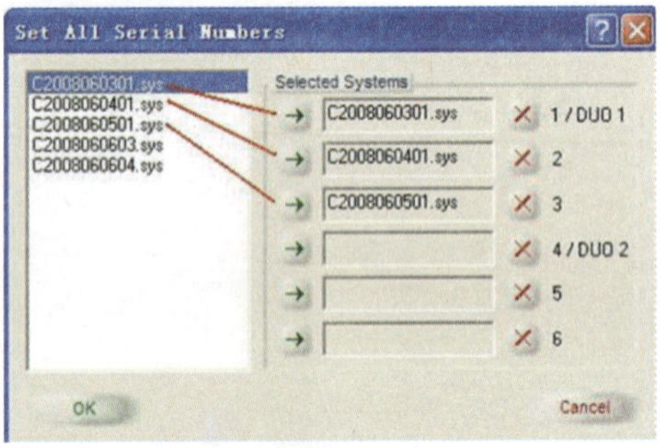

图6-32 摄像头设备配置

第一次放置标定板，标定板朝向摄像头C2008060601，如图6-33所示，目的在于确定镜头的位置是否正确，一般需要经历几次调整。标定板用于光线的遮挡和放行，以及背景采样，一般情况标定板位于所有摄像头的对面。

标定板的位置一般情况在装备的正上方，如图6-34所示十字中心的正上方。

下面开始第一次扫描。单击工具栏中如图6-35所示的按钮，检测摄像头。开始检测时，为了提高效率，将其中的几个摄像头关闭，只检测三个方向的摄像头即可。

等待PC机读取摄像头完成以后，在弹出的对话框中可以判断摄像头的工作情况，绿色代表摄像头工作正常。红色代表无法连接或者不正常。接着单击Show按钮显示摄像头工作区域的情况，如图6-36所示。

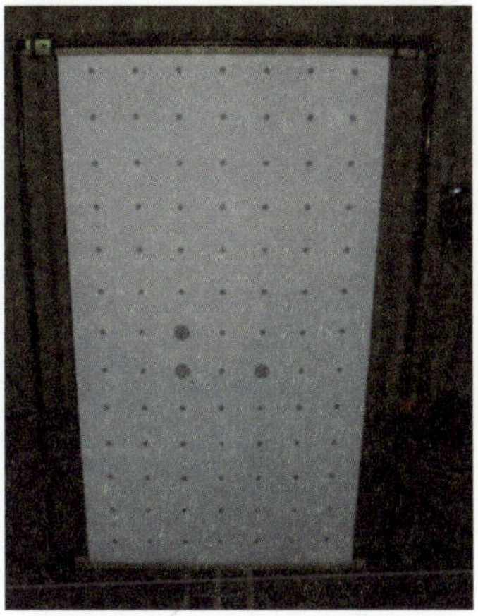

图6-33 标定板朝向

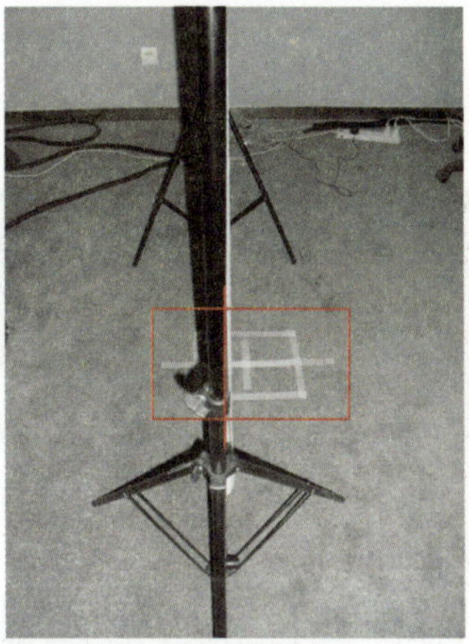

图6-34 标定板位置设定

图6-35 检测摄像头

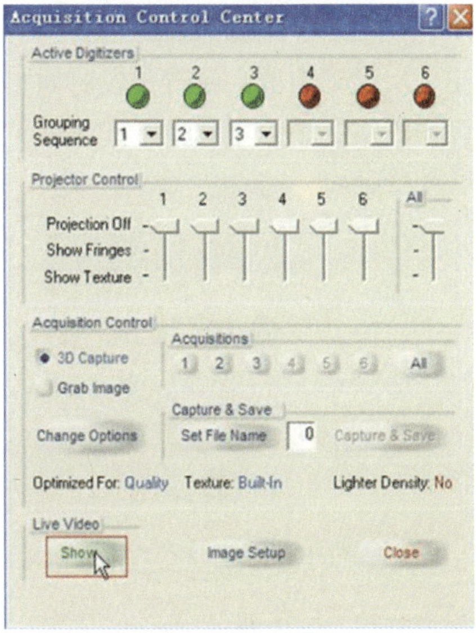

图6-36 单击Show按钮显示预览

(1) 在预览图像过程中，如果角度有错误，可以随时调整，右击后在弹出的快捷菜单中选择命令可以旋转视图，共有三种模式，如图6-37所示。

(2) 调整好相关参数后开始三维扫描测试。在Acquisition Control选项组中选中3D Capture单选按钮，单击All按钮开始扫描，如图6-38所示。

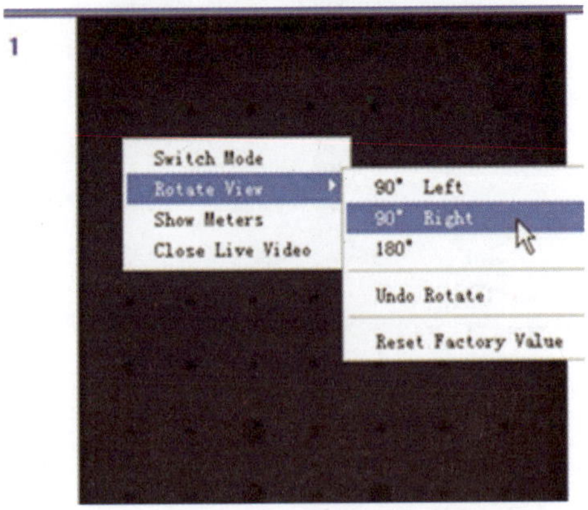

图6-37 旋转视图

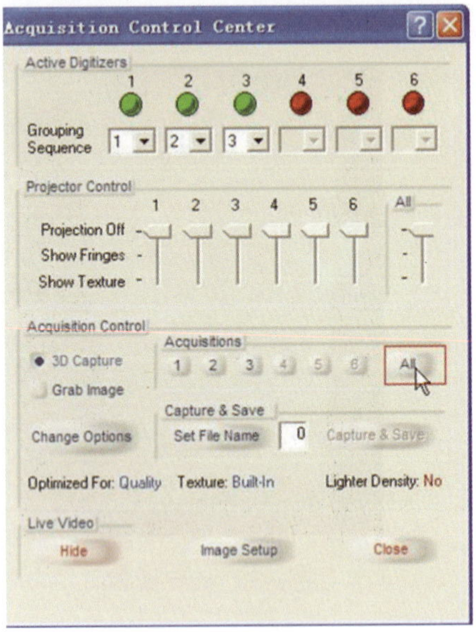

图6-38 设置并扫描

(3) 第一次处理图像，等待一段时间扫描完成后，软件左侧的目录树亮起，右击3D Image Set，在弹出的快捷菜单中选择PreProcess All命令，或者直接单击工具栏上的方块图标，如图6-39所示。

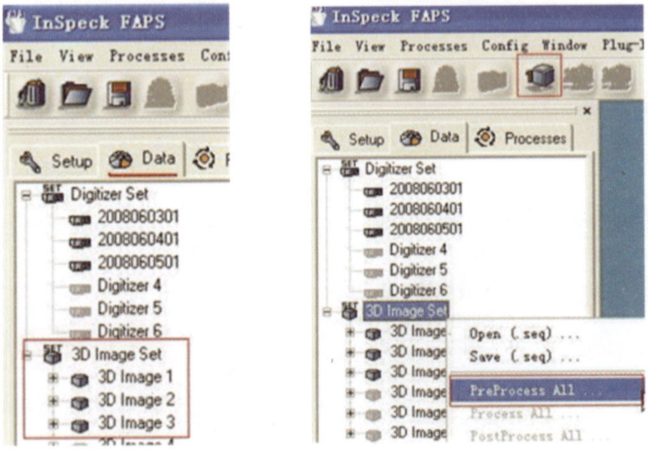

图6-39 执行三维信息处理命令

选择PreProcess All命令后，出现镜头执行确认对话框，如图6-40所示。当前使用了三个镜头，所以单击Autodetect按钮三次，如果设置了自动处理，则不会显示该对话框，如图6-41所示进行选择。

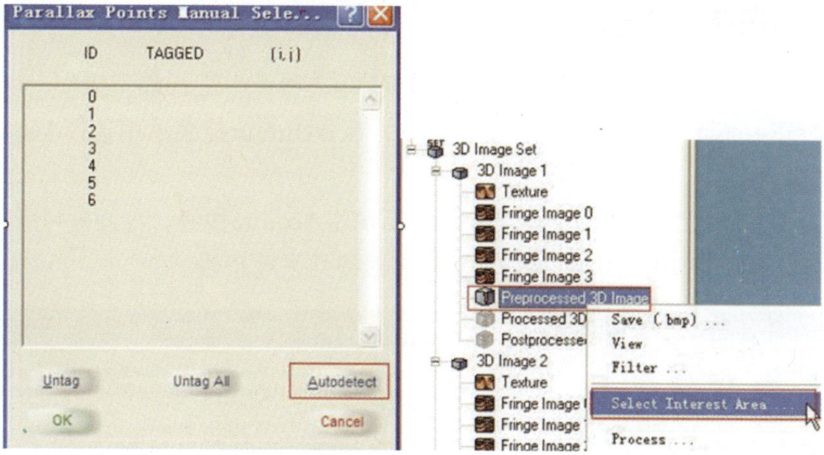

图6-40 三维信息转换

选择Selectionenst Area出现对话框，先单击Clear Area按钮清除区域，再单击New Polygon按钮绘制新的可用区域，按图6-41所示进行绘制，双击起始点闭合区域，最后单击OK按钮。

用相同的方法处理3D Image 2、3D Image 3文件，如图6-42所示。上述操作一般情况要执行三到四次，以确保镜头的正确性。

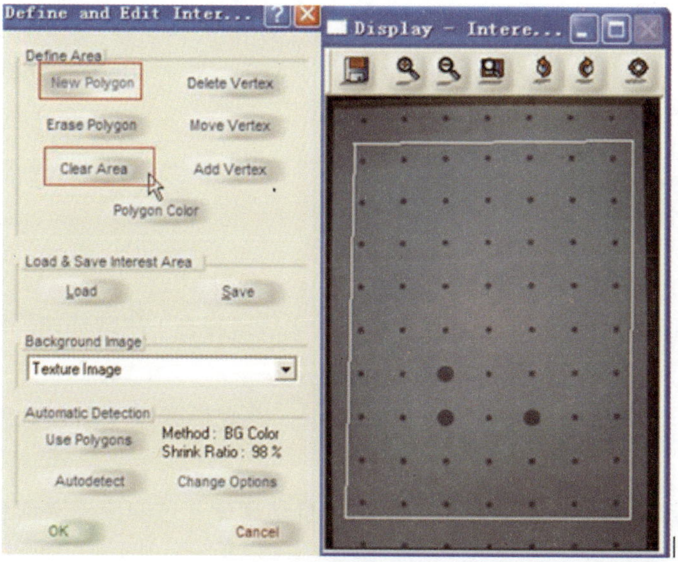

图6-41 清除选取

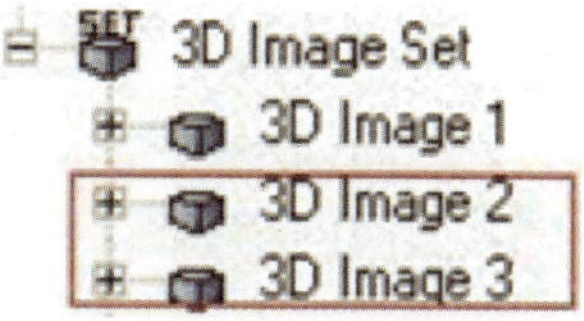

图6-42 处理其他文件

6.4.3 标定的保存位置

当前位置确定以后，需要保存标定位置，在Setup选项卡中进行如下操作：切换到FAPS的Setup面板，找到Reference Target参考目标并右击，在弹出的快捷菜单中选择Acquire Reference Planes命令获得参考目标，如图6-43所示。

在弹出的对话框中设置保存的文件名和目录后单击Acquire按钮，如图6-44所示。这个流程就是为了多次操作精确视图中心点，操作次数越多最终结果越正确。

图6-43 获得参考目标

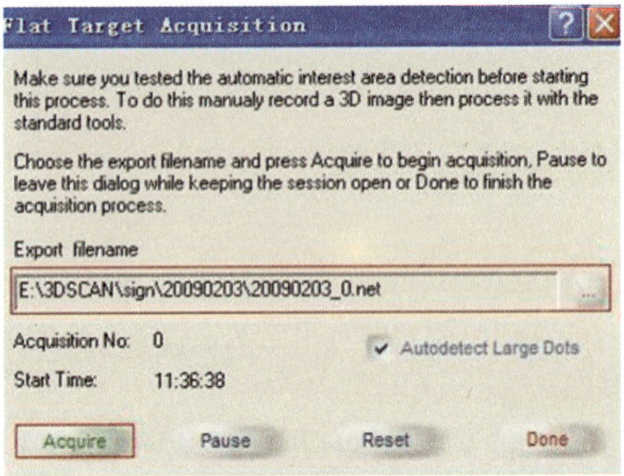

图6-44 获得参考文件

处理完毕后，硬盘上出现了保存的文件，如图6-45所示，单击Pause按钮。

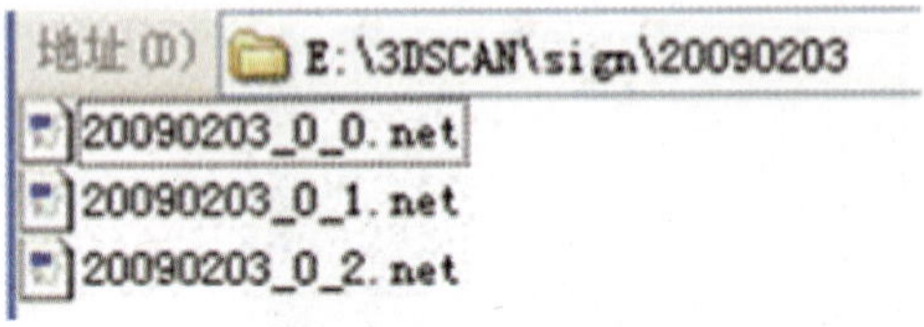

图6-45 定点的文件

第二次放置标定板，将标定板向前移动10公分，重复以上操作，完成后硬盘上出现如图6-46所示的文件后，单击Pause按钮。

第三次放置标定板，将标定板向后移动10公分，重复同样操作，完成后硬盘上出现如图6-47所示的文件后，单击Pause按钮。

经历几次的位置标定后，在后续扫描模型数据的时候，系统会自动选择合适的位置做信息采集，或者多次采集。

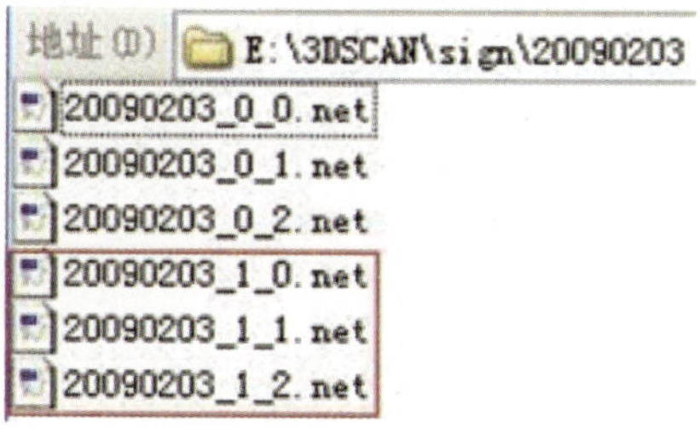

图6-46　二次定点的文件

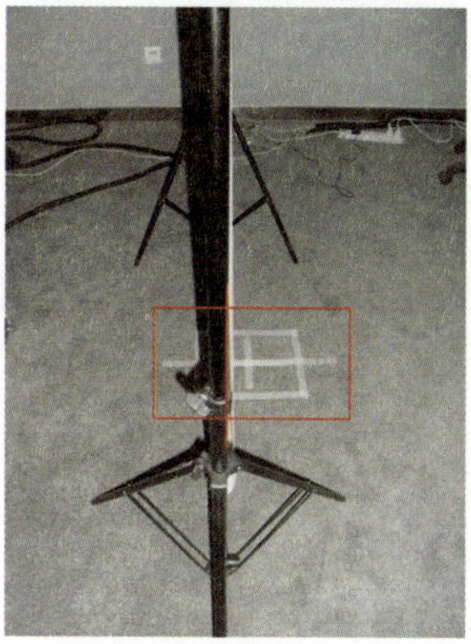

图6-47　三次定点的位置

6.4.4　制作标定文件

完成上述工作以后，接下来要制作标定文件，用于后续的使用。

(1) 关闭FAPS软件，运行EM软件，从菜单栏选择Tools | Multi System Registration(多系统注册)命令，如图6-48所示。

在弹出的对话框中单击Add按钮，加载文件，如图6-49所示。

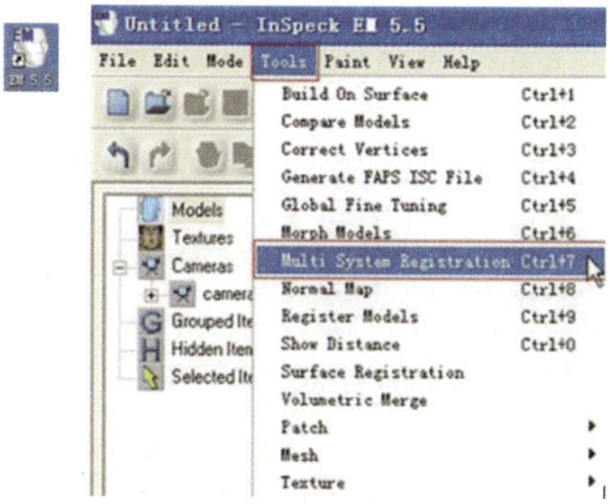

图6-48　加载标定文件

图6-49　加载标定文件

(2) 在弹出的对话框中，选择6.4.3节生成的net文件，单击“打开”按钮，如图6-50所示。

(3) 在弹出的对话框中单击Compute按钮，打开文件，如图6-51所示。

(4) 在弹出的对话框中命名并保存文件，标定文件制作完毕，如图6-52所示。

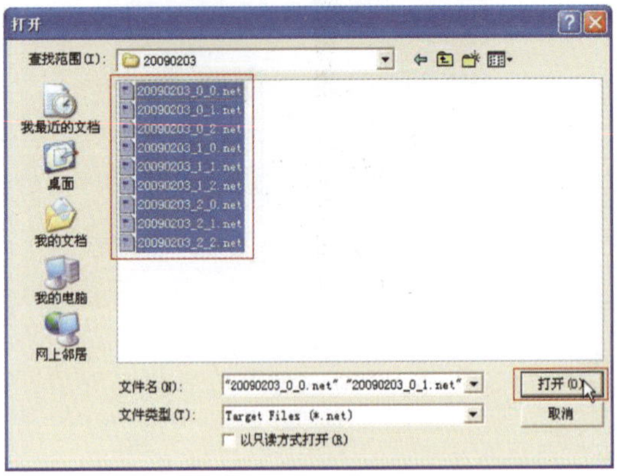

图6-50 打开文件

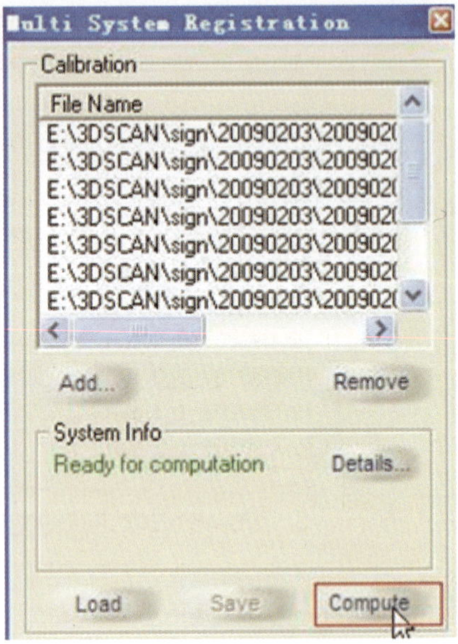

图6-51 放置文件

图6-52 保存标定文件

6.5 三维模型扫描案例

上述的流程与方法基本上将三维扫描仪的软硬件的操作叙述清楚了，下面经过一个简单的实例，表述一下三维扫描仪的使用方法与注意事项。

6.5.1　扫描和处理

三维扫描仪的基本功能就是三维信息的采集和处理，所谓采集其实就是使用摄像头对需要采集信息的模型或者人物进行摄像，具体操作如下。

1．扫描上半身

(1) 运行FAPS软件，并单击“控制中心”按钮，如图6-53所示。整个模型信息采集工作中，人物采集相对比较困难，单击控制中心图标开始对人物进行三维数据信息采集。

为了让三维数据信息更加清晰无误，通常会让模特站立成“巾”字形结构，如图6-54所示。这样手臂与身体其他结构没有交叉，便于采集。

(2) 采集完成以后，单击扫描按钮(这里对于基本操作不再赘述)。在弹出的对话框中，观察镜头数量是否正确，确定无误后单击All按钮，执行全部扫描命令，如图6-55所示。

图6-53 单击“控制中心”按钮

图6-54 模特站立成“巾”字形结构

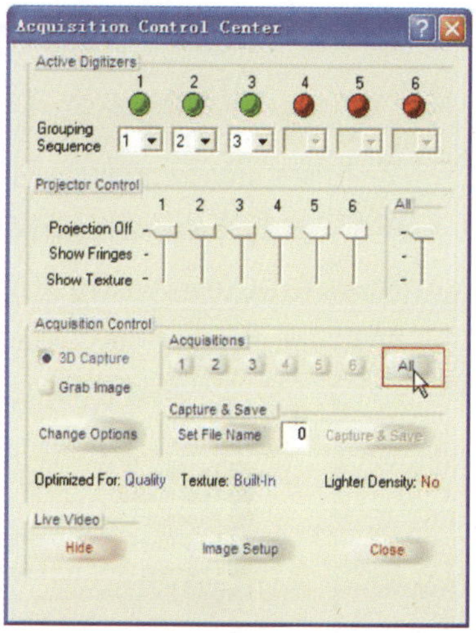

图6-55 执行全部扫描命令

2．处理上半身

(1) 扫描完成以后，右击3D Image Set，在弹出的快捷菜单中选择PreProcess All(预处理所有图像)命令，如图6-56所示。或者直接单击工具栏上的方块图标。执行PreProcess All命令后，出现镜头执行确认对话框，如图6-57所示。当前使用了三个镜头，所以单击Autodetect按钮三次。

如果设置了自动处理，则不会显示这个对话框。

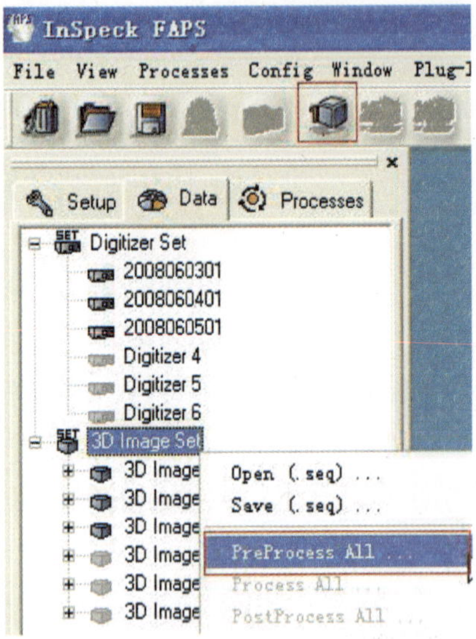

图6-56 选择命令

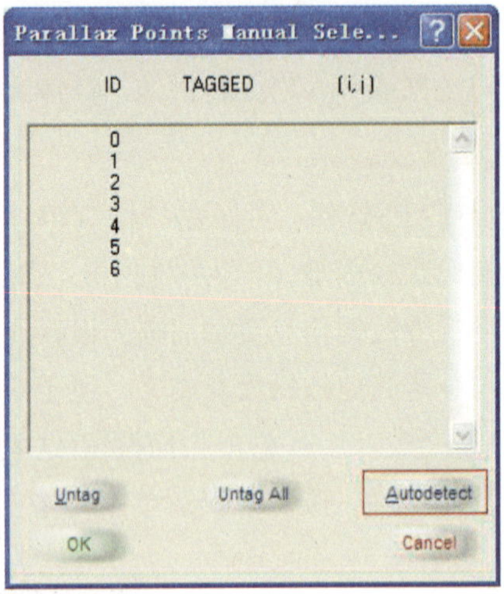

图6-57 确认对话框

(2) 扫描完成后，软件左侧的目录树亮起；右击Preplocessed 3D Image并选择Select Interest Area命令，然后开始绘制有效区域，如图6-58所示。这一步骤比较繁琐，大家一定要耐心。

(3) 先单击Clear Area按钮清除区域，再单击New Polygon按钮绘制新可用区域，如图6-59所示，双击起始点闭合区域，最后单击OK按钮。

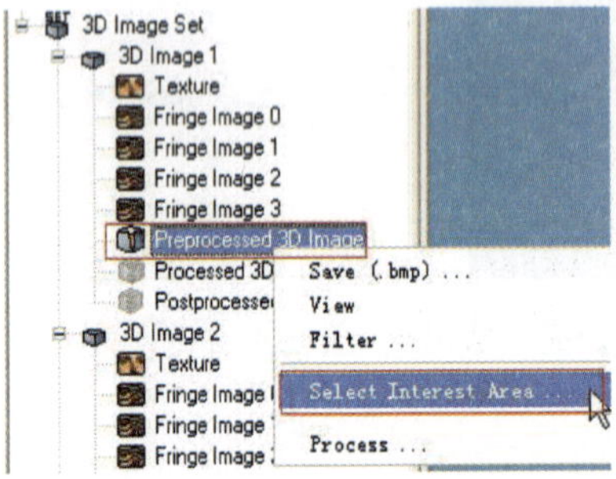

图6-58 开始绘制有效区域

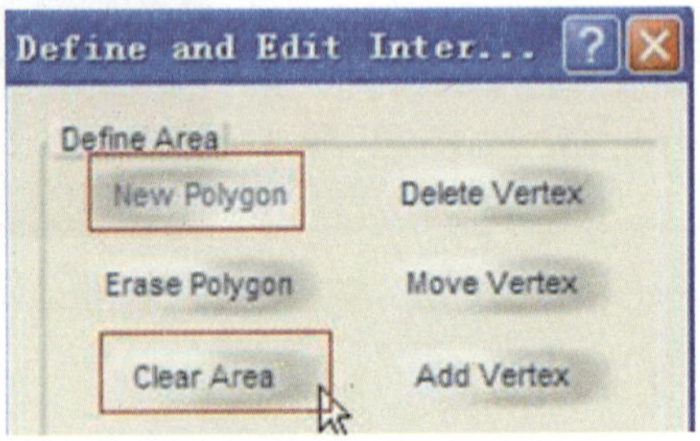

图6-59 区域确定对话框

有效区域和处理结果如图6-60所示。标记的过程其实就是钢笔工具绘制边界的过程，边界编辑的细致程度决定最后的模型精细程度，因此大家在编辑的过程中要尽量细心一点，以达到最完美的模型效果。

如果部分区域出现了色彩断层，如图6-61所示，说明模型在扫描的过程中出现故障，信息采集不全，无法构建完整模型结构。处理办法就是缝合和涂改。

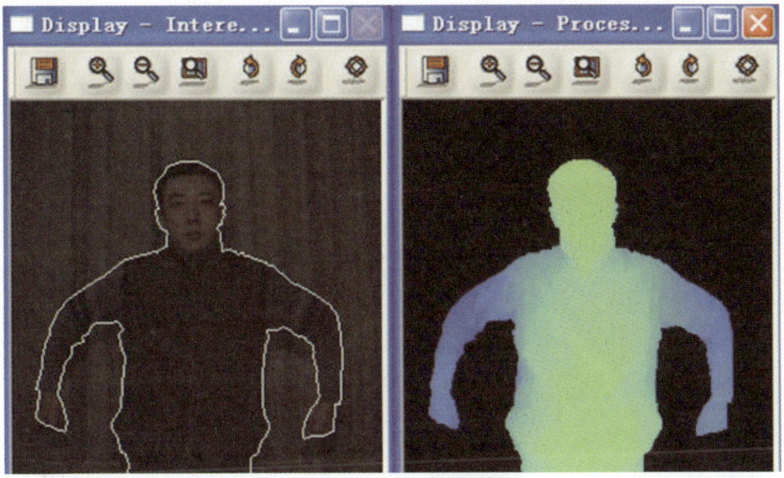

图6-60 有效区域和处理结果

(4) 选择Processed 3D并右击，在弹出的快捷菜单中选择Fix Discontinuities修复命令，进行修复，如图6-62所示。

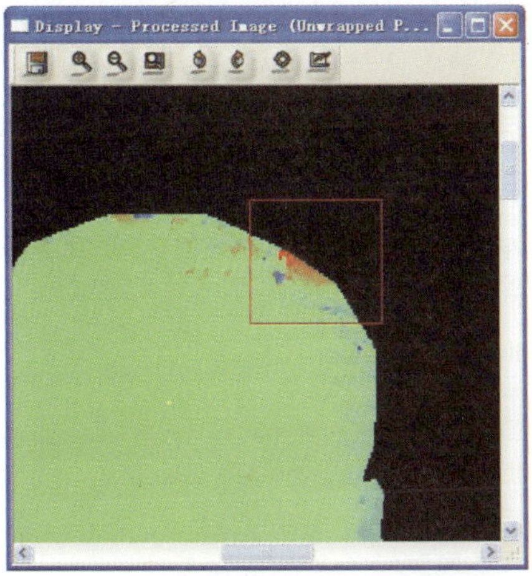

图6-61 色彩断层

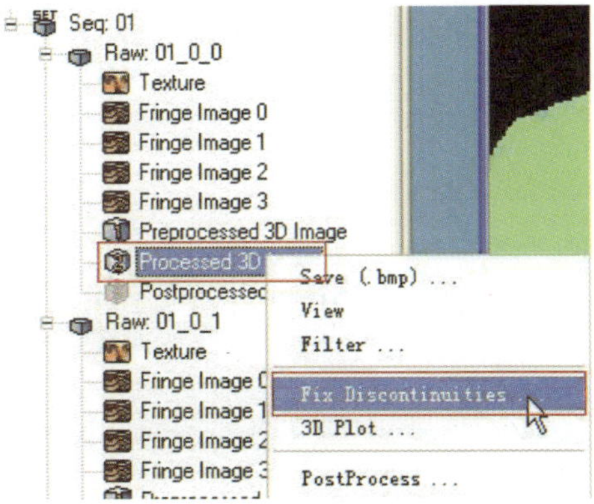

图6-62 选择修复命令

(5) 在弹出的对话框中单击Select按钮，如图6-63所示，然后选择区域。在操作的过程中可以调整操作笔刷的大小，方便后续的操作和执行。

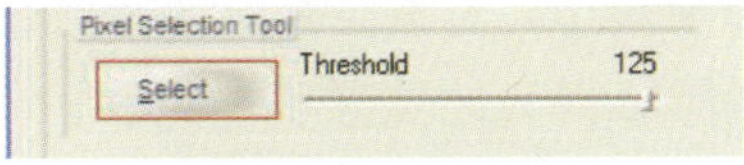

图6-63 调整笔刷

(6) 选择笔刷涂抹结构，区域选择完成以后，可以让电脑自动做补充处理，按图6-64所示选择区域。

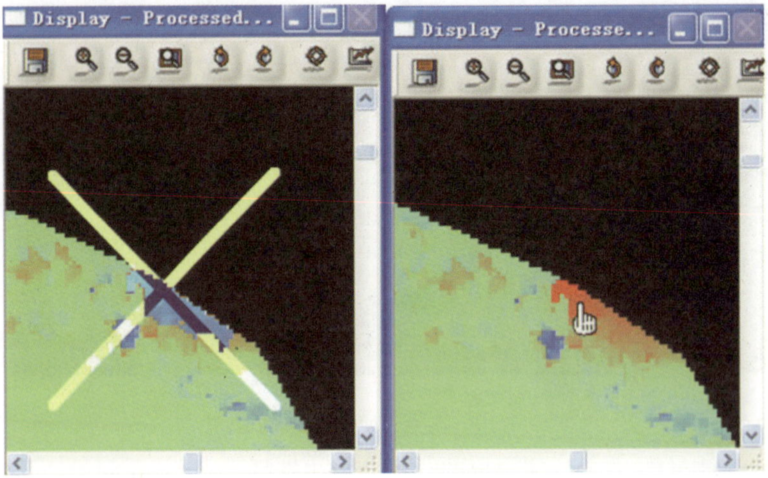

图6-64 选择区域

(7) 区域确定以后，单击Push(推)按钮，让电脑自动处理即可，如图6-65所示。

(8) 选择Processed 3D Image并右击，在弹出的快捷菜单中选择PostProcess(缺失排查)命令进行处理，如图6-66所示。电脑对缺失部分进行补充，得到的结果如图6-67所示，这个时候的模型仍然需要后续的修改和制作，所以这里没有必要要求太高的质量。

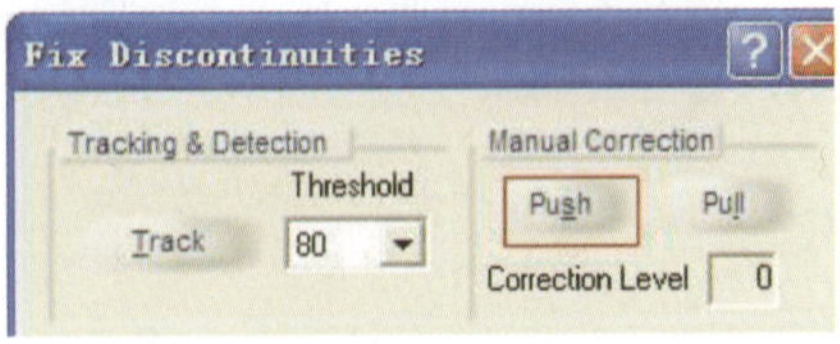

图6-65 处理未扫描部分细节

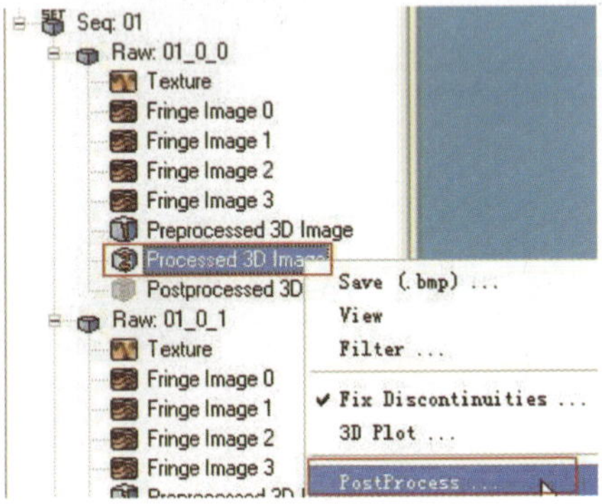

图6-66 执行缺失排查

(9) 完成以后要在3D视图中查看模型，看看是否有大面积的缺失，如图6-68和图6-69所示。同时要分析下个镜头的补充是否能够将其他位置填补完整，如果确实无法在下一个镜头中补充，那必须重新捕捉数据。

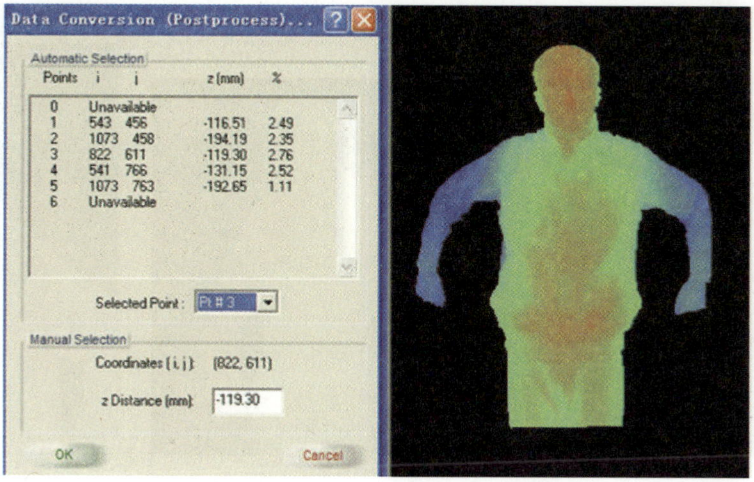

图6-67 执行缺失补充

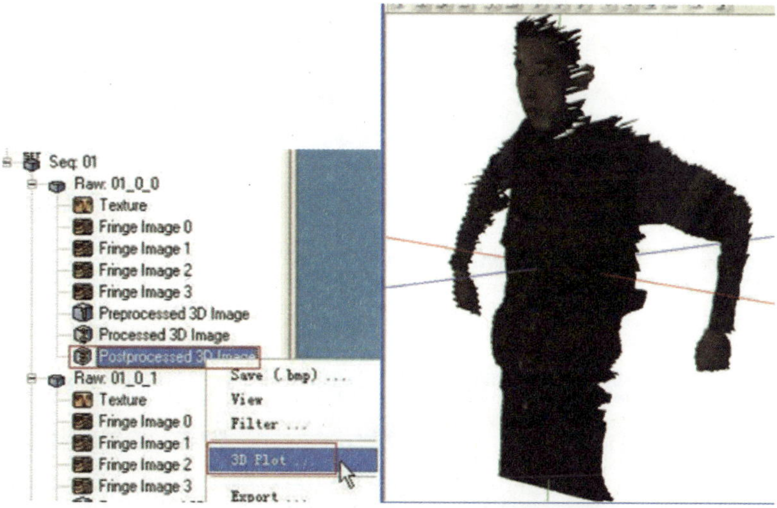

图6-68 查看模型

(10) 用同样的方法处理第二幅图像，绘制区域和预处理。在预览视图中可以看到手臂上出现红色的颜色提示，说明模型扫描有问题，需要进一步处理或者重新扫描。

分析出现问题的位置或者结构，这需要长期的经验，经过观察发现角色的头部和肩部，以及左手臂与身体都有问题，必须处理，如图6-70所示。

(11) 选择Processed 3D Image并右击，在弹出的快捷菜单中选择Fix Discontinuities命令进行处理，如图6-71所示。

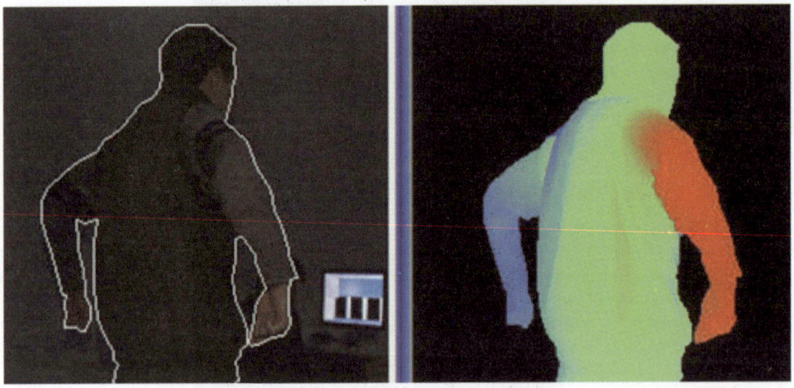

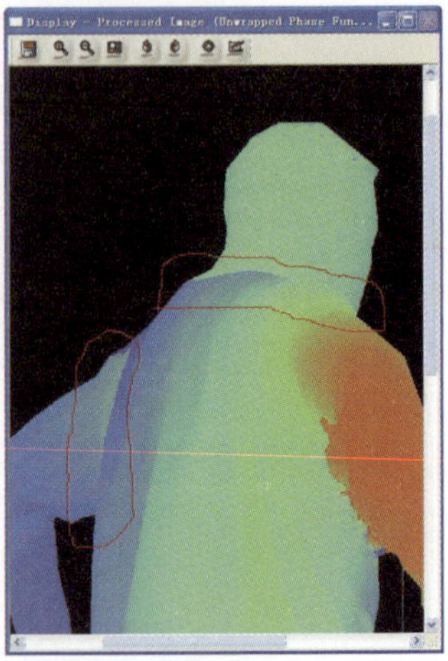

图6-69 胳膊和头的位置不正确

图6-70 确认问题区域

(12) 单击图6-59中的Clear Area按钮清除区域，再单击New Polygon按钮绘制新的可用区域；如图6-72所示，用于校正错误区域。

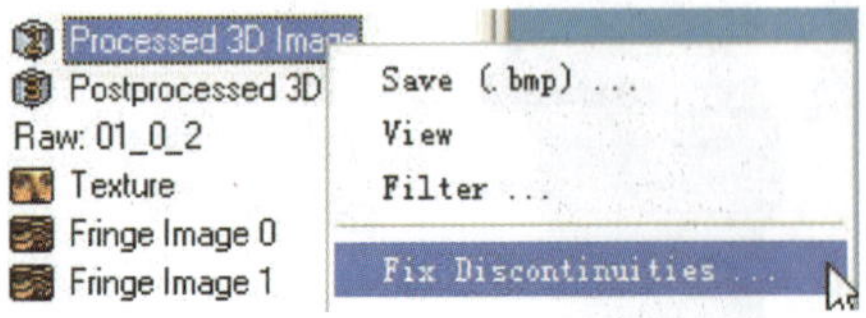

图6-71 选择修复命令

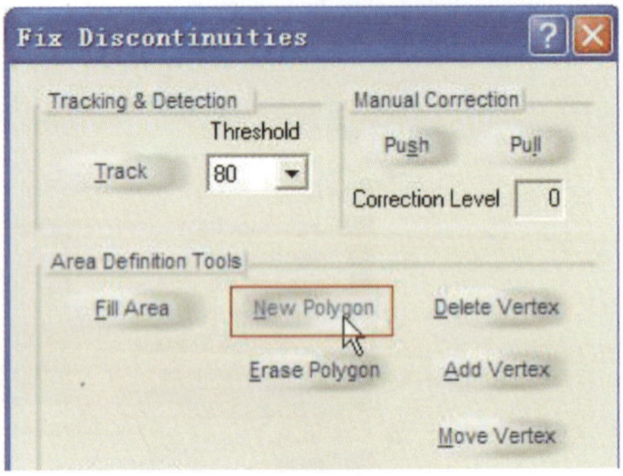

图6-72 绘制新图形

(13) 在绘制区域双击起始点闭合区域，最后单击OK按钮，如图6-73所示。

(14) 单击图6-74中的Fill Area按钮，填充勾取的区域。效果如图6-75所示。这个方法比较常用，但是出错的几率较大，优点在于及时快捷。填充区域的时候，经常出现误差，进行二次或者三次修改都属于正常范围，操作次数多了以后这样的情况就会逐渐减少。

(15) 填充区域完成后单击Push或Pull按钮，这个选择取决于你对模型和空间的理解，如图6-76所示。

(16) 选择Processed 3D image并右击，在弹出的快捷菜单中选择Fix Disontinuities命令，单击Select按钮，然后选择区域，在操作的过程中，调整操作笔刷的大小可以加快操作速度，如图6-77所示。

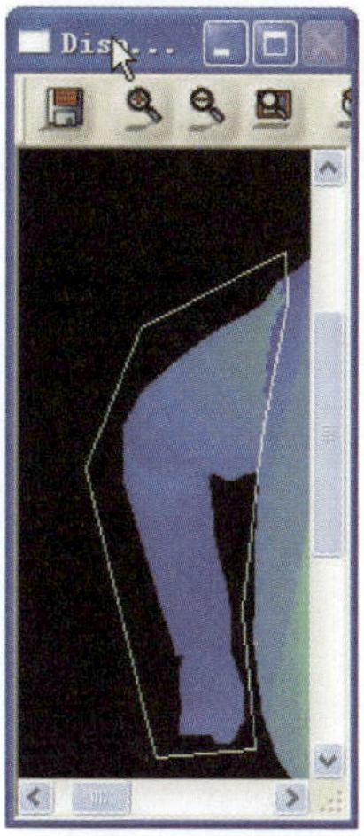

图6-73 闭合区域

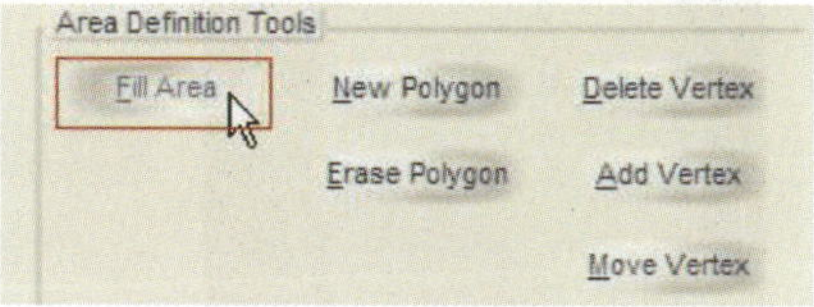

图6-74 区域填充预制

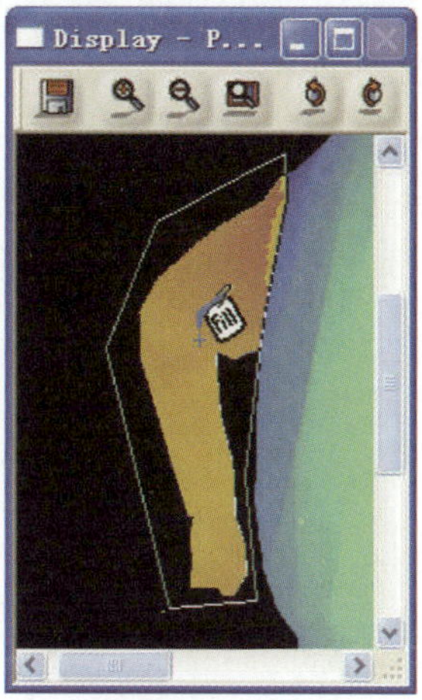

图6-75 填充区域

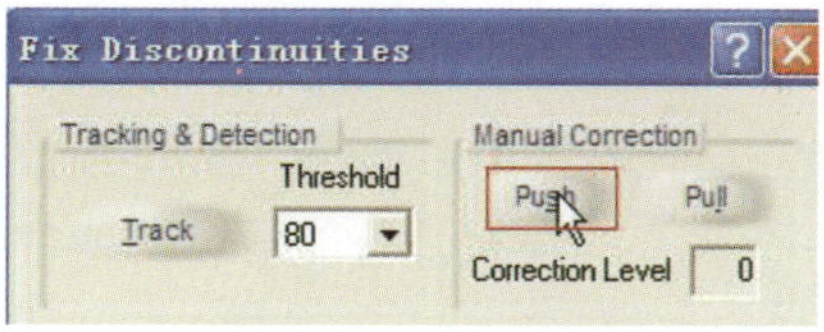

图6-76 推出模型

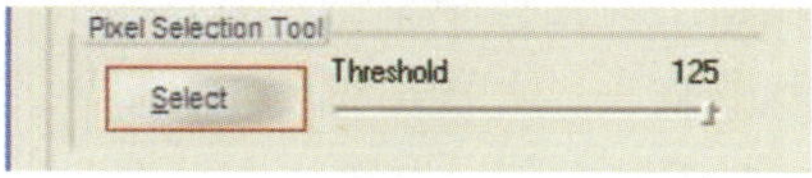

图6-77 调整笔刷的大小

(17) 选择笔刷涂抹结构，待选择区域完成以后，可以让电脑自动做补充处理，如图6-78所示。

(18) 填充区域完成后，单击Pull或Push按钮，这个选择取决于你对模型和空间的理解，如图6-79所示。

图6-78 填补模型

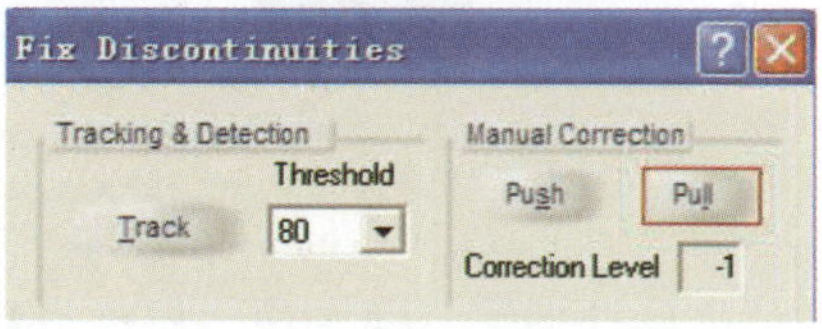

图6-79 拉出模型

(19) 选择Processed 3D Image并右击，在弹出的快捷菜单中选择Fix Discontinuities命令进行处理。单击Clear Area按钮清除区域，再单击New Polygon按钮绘制头部新的可用区域，如图6-80所示，框选的时候如果模型的周边都是黑色的话，将范围放大可以让操作更加快速，如图6-81所示。

(20) 填充区域完成后单击Push按钮，完成头部模型的修补，如图6-82所示。

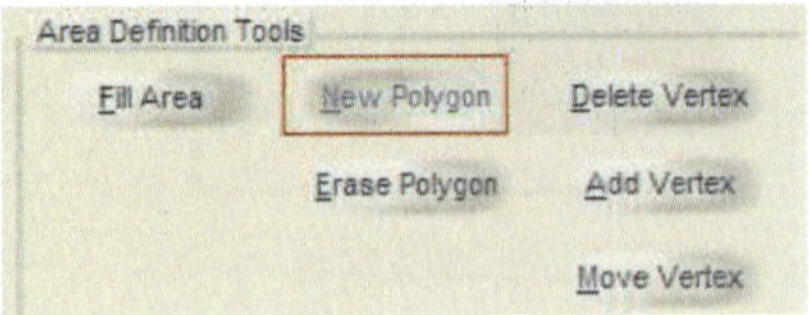

图6-80 创建头部新区域

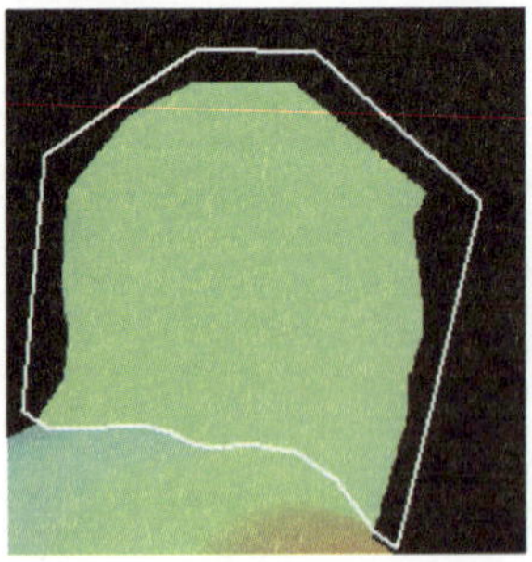

图6-81 绘制头部区域

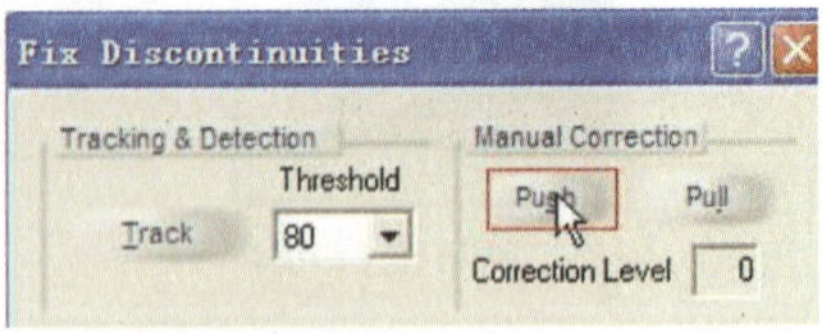

图6-82 推出模型

(21) 在弹出对话框中单击Accept按钮，处理图像并在三维视图中检查。在3D视图中查看是否有大面积的缺失，如图6-83所示。同时要分析下一个镜头的补充是否能够将其他位置填补完整，如果确实无法在下一个镜头中补充，则必须重新捕捉数据。

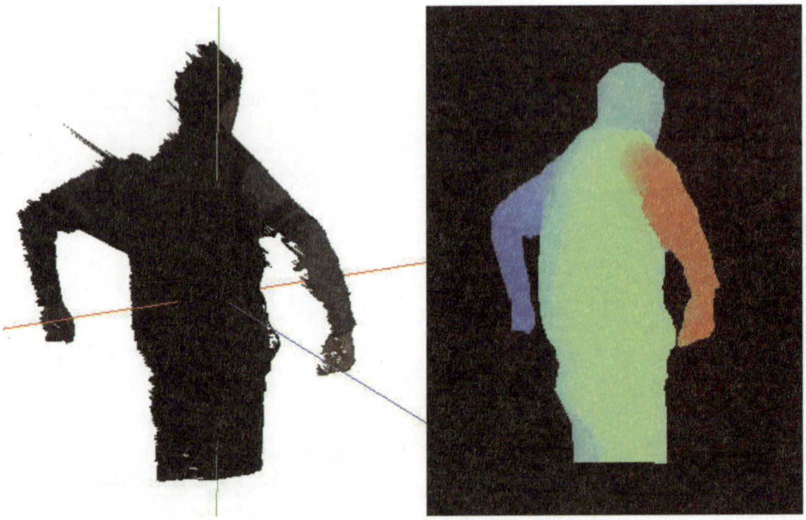

图6-83 三维视图效果

(22) 用同样方法处理第三幅图像，操作过程就不在这里赘述了。处理后的效果如图6-84和图

6-85所示。

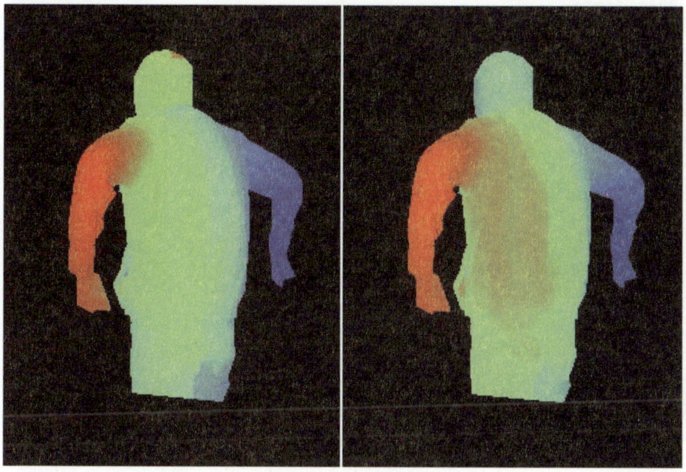

图6-84 第三幅图像修复前后效果

图6-85 第三幅图像模型

3．导出和保存

经过上面的流程以后，全部模型都已处理完毕。接着我们需要将各个不完整的模型结构拼接起来并做修补，如图6-86所示先将不完整模型导出。

在弹出的对话框中选择采样率为1 sample over 4或1 sample over 5，单击Export按钮，如图6-87所示。给文件命名并保存。sample over为采样率，也就是合并粘合指数，参数越大合并的程度越高，但是并不是越大越好，1 sample over 1为最高，1 sample over 16为最低，一般需要测试找到最合适的参数，一般情况需要在3～8之间选择。

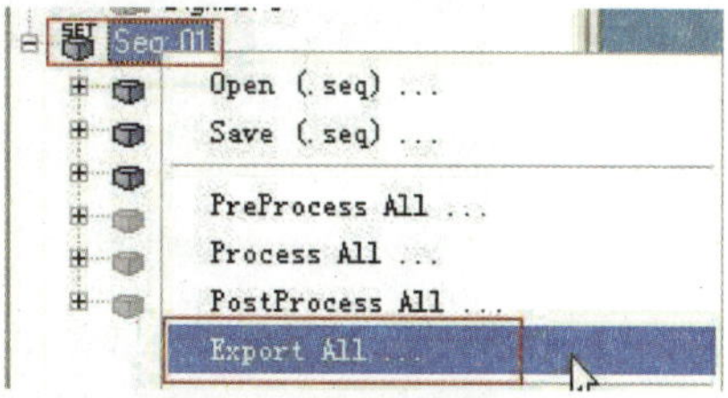

图6-86 导出不完整模型

为避免处理过程中发生故障造成损失，在扫描完成后、处理之前也可直接保存扫描文件，一次扫描完全部的图像之后再打开依次处理，如图6-88所示。

4．扫描下半身

上半身操作完成以后，继续完成下半身的扫描，如图6-89所示。这个时候一般需要模特站在台子上，摆好姿势后再扫描。

(1) 扫描完成以后，右击3D Image Set，在弹出的快捷菜单中选择PreProcess All(预处理所有图像)命令，或者直接单击工具栏上的方块图标。扫描完成后软件左侧的目录树变亮，开始绘制有效区域，如图6-90所示。

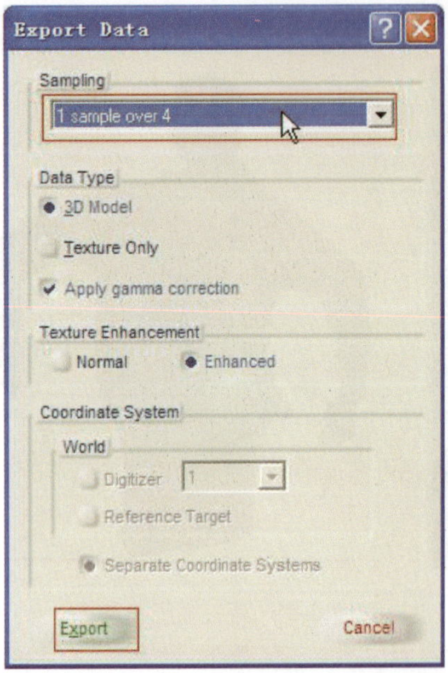

图6-87 选择采样率

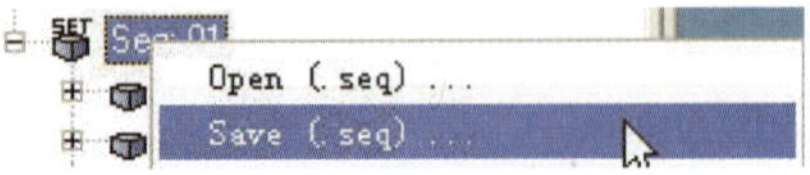

图6-88 保存扫描文件

图6-89 继续完成下半身的扫描

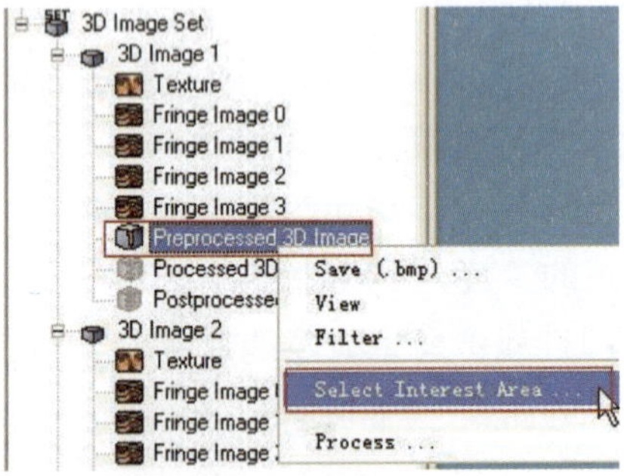

图6-90 绘制下半身

(2) 在弹出的对话框中单击Clear Area按钮清除区域，再单击New Polygon按钮绘制新的可用区域，如图6-91所示。双击起始点闭合区域，最后单击OK按钮。

(3) 完成以后要在3D视图中查看模型是否有大面积的缺失，同时要分析下一个镜头的补充是否能够将其他位置填补完整，模型处理完毕，选择导出模型，如图6-92所示。接着需要将各个不完整的模型结构拼接起来并做修补。

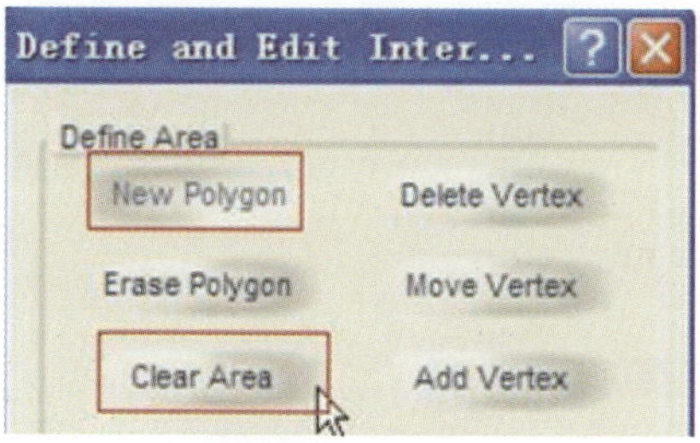

图6-91 清除区域

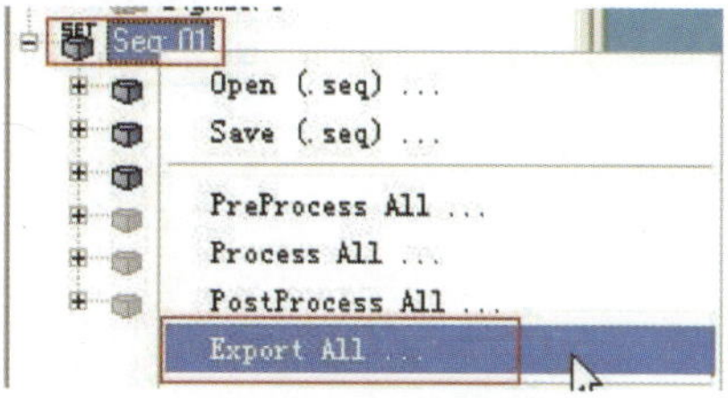

图6-92 导出不完整模型

6.5.2 对齐和缝合

1．对齐

对齐是整个模型调整制作最为关键的步骤，下面进行讲解。

(1) 打开EM软件，导入模型，如图6-93所示。导入以后通过角度和大小的调整尽量让多个模型能够完美地配合到一起。

(2) 如图6-94所示，模型被导入后，可以看到模型位置都基于世界坐标轴的中心，如图6-94所示。这个时候一般需要使用软件的自动对齐功能，但是对齐功能并不太理想，后续需要做大量的调整工作。

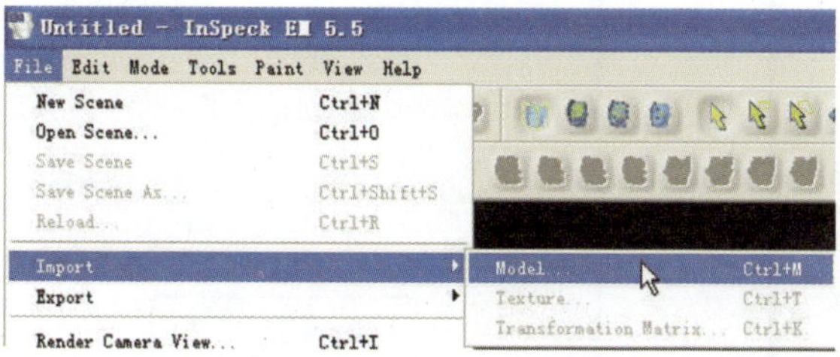

图6-93 导入模型

图6-94 导入后的模型

(3) 选择所有模型后，在工具菜单里选择混合对齐命令将模型对齐，如图6-95所示。也可以使用快捷键Ctrl+7快速对齐。混合对齐是一个比较粗略的对齐模式，后面仍然需要继续调整。

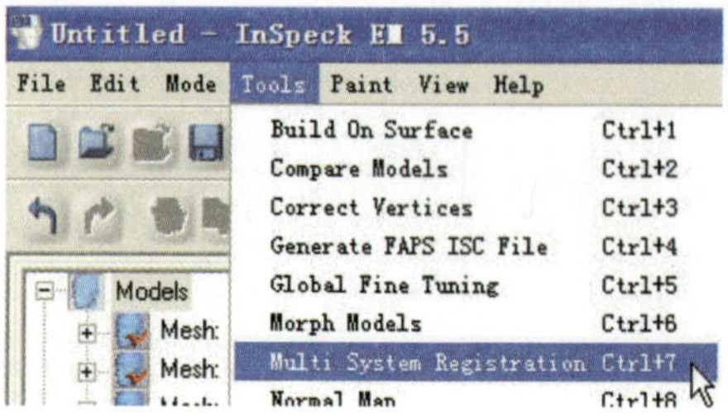

图6-95 选择对齐

(4) 大家可能对于标定文件的作用会有疑问，这里模型的位置定位全依仗标定文件，如图6-96所示选择模型然后读取前面的标定文件。

(5) 使用了标定文件后，单击Apply Calibration按钮，如图6-97所示，让程序自动识别并对齐。这里可以看到前面工作的重要性，因此在整个扫描流程中，一定要认真面对每一步的操作，切不可马虎。

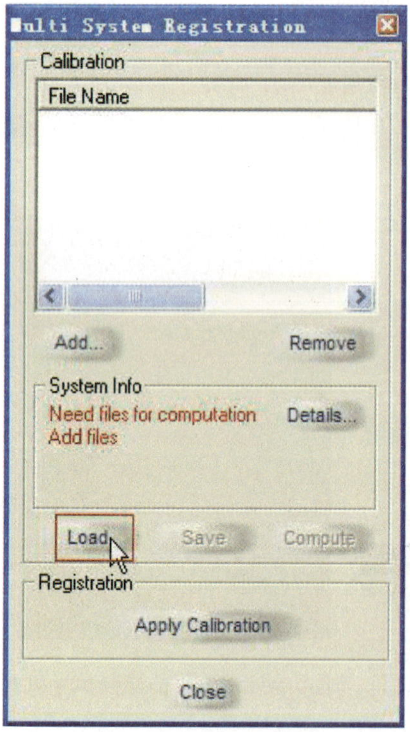

图6-96 读取标定文件

图6-97 应用对齐校准

(6) 图6-98所示为对齐后的模型，效果并不理想，需要继续处理，在工具菜单中选择Register

Models命令继续调整。

图6-98 对齐后的模型

(7) 在工具菜单中选择对齐命令，如图6-99所示。这里的对齐工具不需要标定文件的帮助。

(8) 在弹出的对话框中右击Upper Body，按图6-100所示进行选择，选择好以后在如图6-98所示的面板中移动模型结构，并找到合并点，电脑会自动对交。

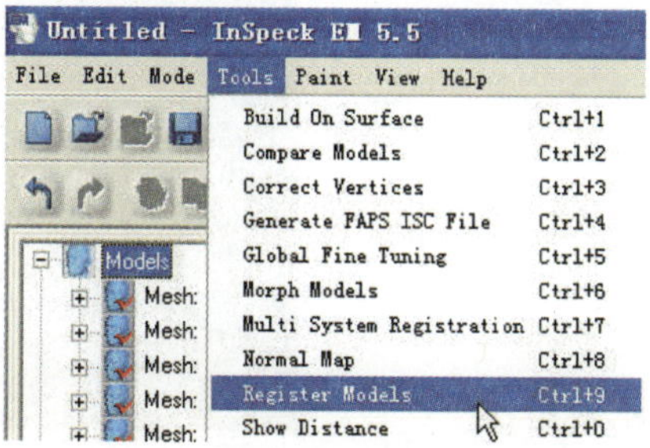

图6-99 选择Register Models命令

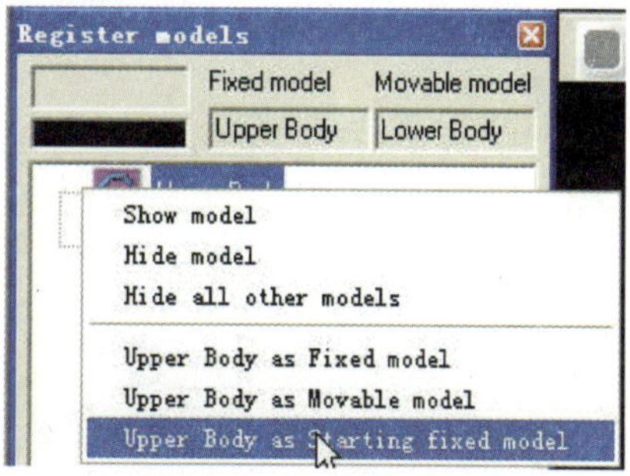

图6-100 右击Upper Body命令

(9) 在弹出的对话框中右击Lower Body，按图6-101所示进行选择，选择完成后需要结合贴图的顶点辅助模型进行合并，图片的位置相对比较清晰，因此也成为模型对齐的另外一个参考和媒介。

(10) 在贴图upper_0和lower_0中找到同一个点，在贴图upper_1和lower_1中找到同一个点，在贴图upper_2和lower_2中找到同一个点，如图6-102所示。

(11) 选择Register Models命令，在弹出的对话框中单击Apply按钮合并，如图6-103所示。

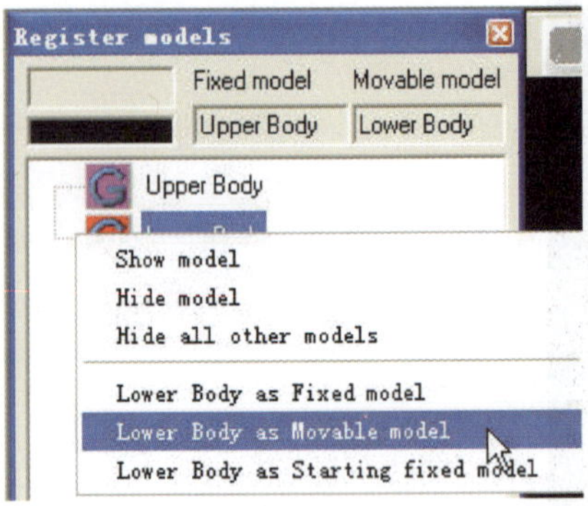

图6-101 选择Lower Body命令

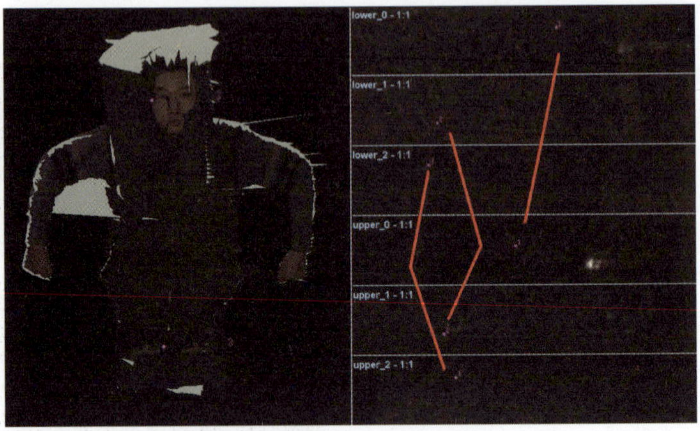

图6-102 贴图合并点

(12) 模型对齐完成后(见图6-104)，旋转观察一下，看看是否有大面积的残缺或者重叠，大面积的残缺或者重叠会给后续的缝合工作带来许多不便。

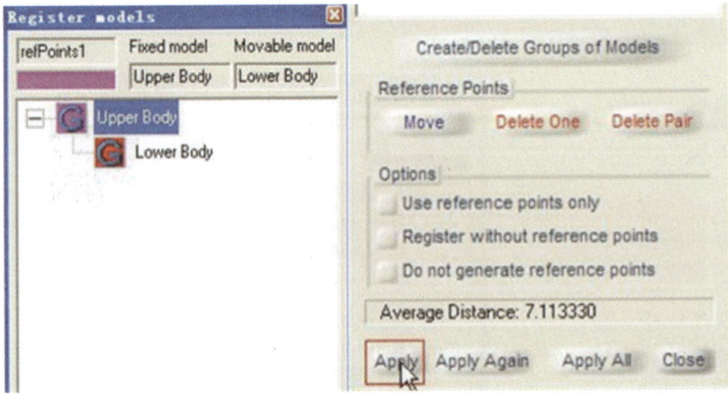

图6-103 单击Apply按钮合并

图6-104 模型对齐完毕

2. 缝合

完成上述工作后将对齐的模型缝合起来。如图6-105所示为缝合工具，看起来工具命令很多，其实在制作时使用的并不是很多。缝合的流程分为模型缝合和贴图缝合两个步骤。下面先来缝合模型。

在状态栏上显示的工具栏如图6-106所示，利用这些工具就基本上可以完成模型的缝合。

在缝合操作的过程中，有的时候模型过于复杂，操作非常不方便，该软件提供了隐藏部分模型的选项，如图6-107所示隐藏下半身模型。

图6-105　缝合工具一览

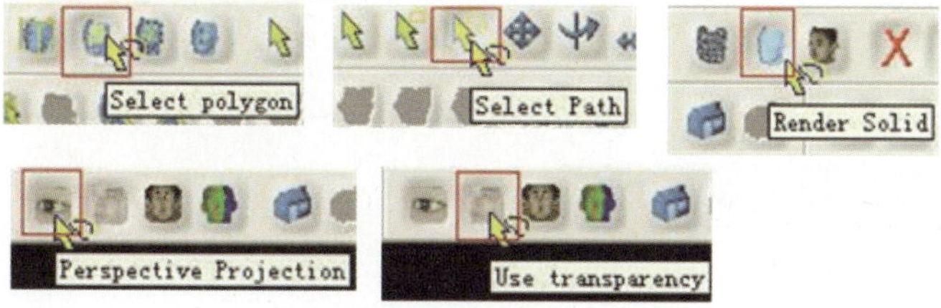

图6-106　常用工具

同样，可以有选择地显示某些模型，如图6-108所示显示上半身模型，这样方便观察和操作，并降低了操作难度。

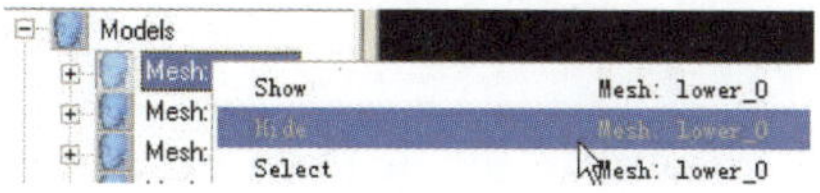

图6-107　隐藏下半身模型

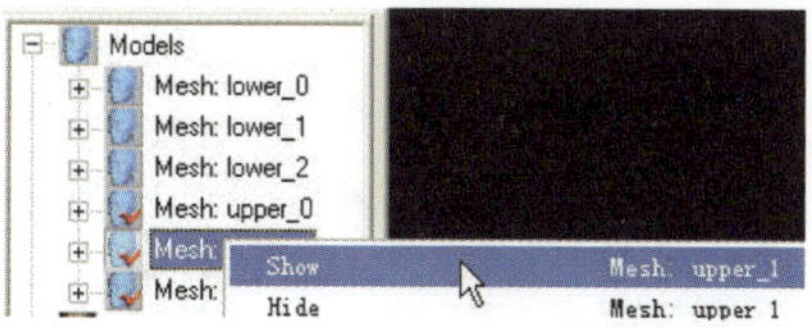

图6-108　显示上半身模型

有的时候，扫描模型的时候，会将多余或者不需要的结构扫描进来，这个时候就需要人工删除，软件也提供了类似的功能，如图6-109所示选中重复的裤子区域，按Del键删掉。

同理把错误的模型都删掉，有的时候模型的数据过于细致，在缝合的过程中，需要调整不同的采集参数。选择需要平滑的模型区域，如图6-110所示，接着来调整平滑的参数。

图6-109　删除多余的裤子区域

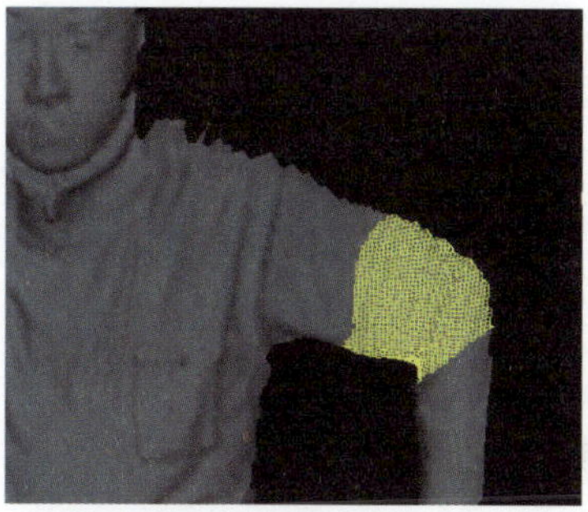

图6-110　选择调整区域

在Tools菜单里选择Correct Vertices命令，如图6-111所示，然后在打开的对话框中调整参数，如图6-112所示。

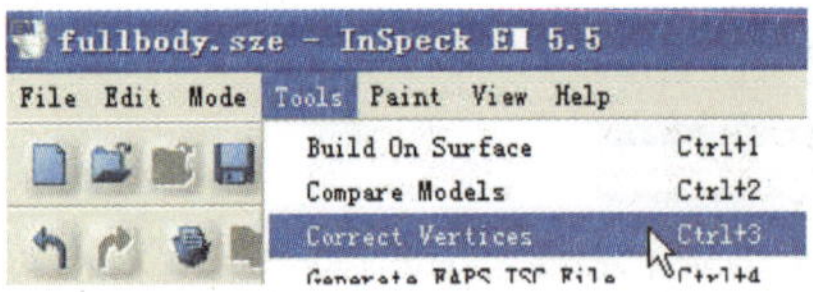

图6-111 调用参数对话框

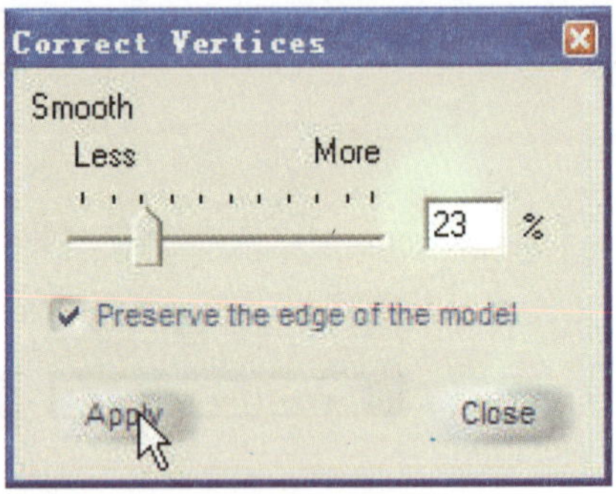

图6-112 调整参数

设置级别的时候，一般情况设置在50%左右，太大电脑运算不是很方便，再有就是也不需要太高的精细程度，除非是特殊需要，调整完成后单击Apply(应用)按钮。

修改全部完成后，选择焊接命令，如图6-113所示。如果在焊接的过程中出现露点和少面，或者是模型结构不够平滑，都可以通过设置平滑参数来调整。

选择全部模型，并在弹出的对话框中单击Apply(应用)按钮，如图6-114所示。模型焊接完成以后，旋转观察，看看是否有破损现象。

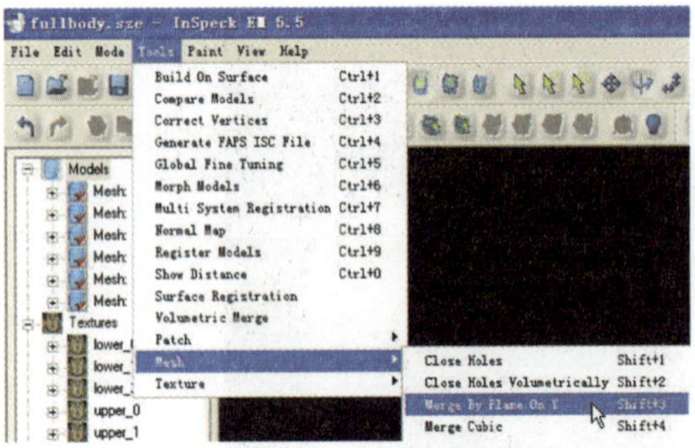

图6-113 选择焊接命令

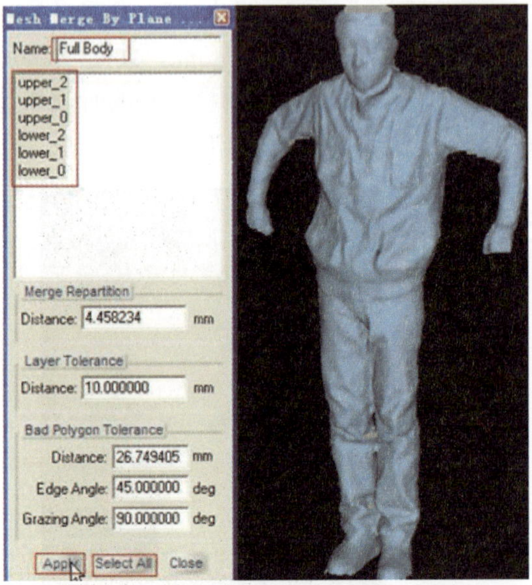

图6-114 应用全部模型后的结果

将全部模型加载完成后，有许多模型细节，不是我们需要的，因此需要删除，在Edit菜单中，选择Select命令，在子命令集中找到.Disconnected areas清除多余结构，如图6-115所示。

如图6-116所示选择缝合贴图命令。缝合贴图能够更加清晰地看到模型的结构是否完整，容易找出需要修改的地方，细化和完善模型。

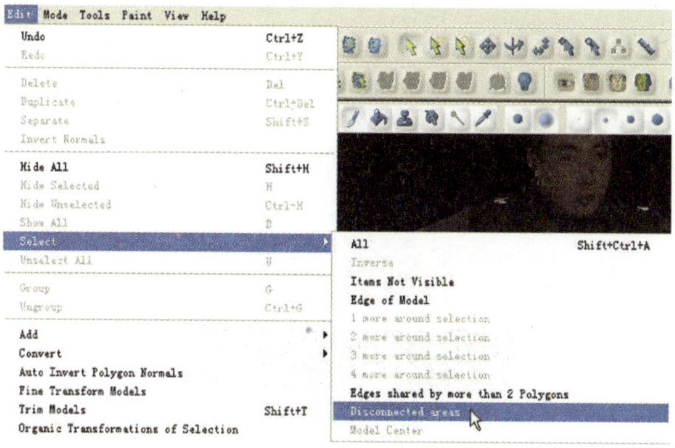

图6-115 选择删除多余结构命令

同模型焊接一样需要设置采样率，在弹出的对话框中按图6-117所示选择采样率，然后选择所有的贴图后单击Apply按钮。

操作完成后贴图缝合的效果如图6-118所示。从中可以看到的模型很多地方出现残缺，如头顶、肩部膝盖的位置都有不同程度的残缺，需要后续的调整和修改。

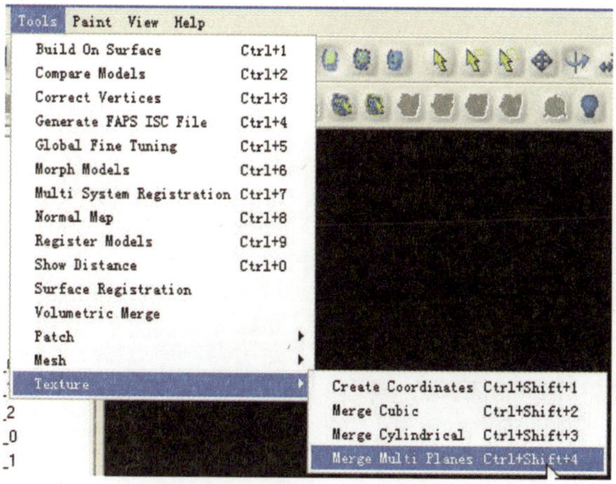

图6-116 选择并缝合贴图

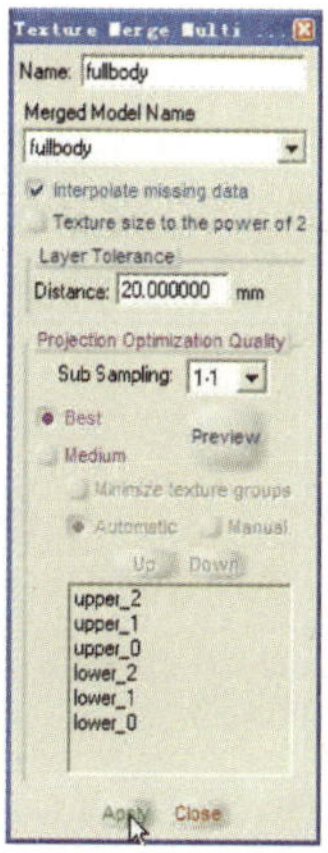

图6-117 选择并确定

图6-118 缝合完毕

6.5.3 导出模型和贴图

完成了模型扫描、缝合等工序后，就可以将制作完成的模型导出了，现在无论是模型还是贴图都是完整的，可以应用于电影或者游戏，按图6-119所示选择导出模型命令。

在导出模型的时候，可以集体导出，也可以个别导出，但是要注意命名和位置，至少要清楚对应的位置，按图6-120所示选择所有模型导出。

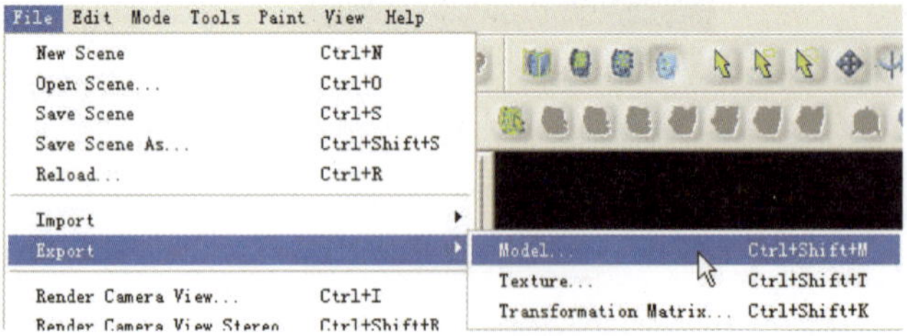

图6-119 选择导出模型命令

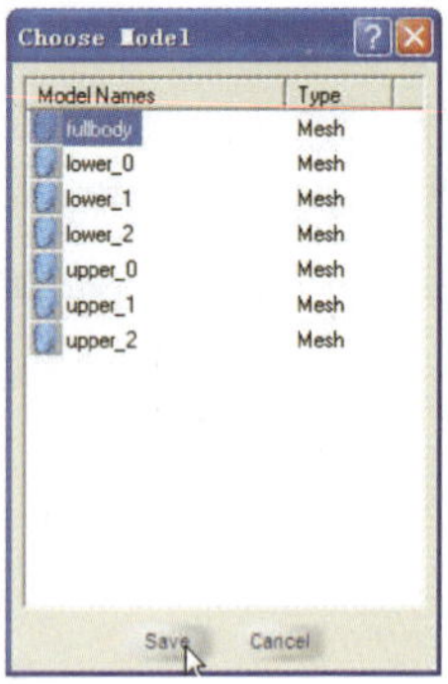

图6-120 选择模型

按图6-121所示命名模型并选择保存格式，一般obj的格式比较常用。可用同样方法保存贴图，至此三维数据的扫描工作完成。

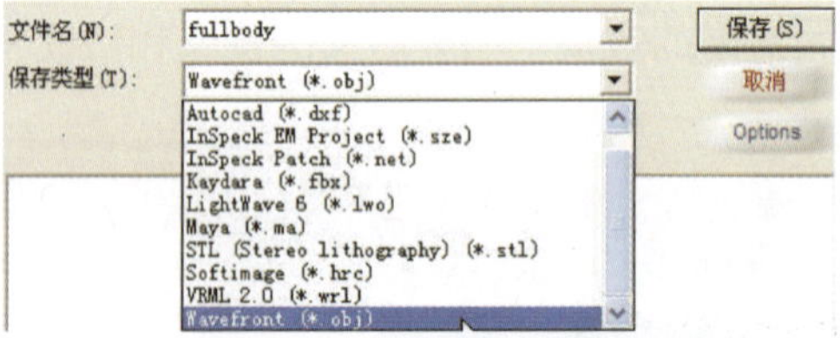

图6-121 保存模型文件

6.6 本章习题

完成三维扫描仪器软件的安装和模拟操作。

读者回执卡

欢迎您立即填妥回函

您好！感谢您购买本书，请您抽出宝贵的时间填写这份回执卡，并将此页剪下寄回我公司读者服务部。我们会在以后的工作中充分考虑您的意见和建议，并将您的信息加入公司的客户档案中，以便向您提供全程的一体化服务。您享有的权益：

★ 免费获得我公司的新书资料；
★ 免费参加我公司组织的技术交流会及讲座；
★ 寻求解答阅读中遇到的问题；
★ 可参加不定期的促销活动，免费获取赠品；

读者基本资料

姓　　名＿＿＿＿＿＿＿＿ 性　　别 □男　□女 年　　龄＿＿＿＿＿＿

电　　话＿＿＿＿＿＿＿＿ 职　　业＿＿＿＿＿＿ 文化程度＿＿＿＿＿＿

E-mail＿＿＿＿＿＿＿＿ 邮　　编＿＿＿＿＿＿

通讯地址＿＿＿＿＿＿＿＿＿＿＿＿＿＿＿＿

请在您认可处打✓（6至10题可多选）

1、您购买的图书名称是什么：＿＿＿＿＿＿＿＿

2、您在何处购买的此书：＿＿＿＿＿＿＿＿

3、您对电脑的掌握程度：	□不懂	□基本掌握	□熟练应用	□精通某一领域
4、您学习此书的主要目的是：	□工作需要	□个人爱好	□获得证书	
5、您希望通过学习达到何种程度：	□基本掌握	□熟练应用	□专业水平	
6、您想学习的其他电脑知识有：	□电脑入门	□操作系统	□办公软件	□多媒体设计
	□编程知识	□图像设计	□网页设计	□互联网知识
7、影响您购买图书的因素：	□书名	□作者	□出版机构	□印刷、装帧质量
	□内容简介	□网络宣传	□图书定价	□书店宣传
	□封面，插图及版式	□知名作家（学者）的推荐或书评		□其他
8、您比较喜欢哪些形式的学习方式：	□看图书	□上网学习	□用教学光盘	□参加培训班
9、您可以接受的图书的价格是：	□ 20 元以内	□ 30 元以内	□ 50 元以内	□ 100 元以内
10、您从何处获知本公司产品信息：	□报纸、杂志	□广播、电视	□同事或朋友推荐	□网站
11、您对本书的满意度：	□很满意	□较满意	□一般	□不满意

12、您对我们的建议：＿＿＿＿＿＿＿＿

←请剪下本页填写清楚，放入信封寄回，谢谢！

1 0 0 0 8 4

贴邮票处

北京100084—157信箱

读者服务部　　收

邮政编码：□□□□□□

技术支持与资源下载：http://www.tup.com.cn　http://www.wenyuan.com.cn
读 者 服 务 邮 箱：service@wenyuan.com.cn
邮　购　电　话：(010)62791865　(010)62791863　(010)62792097-220
组　稿　编　辑：张彦青
投　稿　电　话：(010)62788562-312
投　稿　邮　箱：zhangyq-tup@163.com